U0241420

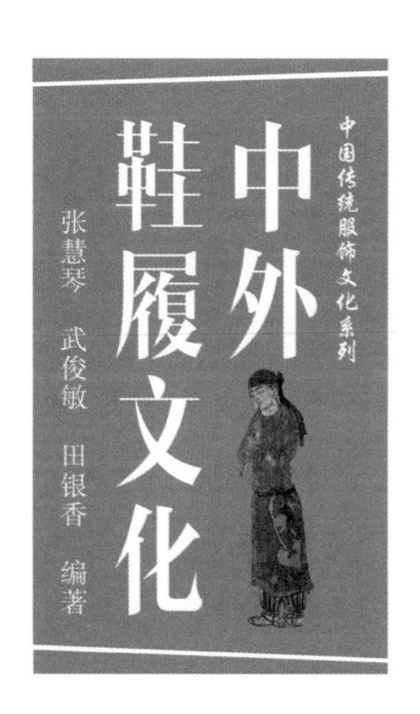

中国纺织出版社

内 容 提 要

鞋履文化历史悠久、博大精深、内涵丰厚，在中外服饰文化发展中可谓“举足轻重”。本书从中外鞋履文化的起源入手，探讨了中外不同朝代、不同时期的鞋履文化发展及其特色，全面系统解析其款式、色彩、面料和装饰细节等，并配有大量图片，展示出具有代表性的鞋履文化。附录部分针对京剧鞋靴与中外鞋履相关习语归类整理，旨在方便读者从汉英两种语言表达理解鞋履，丰富鞋履文化知识。

本书内容严谨、脉络清楚、图例丰富、论述详细，适合服装相关专业的师生、从业人员与研究者参阅。

图书在版编目（CIP）数据

中外鞋履文化 / 张慧琴，武俊敏，田银香编著 . -- 北京：中国纺织出版社，2018.8

（中国传统服饰文化系列）

ISBN 978-7-5180-5053-6

Ⅰ. ①中… Ⅱ. ①张… ②武… ③田… Ⅲ. ①鞋—文化—世界 Ⅳ. ①TS943

中国版本图书馆 CIP 数据核字（2018）第 100640 号

策划编辑：李春奕　　责任编辑：杨　勇　　责任校对：寇晨晨

责任设计：何　建　　责任印制：王艳丽

中国纺织出版社出版发行

地址：北京市朝阳区百子湾东里 A407 号楼　邮政编码：100124

销售电话：010 — 67004422　传真：010 — 87155801

http://www.c-textilep.com

E-mail:faxing@c-textilep.com

中国纺织出版社天猫旗舰店

官方微博 http://weibo.com/2119887771

北京玺诚印务有限公司印刷　各地新华书店经销

2018 年 8 月第 1 版第 1 次印刷

开本：787 × 1092　1/16　印张：14

字数：212 千字　定价：69.80 元

前言

鞋子在我国古代被泛称为“足衣”，历经从无到有，从简到繁，从粗到精。无论其造型、色彩、图纹和工艺等，都从不同角度反衬出社会发展、等级制度、礼仪规范、审美情趣和风俗习惯等，一双千层底鞋、婚庆鞋、绣花鞋或高跟鞋，背后都有一段鲜为人知的发展史，承载着厚重的鞋履文化，折射出其独特的地域特色。鞋履在人类文明发展史中可谓“举足轻重”。

同时，鞋子作为人类服饰文化的重要组成部分，推动人类服饰改革，促进社会文明进步。正如陈琦所言，鞋子，每天被我们穿在脚上，时尚人士将它看成是从头到脚最不可缺少的服装配件，务实生活的百姓将它视作每天出行的基本要素。然而即便它对人们的生活如此重要，我们却往往会忽略一些与它有关的有趣故事，也常常忘了去体会蕴藏其中的人类智慧和文化。可以说，鞋的起源与发展，正是人类社会文明进化与演变的最好见证。

面对全球化语境，我们加强中西方服饰文化交流的同时，也更加关注如何弘扬民族传统文化。基于此，本书梳理中外鞋履发展脉络，研究中外鞋履文化，甚至还聚焦京剧鞋履文化，关注中外鞋履相关习语表达，研究丰富中外鞋履文化。在“鞋大鞋小，自己知道”，知己知彼的鞋履文化过程中，避免“穿新鞋走老路”。但愿本书能助您“足不出户”，了解中外鞋履文化发展史，坚持“千里之行，始于足下”，逐步成就“足下生辉”，使“鞋论”在“和而不同”中传播文化，丰富文化，发展文化。

该编著是国家社科项目（14BYY024）、北京市哲社重点项目（15JDWYA008）、北京服装学院团队项目、北京服装学院科技处项目（2016A-18）、北京外语教学与研究出版社项目（201711160）以及北京市“长城学者”项目的部分研究成果，在此一并致谢！

张慧琴

2017年12月

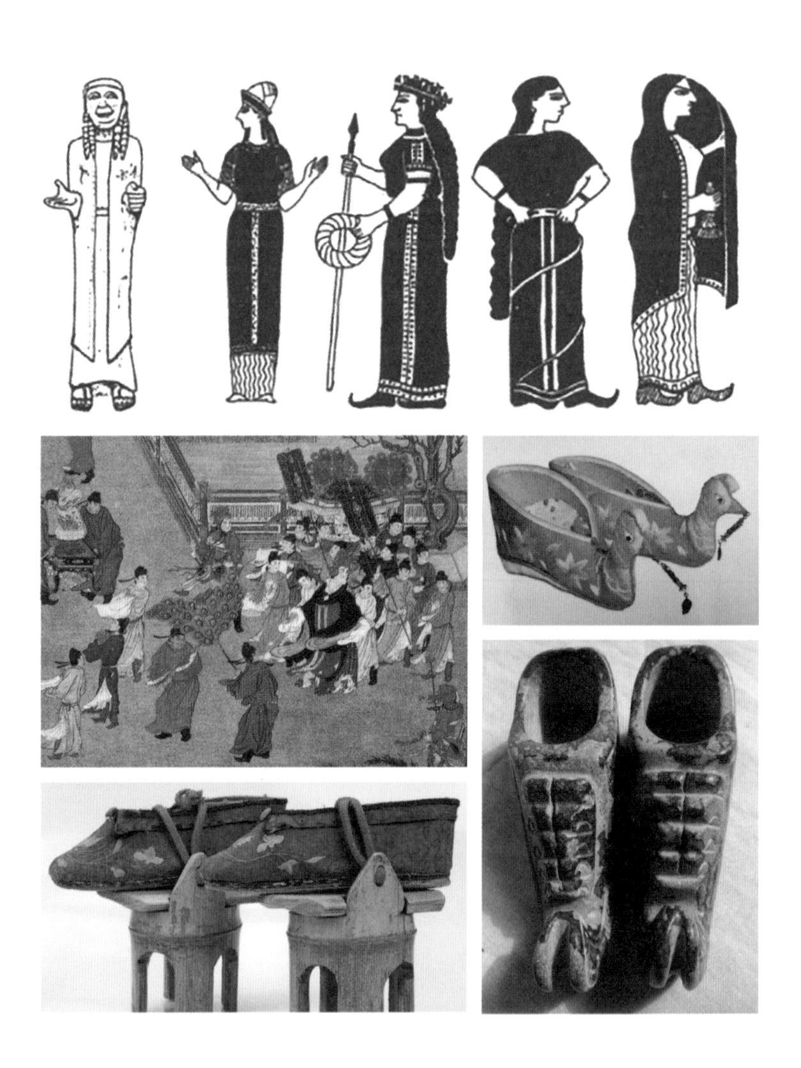

目录

上篇　总论

中篇　中国鞋履文化

下篇　西方鞋履文化

上篇

总论

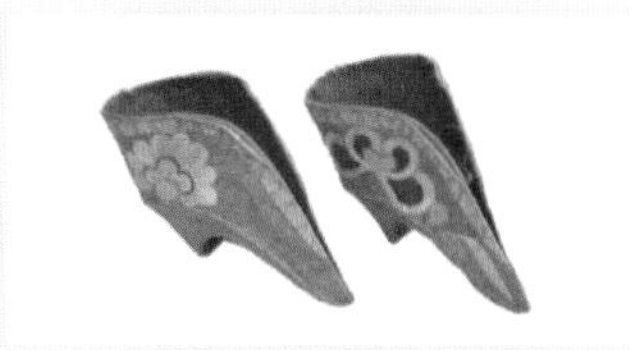

第一章　中外鞋履文化的起源与异同

第一节　中外鞋履文化的起源

纵观人类文明史，服装与人类的关系密切。服装既是人类生存中必不可少的物质条件，又是人类重要的精神体现。无论在东西方、还是在古代或当代，服装的演变直接反映人类社会的政治变革、经济变化和风尚变迁。同时，服装的发展在受到人类物质生产方式制约的同时，也受到人类社会生活和精神生活的影响。正是在这种相互作用中，人类服饰的发展变化充分显示出其具有普遍意义的特征：即“人类创造了服饰，服饰也塑造了人类”[1]。服装与人的身心一体，成为人的“第二皮肤”。依照何九楹先生的观点，服装包括“头衣”“体衣”和“足衣”，其中“足衣”（鞋履）是服饰中至关重要的组成部分。

一、人类鞋履的起源

人类社会的发展始于蒙昧野蛮的原始社会，与人类生活和文明紧密关联的衣生活也同样经过原始的蒙昧时代而逐渐发展。追溯服饰的起源，研究人类何时穿衣与为何穿衣，尝试从服装的源头来探讨服装的本质。

数百万年前的人类生活状态，而今只能借助为数极少的古代遗物和古籍文献的记载加以推断。基于考古学和古人类学所提供的原始人类化石，使我们对鞋履起源的认识逐步深入，在人类从不穿衣到穿衣全过程的迈进中，鞋履的起源相对较早，远早于人类的文明史。鞋履何以出现，具体何时出现，则是今天研究者需要直面的难题。当今众多的理论纷争无疑反衬出原始服装起源的复杂性。“几百万年来，原始人类广泛地生活在世界各地，在与大自然进行艰苦斗争

❶ 冯泽民，刘青海．中西服装发展史［M］．北京：中国纺织出版社，2015：1.

的历程中，总会产生许许多多的事件，时空的漫漫无际，不可能用某一种理论来概括殆尽。但是随着研究的深入，考古的不断发现，我们必将会一步步接近真理”[1]。

从几百万年前至四五千年前的原始社会时期，人类从裸态生活进步到利用兽皮、兽骨、兽牙制作服装和工具，再进步到利用动物、植物纤维来纺织缝纫编织衣物，逐步实现从蒙昧、野蛮进入文明时代。服装的产生与发展，伴随着人类的文明进步，至于准确的产生时代，目前还不能划定一个具体的时间，只能大致判定在旧石器时代晚期。而真正意义上的纤维织物服饰的产生，大约在 1 万年前。原始社会服饰的兴盛期应是距今约 5 千年的新石器时代后期，当时的原始社会已处于父系氏族公社阶段，纺织技术有所发展，纤维材料更为丰富，人类已经普遍穿着纤维织物的服饰，在自然与社会中生存交往。各种纤维材料在人类衣生活中的使用成为人类服饰史上质的飞跃，从根本上改变了人类的衣着状况，也对人类文明做出了巨大贡献。而新时代晚期纺轮（图 1–1）的出现，则进一步加速了服装的发展。

图 1–1　红山文化纺轮

二、原始人类的着装动机

原始人类有着几百万年的裸态生活期，服装为什么在最后几万年的时期内会产生，原始人创造或发明服装以及相关工具的动机是什么？关于“为什么穿衣”的问题，理论界一直存在诸多争论，各自论据充分，并具有其合理性，大致概括归类为：①生理需求论，分为气候适应说和身体保护说；②心理需求论，分为护符说、象征说和装饰审美说；③性需求论，分为遮羞说和吸引说。

三、鞋履起源与人类生产劳动的关系

作为人类服饰重要组成部分的鞋履，其起源同样并非偶然。在漫长的人类劳动和生活中，诸多因素激发了人类对鞋履的需求，而鞋履的出现，在满足不同地方、不同人群需求的同时，其款式日益丰富。正如劳动创造人，劳动创造出一切与人有关的物品与技艺。

当原始经济处于渔猎与采集阶段时，人类从劳动中认识到自然界中不同物质

[1] 冯泽民，刘青海. 中西服装发展史［M］. 北京：中国纺织出版社，2015：3.

的不同特性及其功能，如硬果有壳、动物有皮，食用时必须先破壳，后剥皮，使砍砸切割工具成为最早的发明，这说明工具产生的初始阶段，其主要目标是使生活劳动便利化，后逐渐过渡到实用与美观的统一。如与鞋履有关的工具——骨针（图1-2），其发明源于人类类似缝纫的行为，只因当时的缝纫不便，才逐渐发明了这种以孔引线的穿刺物，而最初的制作，肯定基于无数次的失败，只有达到十分熟练的技艺程度，才能用原始工具制作出精巧的骨针。

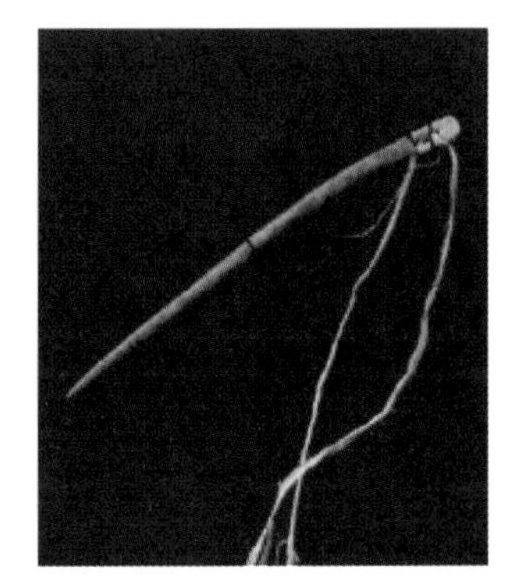
图1-2　骨针

身体保护说虽与劳动密切相关，但是相对于心理需求和性需求，鞋履产生的初始动机主要还在于保护功能。经过几百万年的进化，原始人在劳动中已经具备基本的自我保护本能，不再局限于仅仅依靠原始的衣物来保护身体。正如恩格斯（Engels）认为，蒙昧时代是以采集现成的天然物为主的时期，人类的制造品主要是作为工具而辅助采集。据此可知，鞋履的原始功能同样是作为辅助工具，在方便采集的同时，节约时间与劳动力。

服装是人类社会生活发展的必然产物，它的产生和发展与人的自觉性劳动活动密切相关。服装的出现，在一定程度上满足了人的生存需要，这种生存不再是动物式的生存，而是人的社会性生存。所以服饰自其始创就具有社会意义，同时也具有文化意义。自然界是文化产生的基础，劳动本身也是自然力的表现，社会是文化得以运动的须臾不可脱离的环境，人类的劳动与劳动对象和环境共同提供服装产生的源泉，并使之不断向前发展。

同样，人类对鞋履的认识与创造，经历千万年，期间存在极为复杂的因素，随着劳动渐渐地复杂化，人类服饰的产生成为必然，而这种需求动机也绝非其产生的唯一原因，鞋履的产生应该是基于不同物质环境和劳动方式的综合产物。

马克思主义认为，人们为能够创造历史，必须能够生活。但是为了生活，首先就需要衣、食、住以及其他东西。因此第一个历史活动就是生产满足这些需要的资料，即生产物质生活本身。从这个意义上说，服饰是人类自己生产的物质生活的一种形式。它是人类智慧的创造，是人类摆脱动物状态的重要标志之一，也是人类取得自由的物质确证。

“原始人类由‘裸’态生活发展到以兽皮乃至纤维织物为衣的时代，是百万年劳动及社会实践进化的结果。人类在劳动中认识了大自然，逐渐利用大自然，再发展到改造大自然，从原始社会发展到今天，这都是一条颠扑不破的规律”[1]。正如鞋履自生产或发明之日起，其进化轨迹从未停止，人类不断借助鞋履，积淀新的符号意义和精神功能，其文化与科技含量逐步提升，以致今天推究原始服饰动机时，学界说法不一。考古材料虽提供了研究原始鞋履本质的重要根据，但是一切与鞋履有关的原始工具或材料，无一不再向我们无声地昭示着原始社会人类挑战自然，征服自然的伟大精神，其在鞋履发展史上产生的影响至今无法泯灭。

第二节　中外鞋履文化的共性

人类服饰自原始社会至今，经数千年的风云变化，发展过程蜿蜒曲折，从最初的简单质朴到如今的精彩纷呈，加上时代性、地域性和民族性的千差万别，似乎难以寻觅服饰发展的特征与规律。具体到鞋履，把握其发展的根本动力与基本规律就在于认清其在整个人类发展史中存在的共性特征，这些特征与其所处时代、地域和民族的关系。

一、影响鞋履变化的主要因素

基于历史因素，聚焦鞋履文化，其发展历程处于不断变化之中。而这种变化究其根本，是鞋履自身属性的变化，具体包括鞋履的实用性与社会性。实用性指鞋履对人体的实际作用，如保暖御寒、防护各种伤害、便利劳作和起居、有助于运动与休闲、标识或隐蔽身份等；社会性是指鞋履对人的精神和社会交际上的作用，如审美与礼仪等。

鞋履上述的实用性与社会性，主要源于两大因素，即环境因素和功能因素。

（一）环境因素

环境因素属于外部因素，对鞋履的影响具有强制性和制约性，具体包括“自然环境和社会环境”[2]。

1. 自然环境

在鞋履变化中，自然环境是相对稳定的因素，一般指的是人类生活所处的地理、气候及相关的生态环境。如生活在热带气候的人们和生活在寒冷气候的人们

[1] 冯泽民，刘青海. 中西服装发展史［M］. 北京：中国纺织出版社，2015：10.
[2] 同[1]13.

所穿鞋履之间有明显的区别（图 1-3、图 1-4）。如果环境出现变化，例如，植被变化引起气候变化，水平面升高导致陆地沉没，洪水泛滥、绿地沙漠化而造成生态变化等，居住此地的人们自然为适应新的环境而在鞋履上发生变化。

2. 社会环境

由于人们所处的社会环境处于不断变化的状态，变化速度或快或慢，或急或缓，但不会长期滞留不前，对于鞋履的影响具体体现为以下三个方面。

（1）政治思想和人文：社会政治思想的变革，往往直接影响鞋履的变化。许多东方国家长期保持森严的服饰等级制度，鞋履样式在几百年中依然墨守成规，保持不变。但是，在以政治动乱和军事战争为标志的历史时期，鞋履则会因朝代的更替、不同时期政治斗争带来的社会动荡、法制对服饰的明确改易、宗教对服饰的潜在影响、战争造成的间接作用以及文化思潮的影响等，出现微妙的变化，古今中外，莫不如是。

（2）科技和经济：从生态角度剖析，鞋履的发展必然与其所处时代和地区的科技与经济的发展速度和水平密切相关，鞋履的材料、制作工艺、生产能力与供求关系等，都会对服饰的变化产生系列影响（图 1-5）。经济的发达，不仅可以促进科学技术进步，而且从消费心理角度而言，它还可以在无形中改变人们对服饰的购买行为。同时，在整体消费过程中，人们的审美素质也会得到相应提高。科技越发达，经济越强盛，变化速度就越快，反之，则相对迟缓或处于停滞状态。

（3）习俗心理和时尚：不同民族都有其独特的服饰习惯和审美心理（图 1-6、图 1-7）。习俗心理往往相对顽固，如果抵制外来因素影响，他们的鞋履就会世代相传，不断传承，如果某种习俗发生变化，审美心理会随之波动调整，最终产生变化。

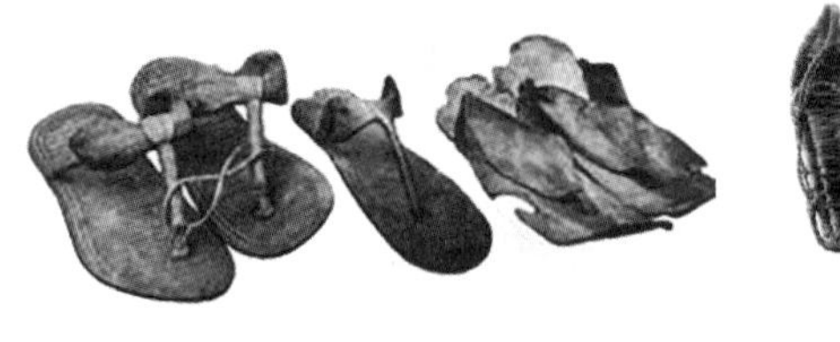

图 1-3　热带气候的鞋履

图 1-4　寒冷气候的鞋履

图 1-5　新工艺、新材料促成的鞋履

图 1-6　苗族绣花鞋

图 1-7　刺绣高跟鞋

目前，我国还有很多少数民族因信仰、习惯和传统的不同而保持着自己特有的穿着特征。随着社会交流范围的扩大，虽然也会受到冲击，但是由于习俗心理在他们的思想中已经根深蒂固，因而反映在鞋履上的变化依然较少。“时尚对服饰的影响在现代社会则相对明显，尤其是在第一次世界大战、第二次世界大战后，人们的思想越来越开放，抛弃旧的，渴望新的，伴随着时尚的流行，犹如催生剂，促进了服装的迅猛发展”[1]。

（二）功能因素

功能因素是鞋履与人结合的综合因素，其主体是人，表现物为鞋履。它属于鞋履变化的内在因素，与环境因素相互交融。透过鞋履变化，这种因素的合力表现明显。鞋履的功能因素大致分为以下两种：

1. 物质功能因素

鞋履的实用功能有其一定的时效性（图 1–8、图 1–9），即鞋履的某一种实用功能会随着人们生活劳动的变化而产生、发展或减弱以至于消失。如某种职业的消亡，新的劳动形式的出现，先进功能对落后功能的取代等都能直接导致鞋履的功能发生变化。

2. 精神功能因素

人类因其特有的精神需求与愿望，赋予服饰以特殊的含义，各种款式的鞋履包含着不同的意蕴。在封建等级制社会，贵族为显示其身份地位，把鞋履装饰得奢华富贵；朋克、嬉皮族为表示其另类，装扮风格极其怪异（图 1–10）；为烘托婚礼上的喜庆气氛，新娘一般都脚穿红色的鞋子（图 1–11），这些都是人类精

图 1–8　功能性较强的跑鞋

图 1–9　功能性较强的篮球鞋

图 1–10　朋克族穿着马丁靴

图 1–11　中国新娘的婚鞋

[1] 冯泽民，刘青海. 中西服装发展史［M］. 北京：中国纺织出版社，2015：13.

神追求的写照。同时，文化象征、思想变化与性格倾向等这些精神表现都从不同侧面影响鞋履的发展，正是因为人类精神的追求，才使鞋履异彩纷呈，不断推陈出新。

以上所列，聚焦影响鞋履变化的主要因素，而鞋履变化的现实轨迹有时相当复杂，其革新的结果往往归因于多种因素的共同作用。

二、鞋履发展的一般规律

规律是事物之间内在的必然联系，它决定着事物发展的方向与趋向。鞋履发展规律聚焦鞋履发展过程，包括鞋履与环境之间的内在关系以及彼此之间的互动、发展与变化。这种规律的探索，有助于我们正确认识几千年发展的鞋履本质以及当今鞋履发展的缘由，并在一定程度上科学预测未来鞋履的发展趋势。

回顾人类发展，其本身具有自然与社会的双重性，并无时不受到环境的影响与制约。人类所创造的一切文化，都源于自然环境与社会环境的相互交织与相互作用，本节基于六大规律，探索人和鞋履以及环境之间的复杂关系。

（一）模仿从众与标新立异的规律

模仿和从众属于一种社会心理现象，发生在不同人际关系之间。通过人与人之间的社会交往，特别是通过直觉、判断、行为、意识等，个体与他人或群体做出一致的心理和言行反应。鞋履的模仿是个体通过穿用同一种鞋履以求获得与被模仿者同样的社会价值的具体行为，以求在鞋履的选择与穿用方面优于以往、超出过去。随着模仿者的增多，社会流行趋势逐步形成，并引起少数未模仿者的心理变化，即出现从众心理，致使个体放弃自我价值而选择群体价值，以求心理安慰，从而使新鞋履顺利成为流行，并推动鞋履的发展，如在中国古代女士中流行一时的莲鞋（图 1-12）。随着流行的普遍化，其新鲜度与刺激性逐渐消失，标新立异的个别服饰会顺势而生，新的鞋履再度创造，其行为同样在时间的岁月中逐步得到认可，出现新一轮的模仿、流行与消失。如果新的鞋履不被大多数人认可，鞋履主流就将停留在上一轮的流行中，并在历史的进程中被相对固定，被群体在相当长的时间段内认可接受，成为一定时期的“永恒”。

（二）趋简求便与装饰求美的规律

一般而言，鞋履的出现是为满足生产劳动和精神心理两方面的需求。前者与后者在统一中分化，在冲突中发展。为便于劳作和生活，人们既要求鞋履穿脱简便，又要求鞋履便于身体的运动与操作或使用各种工具，同时，便于洗涤和收藏。这些要求促使鞋履在功能方面不断改进。物极必反，求简走到极端后，会引起人们心理需求的渴望，即对美的渴望，审美心理会抵抗这种鞋履，就出现在鞋履上饰以装饰的行为，并逐渐扩大、发展、创新出美轮美奂的新鞋履，以满足人们的求美心理。而装饰到一定程度，势必会影响正常生活和劳动，包括社会交际等，就会在原有审美心理的前提下，趋向简约，以求美和实用的统一。随着人们审美心理的不断变化，鞋履与人之间的关系也在不断地变化和向前发展。

（三）顺应环境与内心支配规律

环境包括自然环境和社会环境。在人类发展过程中，人对环境的服从是不可否定的事实，顺应自然环境是维持人们生存的基本前提，顺应社会环境是维护社会稳定无可非议的手段。自然环境除地貌、气候、植被和物种等天然环境之外，还有人们赖以生存的自然经济环境、劳动环境，他们对人的制约给鞋履样式变化带来了局限性。社会环境中的礼制、风俗和宗教等对鞋履提出了意识形态层面的要求。同时，鞋履也成为这种意识的直接反映。如环境出现新的变化，鞋履自然也会出现变化，这是发展的主流（图 1-13）。从人与环境关系的角度分析，人是内因，当内心受到的制约较小而处于优势地位，即内心的意愿占主导时，环境的制约力下降并妥协，鞋履受内因支配的同时，排挤外因环境影响，以求两者的平衡，在这种情况下，鞋履的变化发展呈现出迅速与顺利态势（图 1-14）。如果内因和外因出现交替变化，鞋履凭借其变化得以发展。当外因的两种因素，出现交织性波动时，内因就会波动起伏，在一定程度上影响鞋履的发展速率。例如，当政治变革引起科技滞后、思想动荡进而导致环境恶化时，人们对鞋履的变化会出现抵制心理，反之则通常会欣然接受，尝试享受鞋履的新变化。

图 1-12　曾争相仿穿的莲鞋

图 1-13　放足鞋

图 1-14　嘎嘎小姐（Lady Gaga）的无跟鞋

（四）融合吸收与自我传承的规律

融合吸收与自我传承是鞋履与环境之间的变化规律，融合吸收强调本民族对外来民族鞋履在功能、形式、技术和材料等方面优势的融合或吸收，以促进本民族鞋履的发展与变革（图 1-15）。事实上，不同民族的鞋履各自存在不同程度的优势，值得被其他民族借鉴，同时也需要借鉴其他民族的优秀元素，提高本民族的鞋履功能与审美层次。这种彼此之间的相互借鉴与融合，有时是直接引入，有时是略加改进，以期符合本民族的习惯。如果民族间缺乏交流，或是人为地抵制外族鞋履的影响，就会导致固守本民族的鞋履特质，实现鞋履的代代传承。特别是当融合吸收与自我传承存在于同一时空时，鞋履内部的诸多因素会彼此冲撞、激荡，朝各自的方向发展，最终保持其自身的本质特性，呈现出独特的民族风格。

（五）符号标识与个性自由的规律

从鞋履与环境的角度观察，鞋履始终处于被动角色，尽管人是鞋履的载体，但是当鞋履成为一种抽象符号时，环境尤其是社会环境，就会忽略人的主体因素，而授予其特殊的含义，即服装的符号化，使鞋履成为识别民族、身份、地位、性别等工具的同时，也可以实现整体的和谐统一。因此，标识鞋履因人和社会的需求而出现，无论是在今天还是在古代，都对社会秩序和日常生活起到巨大的作用。如果标识失误或倒置则会引起社会秩序的混乱，所以鞋履的符号功能往往会受到极大重视，中国历代服饰制度的变化、现代社会中的军装（图 1-16）、各种特殊职业的职业装以及纪念性活动的统一服装等，都从不同角度说明服装标志的重要性，也论证了其在促进服装向系列化、整体化发展中的重要作用。

随着社会环境对于鞋履影响的减弱，即社会环境对鞋履失去强制性或者影响很小时，就会促使鞋履向多彩、自由和个性化方向发展，在激烈的冲撞中，某

图 1-15　赵武灵王“胡服骑射”引入靴子

图 1-16　中国人民解放军 07 式军服

一种或几种鞋履会成为流行。在我国古代，鞋履的流行规律属于自上而下，即流行始于上流社会或贵族。当上流社会免于政治活动或不受鞋履约束而处于闲余时，他们因为拥有先进的工具、材料和出色的匠师，有条件使鞋履形式多样，并使其从上层社会的内部流行逐步传播到民间；在现代文明社会，鞋履的流行往往表现为自下而上或相互平行，其原因是现代人们有较高的审美需求，能够提出自己的看法和主张，并使其处于指导或引导地位。从心理角度分析，平民最真实，很容易引起广大民众的共鸣和认同，从而形成整体和时尚氛围。因此，在科技发达，高度文明的现代社会，鞋履流行的最新规律应该是源于民间的个体或集团（图1-17），最终逐步上升到整个社会。

图1-17　披头士乐队所穿披头士短靴风靡一时

（六）发扬优秀与淘汰陈旧的规律

纵观鞋履发展史，不同民族在打破地域或人为限制影响的同时，彼此相互交往，促进在鞋履方面的相互吸引与相互借鉴，并推动鞋履的不断发展。具体表现为两个方面：一是在对立和比较中，彼此之间通过改进自身的鞋履而发展；二是因为其他民族鞋履明显处于领先状态，为本民族认同欣赏，渴望对其加以借鉴和吸收，加速优化本民族鞋履的新发展。

具体而言，淘汰陈旧的鞋履出于主观需求，主要基于各民族鞋履在比较、竞争中抛弃过时的东西，或者因制度的更替、战乱或革命等人为的原因；从客观需求而言，随着社会的发展，有些民族的鞋履会自然消亡，旧的、功能性差或功能内容消失的鞋履已不再适应社会的需要，能够保留下来的一般是在功能和审美上具有一定优势的鞋履或鞋履构件。

上述六大规律，源于对鞋履三大元素（人、鞋履、环境）关系的概括，在一定程度上并未穷尽鞋履发展规律，还有许多分支性的规律或现象，有助于从不同角度探究鞋履的发展。如日本学者小川安郎曾归纳出五大类型二十条规律，其中有些规律与上述六大规律相同或相似，有些则另有创建，如渐变习惯化规律、表衣脱皮规律、形式升级规律、性别对立规律等，都不乏真知灼见。

无论基于那个层次与角度的探索、归纳与总结，鞋履的发展必然遵循一定的规律，这些规律客观存在，不以人的意志为转移。如何更加科学、准确地发现、把握、运用客观规律，属于服装史研究者永恒的课题和任务。“相信随着研究的不断深入，以及一代代研究者们不断的努力，人类服装发展的总规律最终会全面呈现在人们面前”❶。

第三节　中外鞋履文化的差异

人类文明的发展过程漫长，东西文化差异巨大。作为人类文明重要组成的鞋履文化，迥然不同的东西方风格表现明显。

一、中国鞋履文化特点

以中国传统文化为主导的东方鞋履文化特色朦胧含蓄、隐含寄寓，给人以撩拨和审美的感受。这种含蓄，有时通过款式来展现，有时则通过跟型、色彩、线条等手段给人以整体和谐之美。

东方鞋履文化大致具备以下四个特点：

（1）注重精细的艺术表现和工艺表现。大量的图案和饰件表达丰富的想象（图 1-18），以浪漫主义的情调达到现实主义的效果。

（2）注重气派稳健的氛围效果。东方鞋履给人以秩序和谐美感，严肃庄重、感观高雅，起到烘云托月的效果。

（3）注重营造和平统一的气氛。在以孔孟之道为文化内核的思想指导下，对鞋履文化的追求也力求稳重平静，有助于形成安宁、融洽的人际关系，那些会引起过分感官刺激，从而造成烦躁心理的鞋履产品一般不会受多数人的欢迎。

（4）鲜明的民族性。我国是一个多民族的国家，每个民族的鞋履都带有其鲜明的民族个性。“我国少数民族繁衍生息在祖国的大江南北，从冰封雪掩的长白山到亚热带气候的南疆，各族先人们在与大自然的搏斗中，为了保护自己、美化生活，掌握了就地取材做鞋制靴的生存能力，大大推进了文明的进程。各民族运用动物皮革、植物草木和手工织品等独特的地域材料，创造出绮丽、色彩斑斓的中华鞋饰文化，每双鞋（图 1-19、图 1-20）都凝聚着该民族的聪明才智，体现了民族感情与审美意识”❷。

❶ 冯泽民，刘青海．中西服装发展史［M］．北京：中国纺织出版社，2015：21.
❷ 李婕．足下生辉：鞋子图话［M］．天津：百花文艺出版社，2001：100.

二、西方鞋履文化特点

西方的鞋履文化充满着躁动、不安和遐想，尽显西方人的扩张和冒险精神。其具体表现在以下四个方面：

（1）崇尚人体自然美。西方女子大多数习惯于裸露和尽显脚型之美（图1-21），男性则通过夸张以显示自己的健康和力量。例如，女性大多要求通过穿着皮鞋，彰显自己的挺拔、美丽与个性。男性则关注与强调皮鞋的舒适，使鞋履符合脚型，方便其自由行动，展示其充满活力。

（2）最大限度吸引异性。许多西方女性通过鞋履造型（图1-22）的变化，使其双腿的曲线更加优美迷人，夸张的色彩也成为吸引他人的手段与途径。

（3）突出表现个性。西方人穿鞋重在表现自我，寻求对平衡的突破和对片面性的掘进，以自我设计、自我表现与自我创造而别具一格。

（4）追求感官刺激。西方人穿鞋追求新颖与个性化，如性感、另类等，形成不寻常的感官刺激，正如性感之偕友人春情荡漾，对之如痴如醉，而最终人们迷恋的不仅仅是鞋子，还有穿鞋子的整个人。

在东西方不同的鞋履文化中，蕴藏着两种迥异的性观念和性政治。从某种程度上说，脚已经不是天然地行走，而是在以文化的方式行走，它的每一个动态所

图1-18　紫缎高跟铜铃金莲

图1-19　赫哲族鱼皮靴

图1-20　哈尼族大翻头鞋

图1-21　露趾露跟凉鞋

图1-22　克里斯提·鲁布托（Christian Louboutin）红底鞋

体现出来的含义，无一不被鞋子以夸饰主义的风格全然昭示与众。众多服饰专家都指出，对于鞋子，东西方人种都一致地解读了鞋与性的密码。相比之下，中国人表现得要收敛得多，因为人们即使在放肆的春宫图上也很不容易一窥三寸金莲的全貌。但是，透过古希腊的雕塑，“我们却很容易看到鞋子们的聚会和舞蹈，西方的鞋子以肉体之歌的咏叹调响彻历史的前进间隙”[1]。

---

❶ 南希·蔷，蒋蓝. 鞋的风化史［M］. 成都：四川人民出版社，2004：20.

中篇

中国鞋履文化

第二章　中国原始社会鞋履文化

最早的鞋子式样非常简陋，人们推测古人将兽皮切割成大致的足形后，用细皮条将其连缀起来即成为最原始的鞋子。以后逐渐地出现用树皮、草类纤维编结出来的草鞋、麻鞋或树皮鞋。

第一节　中国鞋履文化的源头

一、裹足皮

至今180万年的巫山人进化为直立行走，完成了由猿到人的进化。“古代先人用双脚支撑着身体在这片土地上采集、狩猎和捕鱼，其中狩猎是史前人类最主要的谋生手段”[1]。严寒酷暑，四季轮回，为捕获更多的食物，为逃避自然灾害，常常要跋山涉水，披荆斩棘，辗转南北，此时保护好双脚就成了生存的首要条件。“远古妇女不织，禽兽之皮鞋履也”。特别是那些寒冷地区，在冰天雪地里奔跑，常常冻坏双足，此时，用狩猎的战利品兽皮来抵御风寒、温暖双脚，便成为人们最好的选择。他们把猎取的野兽“食其肉而用其皮”，先用简单的锋利石器把皮、肉分离，再用石器把整张兽皮切割成数块毛皮，同时割制一些窄皮条。然后将整块切割合适的兽皮包扎在脚上，保护脚板以免冻伤和割裂。这种最始祖的“足衣”因用裹扎的方法，亦有“裹足皮”之称（也被称为“兽皮袜”或“裹脚皮”），成为人类鞋饰源头的“始祖鞋”。在炎热的南方，先人们也用自然馈赠的树皮、草茎等捆绑在脚掌下面。由于双脚的磨难和负重远超于上肢部位，所以在许多情况下，护足都显得比护身更为重要，更加先行。“裹足皮”的诞生，使人

[1] 钟漫天. 中华鞋经［M］. 北京：东方出版社，2008：18.

类摆脱了跣足行走的原始生活习性，加快了行走的步伐，扩大了活动的范围，因而，有力地促进农耕渔猎等生产活动的发展，继而推进人类社会的进步。“积淀着祖先智慧的‘裹足皮’，留下了人类文明的发展足迹，也拉开了远古鞋饰文化的序幕”❶。

许多年来，民俗学、历史学工作者在长期艰苦的田野调查中，惊喜地发现：人类最早的鞋饰在民间居然依旧流行。如今在维吾尔民间所看到的“裘茹克”鞋，只是用石刀或刀简单切割而取的一块动物生皮，单底，边沿呈不规则的齿状，在不规则的边沿只有不规则的小眼，为穿绳所用，既无剪裁的痕迹，也无针线的介入。说明这种鞋的取用除一般常用小刀，几乎不需要别的工具，甚至连刀也可不要，也不需要专门的复杂技术，在以动物肉和乳为主要饮食的经济生活环境中，一切相对唾手可得，易取易用，远比在南方取用草鞋和木屐要简便，适合当时物质条件极差的自然状况，人们驻穗草而居，有畜牧就可生存。

据调查，这种以兽皮裹脚代鞋的原始习俗，至今还在东北、西北等地区的哈萨克、蒙古、柯尔克孜、塔吉克、藏族等少数民族的牧区中流行。例如，塔吉克语称为“皮依禾”；柯尔克孜族称为“巧考依”；而在新疆哈密地区里坤草原，土著汉族牧民冬季上山伐木劳动也穿此鞋，他们称其为“皮窝子”。

这些民族的一个共同特征是：他们所处的生活环境、所用的生存方式大致相近，条件艰苦、交通落后、经济发展严重滞后。“由此可见，‘裘茹克’这种鞋履跨民族、跨地区的普遍性，在经济全球化、文化全球化的当今生活中，仍然被偏远牧区好动的牧童和奔波于草原上的木工穿用。这又说明这种鞋在特殊经济生活区域内的适应性。其折射出的多方位民俗文化信息，使我们看到了人类最原生态鞋履‘裹足皮’的踪影，它还活生生地流行在民间”❷。

二、骨针

在旧石器时代，人类学会了简单的缝制，人类这种划时代的创造首先改进“裹足皮”的鞋型。大约在1.8万年前的山顶洞人的遗址中发现的骨针，长8.2厘米，最大直径0.33厘米，通体磨光，针孔窄小，针尖尖锐。这一事实可以证明在距今大约2万年，山顶洞人已经利用兽皮之类的自然材料缝制简单的衣服。骨针所用的缝线可能是由动物韧带劈开的丝筋，也可能是植物纤维捻合而成的股线，至今我国北部的鄂伦春族人还保留此种古老方式。骨针的发现可以证实山顶

❶ 叶丽娅. 中国历代鞋饰［M］. 杭州：中国美术学院出版社，2011：40.
❷ 同❶40，43.

洞人已经用骨针来缝合兽皮，作为衣物。正如沈从文在其著作《中国古代服饰研究》中对于骨针的高度评价："山顶洞人的文化遗物在服装史上的重要性具有划时代的意义。证实我国于旧石器时代晚期的开初，北方先民们，已经创造出利用缝纫加工为特征的服饰文化。"中华服饰文化史可以看作由此开端❶。

三、摺脸鞋

进化的工具加速"裹足皮"的革命，先人学会用骨针按脚形缝合兽皮，制作出底帮不分的"摺脸鞋"。一般工艺是先把兽皮按脚的尺寸裁成适宜的小片，把脚包住，确定前摺高度，打摺子后与一块前脸皮缝合在一起。有时为鞋脚固定方便，还把兽皮条穿于鞋帮捆绑在脚面与腿胫上，以便于奔跑和搏杀。在探讨人类早期的原始鞋饰时，一位人类学专家建议观察爱斯基摩人，因为生活在北美的爱斯基摩人依然保持着最原始的狩猎部落，直到 19 世纪，这些北极土著人还在使用石器，身着兽皮，生活状态及服饰相当于人类社会的新石器时代。"后来在纽约联合国总部获得爱斯基摩人的鞋饰，其形态与'摺脸鞋'几乎相同，这也佐证用兽皮简单制作的'摺脸鞋'是人类原始的成型鞋饰"❷。

"摺脸鞋"是帮底不分的简易鞋，人类在智力不断开发的过程中认识到由于鞋帮和鞋底的功能不同，耐用性不同，往往是下部分的鞋底已经磨透，但是上部分的鞋面还完好无损。为使易磨损的鞋底便于替换，先人们学会帮、底分别选用不同质地的毛皮，来延长鞋子的使用寿命：帮面选用柔软的皮子，鞋底选用硬厚而又耐磨的皮料，并通过缝绱工艺完成整双鞋。这样就出现现代鞋的雏形——缝绱鞋。1980 年 4 月，一支联合考察队进入新疆罗布淖尔（罗布泊）探索古楼兰人的社会生活，在铁板河南面的高坡上发现并开掘了一座古楼兰人的墓葬。墓中是一具保存完好的青年女性干尸，女尸身裹毛毡，面目清秀，似在甜睡之中。考古学家惊奇地发现她脚上穿着一双比裹足皮进化的兽皮缝绱靴（图 2-1）。这双用毛皮缝制的靴的靴帮和靴底明显是两块毛皮缝制，缝线是用羊毛搓成的细绳，靴筒长过脚踝，靴长 25 厘米，靿残高 16 厘米。前面开口，并用 2 厘米宽的羊皮条制成鞋口搭襻。经科学鉴定，女尸生活的年代至少在 4000 年前。

图 2-1　毛皮女靴

❶ 袁仄．中国服装史［M］．北京：中国纺织出版社，2010：13.
❷ 钟漫天．中华鞋经［M］．北京：东方出版社，2008：18.

第二节　多元的中国原始鞋履文化

一、短勒靴

先人们缝绱鞋的款型和样式属于多元化，鞋帮有无勒、有勒之款型，鞋底有翘头、平头之样式，不同款式的鞋子在古代陶器上得到佐证。陶瓷是中华民族古老文化艺术的象征，最早的陶器从模仿日常生活用具开始。有了陶器，人类可以用来取水、盛水、储藏和蒸煮食物，它改变原始人类茹毛饮血的生活方式，对人类社会和人类体制的发展起到有力的促进作用。“陶瓷艺术是社会生活的折射，在远古陶器上，我们也可以搜索到原始鞋履的记录”[1]。

如在青海省乐都县的柳湾墓地出土了一件辛店文化遗址的彩陶靴（图2-2）。该彩陶靴为夹砂红陶，手工绘制，其靴筒呈圆形，中间空，靴底前圆后方，帮底衔接处向内凹曲，表面磨光，通体绘有双带线纹、回纹和三角纹等黑色纹样，造型与现代靴子极为相似。“1973年秋，在我国青海省大通县上孙家寨发掘出一座马家窑文化类型的墓葬。马家窑文化存在于我国传说中炎帝到黄帝时期，即原始社会向奴隶社会的过渡时期。在此葬墓中出土了氏族时期的一件陶器，上面一人，足上已着鞋，而且鞋尖上翘”[2]。1976年，考古工作者在甘肃玉门清泉火烧沟发掘了“火烧沟文化遗址”，其中最为突出的是大批陶器的出土。其中一座人形彩陶罐制作精细，高20厘米，头顶中空，两眼镂空，其下肢粗壮，造型特别夸张，最引人注目的是脚下穿着一双厚重的大靴子，其靴头高翘，穿着舒适服帖（图2-3）。经专家推测，这是祭祀的神器。1983年，考古工作者在位于辽宁省西部山区建平、凌源两县交界处的牛河梁的一座中心大墓中，出土了一件红陶着靴小裸女残像（图2-4），其头部和右足缺失，残高不到10厘米，左足上赫然穿着极为适脚的短勒靴。据考证，当时妇女在整个经济活动中起主

图2-2　彩陶靴

图2-3　穿翘头靴的人形彩陶壶器

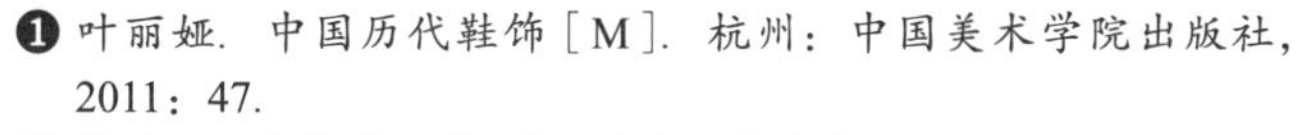

[1] 叶丽娅．中国历代鞋饰［M］．杭州：中国美术学院出版社，2011：47.

[2] 钟漫天．中华鞋经［M］．北京：东方出版社，2008：20，21.

图 2-4　着短靴的裸体少女陶塑像

导地位，社会普遍尊重女性，此穿靴裸女像应是先民祭祀女始祖所用的偶像。

二、木屐

生活在南部潮湿、炎热地域的先人，无需穿毛皮鞋抵御寒冷，便充分利用漫山遍野的自然资源——木材和植物叶茎作为制鞋材。1989 年，在浙江省慈湖遗址发现了新石器时代良渚文化时期的两只木板鞋（木屐）（图 2-5、图 2-6）。木屐取材于自然树木，两只均为左脚穿的无齿平板屐，其中一只前宽后窄，长 21.2 厘米，前端掌部宽 8.4 厘米，后跟宽 7.4 厘米；屐底平整，上凿有五个小孔，前排一个小孔，位于大拇指和食指中间；后面两个，共两排，以穿进绳索，分别系着脚背和脚腕，使其不至于脱落。“从与木屐同层采集的标本进行碳 -14 年代测定结果，距今年代为 5365±125 年，这是中国乃至世界上迄今出土最早的木屐实物”❶。

三、草鞋

用简单工具手编的草鞋也是先人们使用的一种原始鞋类（图 2-7）。当时常用的植物有芦草、蒲草以及葛、棕、麻等。不论以何种材料制鞋，一般工艺为先从植物的茎皮中剥取纤维，然后梳理成缕，用手工搓捻成线绳，再用绳索编织成鞋底，在鞋底的四周留出环扣，以便穿绳把鞋底固定在脚上。在鞋底前头的环扣常被称作“鼻”，而在鞋底双侧的环扣常被称作“耳”。一般分四耳草鞋或六耳草鞋，还有的不用耳襻，直接用草编成鞋帮。在服饰史上常把树皮和草木作为最古老的鞋材，而树皮鞋和草鞋也是从远古一直走到今天的最古老的鞋饰。

图 2-5　最古老的原始木屐

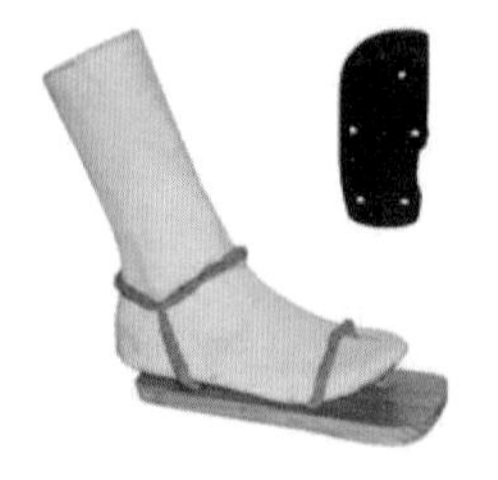

图 2-6　模仿古老木屐结构

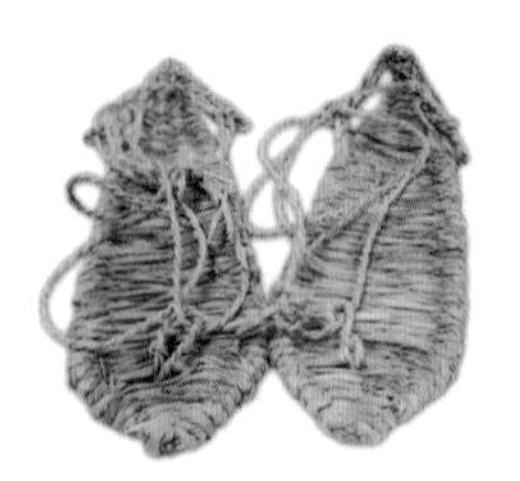

图 2-7　古老的草鞋

❶ 叶丽娅. 中国历代鞋饰［M］. 杭州：中国美术学院出版社，2011：45.

第三章　夏商周时期鞋履文化

随着纺织业的发展，布料、丝绸等物也用来制作鞋子，并与皮革、麻草组合应用，出现大量的鞋饰品。到殷商时期，鞋的式样、做工和装饰已十分考究，选材、配色、图案也都根据服饰制度有严格的规定：从服饰记载中可以看出，服制中规定王室成员着鞋的形制与色彩，如天子用纯朱色的舄或金舄，而诸侯用赤色的舄。每个朝代鞋的造型、色彩都随着服制形式而变化，百姓之鞋以素履为准，多以革、葛草制成。周代末年，靴的使用来自北方胡人的鞋式。胡人游牧骑乘多着有筒之靴，而赵武灵王主张习骑射，服改胡制，以更利于战事。《释名》曰："古有易履而无靴，靴字不见于经，至赵武灵王始服。"

第一节　鞋履上的等级区别

一、冠服制度与舄

在以巩固君主为核心的王权专制下，一切以维护宗法等级制度为目的，并逐渐演化成一种"礼教"文化和等级制度服饰系统。礼制是周代制订的一套典章制度，是治理国家和人民的规则与道德行为准则，目的是维护统治者的政权，要求全社会按照礼的要求来行使个人的义务和权利，最终维系贵族内部的等级秩序。由于礼制是统治国家人民的最高制度，在礼的制约下人的着装行为自然受到极其严格的规范，由此产生关于服装的典章制度。在当时由于生产力的限制和人们对衣服的大量需求，国家垄断了服饰生产资料，对官服做了严格的控制，从生产、制作、服饰管理到样式、配物都有明确规定，使服装的社会功能上升到突出地位，最后形成并完善了一套服饰制度，即礼服制度，通常称冠服制度，成为统治阶级整个行政系统划分等级贵贱的法则。

冠服是服装根据帽子的不同而命名的各类服装的总称。冕服在冠服制度（表3-1）中属于最高等级，它是天子、诸侯、大夫上朝和参加重大活动时穿的服装。弁服是仅次于冕服的冠服，为天子平常视朝之服，诸侯也是如此。弁服无章彩纹饰，这是与冕服的最大区别。在古代，带什么冠、配什么服、穿什么鞋都有定制（图3-1），天子和贵族因不同身份和参加活动的性质，配穿不同的服饰，这些服饰在颜色、材质、尺寸等方面都有不同的规定[1]。

最能体现礼仪体制的鞋履要属帝王权贵穿的“舄”（图3-2、图3-3）。“舄”，始于商周，是中国最古老的礼鞋，它是古代天子诸侯们参加祭祀、朝会所穿的鞋，穿时必须与宫廷礼服相配套，在不同场合，采用不同的颜色严格搭配。皇帝与诸侯穿的舄可分为三等，赤舄为上，白舄、黑舄次之；王后及命妇穿的舄，以玄舄为上，青舄、赤舄次之。如在最为隆重的祭天仪式中，天子诸侯们冕

表3-1　冠服制度简表

<table>
<tr><th rowspan="2">类别</th><th colspan="6">冕服</th><th colspan="3">弁服</th><th colspan="2">其他</th></tr>
<tr><th>大裘</th><th>衮冕</th><th>鷩冕</th><th>毳冕</th><th>絺冕</th><th>玄冕</th><th>爵弁</th><th>皮弁</th><th>韦弁</th><th>朝服</th><th>玄端</th></tr>
<tr><td>首服</td><td>天子冕12旒</td><td>天子12旒，公9旒</td><td>天子9旒，侯伯7旒</td><td>天子7旒，子男5旒</td><td>天子5旒，卿大夫3旒</td><td>天子3旒</td><td>爵争革弁</td><td>白色鹿皮弁</td><td>红色革弁</td><td>玄冠</td><td>玄冠</td></tr>
<tr><td>舄</td><td colspan="6">赤舄</td><td>赤舄</td><td>白舄</td><td>赤舄</td><td>黑舄</td><td>黑舄</td></tr>
<tr><td>用途</td><td>祭天</td><td>吉礼</td><td>祭先公，飨射</td><td>祀四望、山川</td><td>祭社稷、先王</td><td>祭林泽百物，天子朝日与听朔</td><td>大夫祭家庙，士助祭于王，士冠礼、婚礼</td><td>天子视朝诸侯听朝</td><td>兵事</td><td>诸侯朝服，卿大夫祭祖祢</td><td>天子与诸侯常服，大夫、士朝服，士常服、礼服</td></tr>
</table>

图3-1　冕服与赤舄搭配

图3-2　赤舄

图3-3　黑舄

[1] 冯泽民，刘青海. 中西服装发展史［M］. 北京：中国纺织出版社. 2015：37.

服赤舄，王后命妇们却是袆衣玄舄。周朝时，宫廷有专人四季收敛皮裘、丝绸等材质，颁于百工去制作冕服舄履，还专设“屦人”管理王和后的“舄”。儒家经典《周礼·天官·屦人》载：“屦人掌王及后之服屦，为赤舄、黑舄、赤繶、黄繶、青句、素屦、葛屦，辨外内命夫命妇之命屦、功屦、散屦，凡四时之祭祀，以宜服之。”可见这些宫廷舄屦，按不同形式、材料、色彩、人功，分成不同的档次，以配合四季穿用。

舄是一种复底鞋，其制作非常讲究，鞋底通常用双层，上层用布或皮革，下层用木料。崔豹《古今注·舆服》云：“舄，以木置履下，干腊不畏泥湿也。”《释名》也谓“覆其下曰舄，舄，蜡也，行礼久立地或泥湿，故覆其下使于蜡也。”因为在木底上涂蜡，对于长时间站立在湿润的泥地上参加礼仪繁缛的祭祀或朝会的官员们而言，能有效阻隔潮气的侵入。舄面大多用丝绸、彩皮、葛麻等，上有絇、繶、纯、綦等鞋饰，“絇”是舄头上的装饰，其形状有圆形、方形、弧形、刀衣形等。“絇”为云形的称“云舄”；“繶”是镶嵌在帮底间的细圆滚条；“纯”是鞋帮口的缘边；“綦”是鞋带，而这些构件往往将舄装扮得珠光宝气，富贵华丽。

《诗经·小雅·车攻》记载了周宣王及诸侯们着“赤芾金舄”举行大规模射猎活动的情景。在赤舄上加金饰称为“金舄”。《晏子春秋·内篇谏下》也描绘景公听朝时，脚着“黄金之綦，饰以银，连以珠，良玉之絇，其长尺……晏子朝，公迎之，履重，仅能举足”的履，景公让人特制的这双鞋，用黄金做鞋带，饰银缀珠，还用上等玉装点鞋头，可见这是一双饰满金银珠宝，价值连城的舄履。此鞋又长又重，难怪他上朝时仅能抬脚。在以后的唐代及辽代冕服制中，都规定了穿衮服时须配“舄加金饰”。“舄的辉煌重饰，更显示了穿着者的华贵身份及等级地位，因而深受历代帝王权贵的青睐与重视”[1]。

二、鞋履等级

夏、商、周是我国奴隶制国家形成和发展的重要时期，奴隶社会生产力的提高，使农业、手工业、纺织业等得到迅速发展，为衣冠鞋履提供了广泛的材质，如丝帛、皮革、布麻、葛草等；鞋履种类也日益丰富，有革履、丝履、葛屦、木屐、麻鞋、草鞋等。

此时，奴隶主、贵族在穿着华丽服装的同时，鞋履也成他们显示地位的奢侈

[1] 叶丽娅．中国历代鞋饰［M］．杭州：中国美术学院出版社，2011：60-61.

品。他们身着精美丝绸，脚踏丝履、锦鞋、皮履、珠履等。“河南安阳四磨村出土商代贵族玉石造像履饰，造型为两手着地，身子后倾。也许是一场筵席使他一醉方休，前仰后翻，呈洒醉纵乐态。其神态倨傲，衣饰华丽，头戴花帽，脚着矮帮平底鞋履，鞋形饱满，似有内衬，侧面有圆形图案，腰腹前垂着当时贵族象征的‘蔽膝’。商代高级贵妇好穿平头高帮履，无系带，圆履口，平底无跟”❶。

鞋饰作为服饰的一个组成部分，同样被纳入“礼治”的范围，成为礼仪中不可缺少的表现形式，规范着人们的思想和行为。因此，“鞋履也从原始的护足功能融进‘举足轻重’的礼仪内涵，在装饰、质地上逐渐产生差异，有了尊卑、等级之分”❷。

在商周时代，鞋履的穿着分为四个等级：

（1）最高等级的鞋是权贵或武士穿用皮革制作的高靿平底翘头鞮，如山西柳林高红的商代贵族武士墓出土的一只铜靴，靴尖翘起，平底、高长筒，在靴筒口有一圆孔，脚面布有纹饰（图 3-4）；

（2）第二等级的鞋是上层的贵族与贵妇穿用的高靿平底丝履，其履形饱满，鞋帮上饰有圆环纹样，此种鞋为织物衬鞋里、丝帛为鞋面的丝履，如跪坐玉人的丝帛鞋（图 3-5）；

（3）第三等级的鞋是中下层贵族，穿用麻、葛等植物纤维编制的高帮平底鞋，较合脚，如哈佛大学福格美术馆收藏的安阳殷商墓出土的立式玉人所穿的鞋子（图 3-6）；

图 3-4　商周铜靴

图 3-5　跪坐玉人着丝帛鞋

图 3-6　立式玉人着平底鞋

❶ 叶丽娅．中国历代鞋饰［M］．杭州：中国美术学院出版社，2011：58.

❷ 同❶57.

（4）最低等级的鞋是社会中下层人士的鞋履，“制作材料大多为草、树皮和麻等，制作简易，一般只做鞋底部分，再用绳纽固在脚上，犹如当今的草鞋”[1]。民间劳动者的鞋履有屦、屝、橇等。屦（图3-7）是指一种单底鞋，多以麻、葛、草、皮等制成，一般是粗屦。屝（图3-8）是指草鞋，粗履也。橇（图3-9）是指木板制的鞋子，鞋头高翘，两侧翻转如箕，以绳束系结于足，着之便可行走泥地，后发展为木屐。“纠纠葛屦，可以履霜”，这是《诗经·魏风·葛屦》中有名的诗句，写的是一位缝衣女奴，在天寒地冻的日子里，脚上还穿着用葛藤绳缠绕起来的夏天凉鞋葛屦，行走在结满霜冻的地上。《孟子·滕文公上》：“其徒数十人，皆衣褐，捆屦，织席以为食。”说的是孟子嘲笑许行的几十名门徒个个穿着粗布短衣，以编草鞋、织席为生。由此可见，“不仅穿草鞋者地位低下，编草鞋和卖草鞋者也受人歧视”[2]。

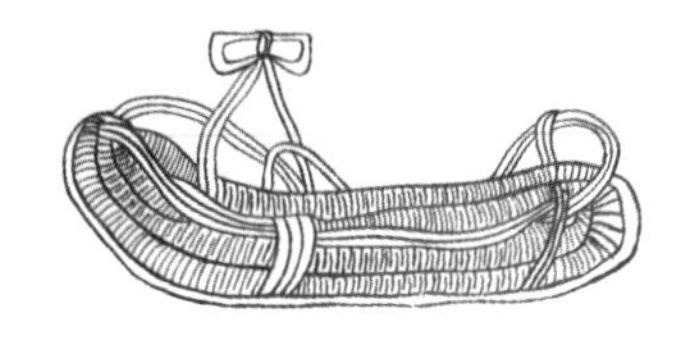

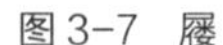

图3-7　屦

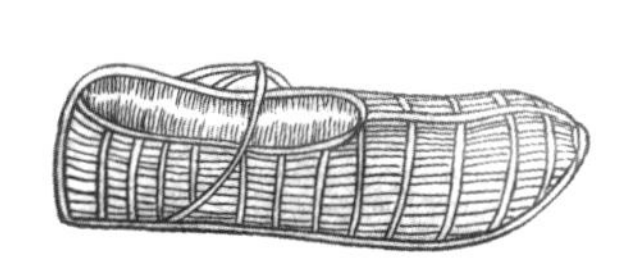

图3-8　屝

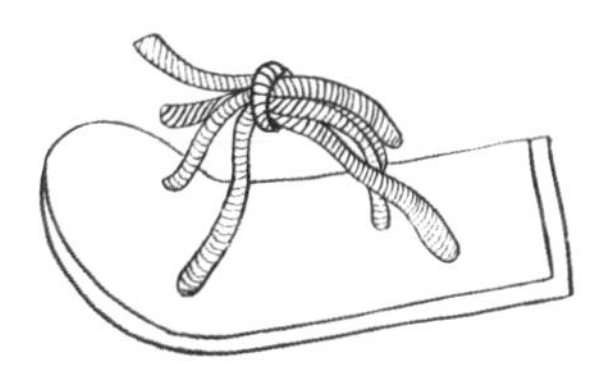

图3-9　橇

第二节　胡服骑射与靴的引进

靴最早出自西域，是古时游牧民族的服饰。在远古的年代，最早的皮靴是矮帮的，人们在穿着时还得在腿部缠上绑腿，以挡风御寒，保护腿脚不被荆棘划破。但到后来，护腿与护脚（即绑腿与鞋）便合二为一，绑腿连在鞋帮上，成了高及腿肚或膝盖的皮靴。而在中原地区，靴还是稀罕物，古战场上车轮滚滚，战火弥漫，身着深衣戎服的将士，手握盾器，伴随着排排战车冲锋陷阵，奋勇杀敌。据文献记载：当时的中原“古有舄履而无靴，靴字不见于经，至赵武灵王始服。”这段文字引出一个古代改革传统舆服制度的典故，即战国末年，历史上有名的赵武灵王“胡服骑射”变服事件（图3-10）。

春秋战国正是中国封建制度取代奴隶社会的历史时期。战国七雄之间的争

[1] 钟漫天．中华鞋经［M］．北京：东方出版社，2008：20，25.
[2] 叶丽娅．中国历代鞋饰［M］．杭州：中国美术学院出版社，2011：57-58.

斗，推动了中国服饰史上的一次大革命——胡服骑射。赵国武灵王是服饰的改革者。“为适应战争的需要，赵武灵王引进了西北少数民族（当时称胡人）的穿戴——短衣、长裤和革靴。从此北方民族拥有了既便于北方寒冷之地行走，又适宜马背乘骑的鞋饰——靴子，成为中华鞋史上最成功的变革产物”[1]。今存放在美国波士顿美术馆的战国青铜女孩像（图3-11）是1926年河南洛阳市金村出土的文物，其足上的革履即是典型的靴子。

图3-10　赵武灵王胡服骑射

图3-11　着短靴青铜女孩

赵武灵王（公元前340～公元前295年），是战国七雄中赵国的第六代国君（公元前325～公元前299年在位，执政27年）。赵武灵王在位期间，正处在战国中后期，列国间战争频繁，兼并之势愈演愈烈，各诸侯国在发愤图强，争取立于不败之地的同时，吞并他国，称霸华夏。当时的赵都邯郸，疆土主要有当今河北省南部、山西省中部和陕西省东北隅，并被齐、中山、燕、东胡、秦、韩、魏等国包围。邯郸虽然形势险峻，但是依然经常受到北方胡骑的骚扰，众多的步卒也无力对付奔驰迅猛、机动灵活的骑兵。因此，增强国力成了赵武灵王深思的重要问题，他从匈奴骑兵来去神速、作战自由，屡屡得胜中感悟到，只有改车战为骑战，发展骑兵部队，才能提高军队的战斗力，抵御北方族的南侵，继而加强国力称霸天下。但传统的深衣戎服不便骑马，所以骑兵发展一直比较缓慢，赵武灵王毅然改革中原传统的衣冠履制和作战形式，大胆学习北方游牧族战事上的长处，下令在军中推行“胡服骑射”，即穿胡人的短衣皮靴，学他们骑马射箭的作战方法。胡服与中原地区宽衣博带式汉服有较大差异，其特征为短衣、长裤和革靴。但千百年流传下来深衣舄履的改变，并非易事。

由于胡服骑射不单是一个军事改革措施，与其说关系到国家移风易俗的改革，不如说更是一次对传统观念的更新。因此，在施行之初，阻力很大，特别是来自朝廷群臣的抵触情绪。赵武灵王耐心解释，以理服人，几经周折，终于取得众臣支持。他又身体力行，带头以国君的身份穿起了紧身窄袖的短衣、长裤、皮

[1] 钟漫天. 中华鞋经［M］. 北京：东方出版社，2008：25.

靴。由于胡服短衣紧袖、皮带束身、脚穿皮靴，非常适应骑战的需要，特别是穿靴骑射伸蹬轻灵方便，靴筒既防寒防风，又能防止小腿受摩擦，所以很快被战士接受。这项措施不仅有效阻击了南袭的北族，也很快增强了国力，成为争霸七雄之一。赵武灵王看到条件成熟，就正式下了一道改革服装的命令。没过多久，赵国不分贫富贵贱，都穿起了胡服。“因为胡靴在日常生活中做事也很方便，所以逐渐从军中传入民间，成为中原百姓的普通鞋履”[1]。

战国之后，革靴盛行两千年，隋、唐、宋、元、明几乎代代皆穿用，直到清朝才改为布制的靴子。

❶ 叶丽娅. 中国历代鞋饰［M］. 杭州：中国美术学院出版社，2011：64-65.

第四章　秦汉时期鞋履文化

秦朝建立了我国第一个中央集权的封建国家，创立了衣、冠、履等各种服制，对汉代影响很大。汉代是中国封建社会比较强大的时期，物质丰富，促进了鞋履文化的发展。公元59年，汉朝重新制定鞋履和朝服制度，冠冕、鞋履各有等序。如鞋履的穿着严格规定为："祭服穿舄，朝服穿履，燕服穿屦，出门行路则穿屐。"[1]妇女出嫁也须穿木屐，达官富户在屐上施以彩画，并以五彩丝带系之。

秦汉时，大部分地区着履（穿鞋）已普遍流行。舄是古代贵族用于祭祀、朝会的礼鞋，始于商周，秦代传承此制，秦始皇身穿冕服时也穿舄（图4-1）。汉初，赤舄原先限定仅为天子、王后及诸侯所穿，到后汉孝明帝二年时才有所改革，批准三公、诸侯到九品以下官员，在服冕时必须穿赤舄、履。同时，舄又作为鞋子的统称，《史记·淳于髡传》中有"日暮酒阑，合尊促坐，男女同席，舄履交错，杯盘狼藉"的记载。这里的"舄"字泛指鞋子，是形容古代脱鞋入席，男女同席，不拘礼节的状态。另外，汉高祖还曾下令，"贾人不得服锦绣罗绮等，这中间当然也包括鞋饰，如有犯者，则杀头弃市"[1]。

图4-1　着舄的秦始皇像

秦汉时期男女鞋款已显区别，男人穿方头鞋履，表示阳刚从天；女人穿圆头鞋，意喻温和圆顺从夫（遵天方地圆之说）。

[1] 钱金波，叶大兵. 中国鞋履文化史［M］. 北京：知识产权出版社，2014：32.

第一节 秦代鞋履文化

基于我国目前的考古资料分析归纳，秦代出土的真鞋实物极少。1974年横空出世的秦始皇兵马俑，以其秦俑雕塑的写实主义风格，为后世人们了解秦代军人的服饰鞋履特征，留下了珍贵的历史画卷，尤其是山西临潼秦始皇兵马俑博物馆里，身高180厘米左右，体魄雄健的秦俑将士脚上所穿的鞋履。秦国作为一个等级森严的国家，在穿着上有严格的制度，军队戎装均按级别配备，将士的鞋履与军服、冠饰一样，也都有规定的等级区分。大部分秦俑足上都穿履，少数着靴。履的样式大致分为方口翘头履和方口齐头履。军履整体似舟，头部呈方形盖瓦状，浅帮薄底，后高前低，鞋头翘尖的幅度与身份等级成正比，如高级军吏俑穿的鞋头翘得最高，中级军吏俑次之，统称方口翘头履（图4–2）；武官俑的鞋头略翘，为方口翘头履；而普通士兵俑着的履基本不呈翘状，称方口齐头履（图4–3）。靴的形式有两种，为高筒靴（图4–4）和短筒靴，主要为骑兵俑、铠甲武士俑等穿着。靴的质地硬直，似为革靴。秦军的履和靴最大的特点是都有带缚于脚背和脚踝上。

鞋履的耐穿与否，取决于鞋底。在秦始皇兵马俑中，一个个作跪射姿态俑的履底上，我们看到了一行行排列整齐的钉孔形圆圈纹样（图4–5）。据专家考证，这种纹样象征着鞋底的针脚，它真实客观地再现了当时军士们穿的是用针线

图4–2 着方口翘头履的兵马俑

图4–3 着方口齐头履的兵马俑

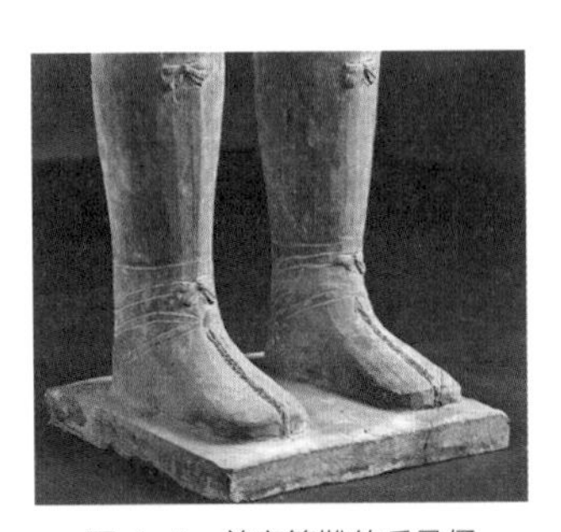

图4–4 着高筒靴的兵马俑

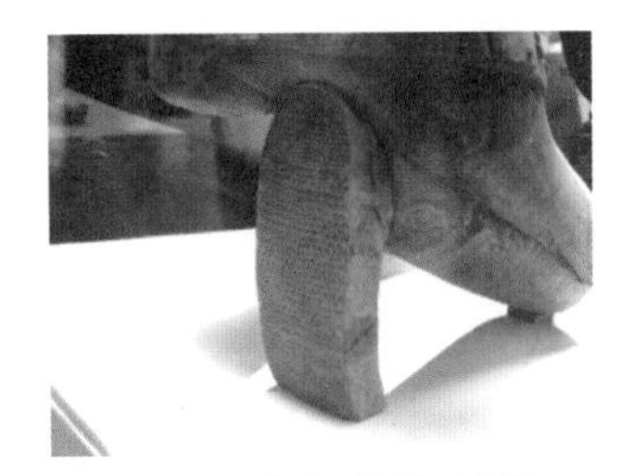

图4–5 着纳底鞋的兵马俑

纳制的履底。其实，从山西侯马出土的东周佩短剑武士跪像，已见到穿着纳底鞋履。虽然这是一件粗制的陶范，但可以清晰地看到鞋底上密密麻麻的纳线纹。到秦代，纳底鞋又有了发展，已根据鞋底的承受力点，施以不同的针法，其制作更趋科学合理。可以在跪射俑的履底上看见，中间部位施针较稀，足前掌和后掌用力部位针迹较细密，使军鞋在行军打仗时更加牢固耐磨，干燥防滑。

纳底布鞋之所以率先为战士所采用，是因为作战奔跑时鞋底需要耐摩擦，这款鞋子首先应用于军队，之后才逐渐向民间普及。这是摩擦原理第一次在我国制鞋领域中的应用。纳底鞋发展至清朝，已经造就出驰名中外的千层底布鞋。作为中华鞋履的灵魂，布鞋从中国古代流传到现在，从未退出历史舞台，而如今，著名的老北京布鞋、内联升以及老美华等品牌还在生产这种纳底布鞋或千层底鞋，这样的鞋子具有冬御寒、夏散热等优点。

第二节　汉代鞋履文化

咸阳杨家湾出土的汉代兵马俑给我们带来了汉代军人穿鞋的信息。根据汉代的葬制，只有立下特殊功勋的人才可享受用兵马俑陪葬，并且要得到皇帝的恩准。1965 年，陕西咸阳杨家湾西汉墓发掘出 2500 多件彩绘兵马陶俑，据专家推测，陪葬的兵马俑原型就是朝廷的御林军。这支队伍造型逼真，步伍严整，有步兵、骑兵等，表现了汉初军阵的真实形象，而几千将士所穿的鞋靴如实反映出当时的军营鞋饰。与秦兵马俑不同的是杨家湾骑兵俑穿的靴在制作上更加讲究装饰，将士之间的鞋靴有明显差距。长筒靴多为军官所穿，色彩华丽，绘锯齿纹、草叶纹、卷云纹等；那些将军俑身穿鱼鳞甲，脚着漂亮的翘圆头彩绘彩筒靴，神态严肃，趾高气扬地进行指挥（图 4-6）；而士卒步兵们大多绑裹腿着麻线鞋或钩尖鞋（图 4-7），这种在鞋制上的等级区别，形成鲜明的对照。这些栩栩如生的艺术珍品，为我们解读、研究汉代社会服饰、丧葬、军事等制度，提供了详尽宝贵的资料。

秦汉时期皮革资源多，穿皮鞋是生活简朴的表现。其中以獐、麂等动物皮革制的鞋为上乘。“在《潜天论·浮侈》中曾描述当时普通百姓‘履必獐麂’，秦汉时期的长筒靴采用皮革制作，如上述杨家湾出土的彩靴，当时采用的材质就是皮革。而用丝和锦制作的履或在鞋面上绣花缘边的成为‘丝履’或‘锦履’”❶。

❶ 钟漫天．中华鞋经［M］．北京：东方出版社，2008：29，30.

在夏商时期，人们已经熟练地掌握丝织技术，华丽的丝帛成为贵族服饰的首选；到周代，织绣工艺渐趋成熟，出现了最为权贵的丝履——舄。“舄”的面料大多采用丝绸，为最高阶层所独享。

秦汉时期，许多地方都能生产丝绸，不仅产量有所提高，而且花色品种也日益丰富，出现了有彩色花纹的丝织品——锦。“锦上添花”使中国丝绸更加绚丽多彩，更具艺术内涵。1972 年，湖南长沙马王堆西汉墓出土了丞相夫人的一系列丝绸珍品，其中的丝绸衣物及纺织品件件色彩绚丽、工艺精湛，特别是丞相夫人足穿的细软青丝履，已成为中华鞋文化走廊中瑰丽的精品。这双履（图 4-8）呈菜绿色，长 26 厘米，头宽 7 厘米，后跟深 5 厘米，头部呈弧形凹陷，两端昂起分叉小尖角，成为歧头履，是丞相夫人的陪葬鞋。此鞋采用不同纹样的青丝织布面料做成，鞋前部分为纬线较粗的平纹料，鞋帮是绛紫色的八字纹料。鞋子底部则用浅绛色麻线编制而成，并有磨损痕迹，应是生前穿用之履。同时出土的丝履共有四双，轻柔细软，舒适华贵。这种鞋适宜在冬季穿着，为当时女子所喜好。

随着丝织物的普及，穿着丝履者逐渐增多，一般人家也能享用。“足下蹑丝履，头上玳瑁光”，这是汉乐府《孔雀东南飞》中的诗句。《汉书·贾谊传》：“今人卖僮仆者，为之绣衣丝履偏诸缘。”可见，丝履已成为当时人们常用的一种鞋履。

汉代曾出现鞋史上罕见的玉鞋（图 4-9）。我国崇玉的历史非常悠久，上可追溯到新石器时代的玉殓葬风俗。考古证明，从新石器时代以来，出于对玉无比

图 4-6　着长筒靴的将军俑

图 4-7　着麻履的骑兵俑

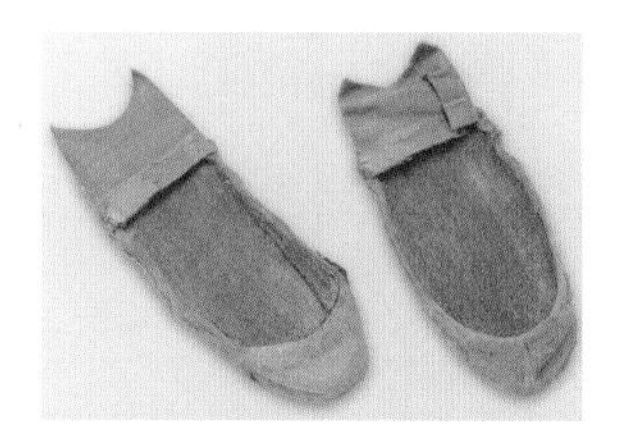
图 4-8　长沙马王堆汉墓出土的歧头履

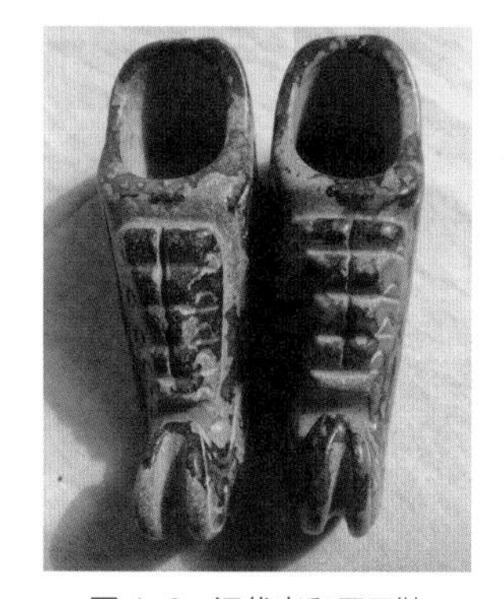
图 4-9　汉代老和田玉鞋

崇拜的迷信，玉广泛使用于装饰、祭祀、丧葬等活动，生前佩玉，死后葬玉的丧葬习俗代代相传，发展至汉代已形成帝王贵族以玉衣为葬服的风气，大家相信这样就可以守住魂魄而死后复生。1968年，河北省满城县，第一次出土了两套完整、珍贵的金缕玉衣（图4-10），玉衣为西汉中山靖王刘胜夫妇的殓服，由头罩、上衣、裤筒、手套和鞋五部分组成。玉衣，古称“玉匣”“玉柙”等，由各种形状的玉片缝缀而成，据说能够让死者的身体不朽。玉衣制作工序复杂，工程浩大。

图4-10　汉代金缕玉衣

到东汉，已发展和形成一套完整的使用玉衣的等级制度，据史书《汉旧仪》载：“帝崩，含以珠，缠以缇缯十二重。以玉为襦，如铠状，连缝之，以黄金为缕。腰以下以玉为札，长一尺，广二寸半，为柙，下至足，亦缝以黄金缕”。《后汉书·礼仪志下》又详细记载：“诸侯王、列侯、始封贵人、公主薨，皆令赠印玺、玉柙银缕；大贵人、长公主铜缕。”由此可见，东汉时期玉衣已明确分为金缕、银缕和铜缕三个等级。只有皇帝驾崩才能享用金缕玉衣，而诸侯等死去时只能使用银缕玉衣，一般的贵族和长公主仅能穿铜缕玉衣。在玉衣制作工艺上，东汉比西汉也更趋成熟，并有许多新的改进，例如，鞋子能够分辨出左右方向，手套已出现拇指等，因而玉衣在穿着时更能贴合人体。这种世界上罕见的玉衣殓尸的习俗，一直延续至东汉末年。三国时期，魏文帝曹丕鉴于“汉氏诸陵无不发掘，至乃烧取玉匣金缕，骸骨并尽”的状况，下令禁止使用“珠襦玉匣”，至此，在中国历史上风行了三百余年的玉衣敛服习俗才被废止”[1]。

扩展阅读与分析

成书于明朝的《三国演义》中多次出现对东汉末年鞋履的描写，如下。

第三十回，“时操方解衣歇息，闻说许攸私奔到寨，大喜，不及穿履，跣足出迎，遥见许攸，抚掌欢笑，携手共入，操先拜于地”。第四十回，“粲容貌瘦弱，身材短小；幼时往见中郎蔡邕，时邕高朋满座，闻粲至，倒履迎之”。第五十六回，“是日，曹操头戴嵌宝金冠，身穿绿锦罗袍，玉带珠履，凭高而坐”。

[1] 叶丽娅．中国历代鞋饰［M］．杭州：中国美术学院出版社，2011：80-81.

第五十七回，“鲁肃设宴款待孔明。宴罢，孔明辞回。方欲下船，只见江边一人（凤雏先生庞统）道袍竹冠，皂绦素履，一手揪住孔明大笑曰：‘汝气死周郎，却又来吊孝，明欺东吴无人耶！’”第六十八回，“是日，诸官皆至王宫大宴。正行酒间，左慈足穿木履，立于筵前。众官惊怪”。第八十七回，“中间孟获出马：头顶嵌宝紫金冠，身披缨络红锦袍，腰系碾玉狮子带，脚穿鹰嘴抹绿靴，骑一匹卷毛赤兔马，悬两口松纹镶宝剑”。

第八十九回，“孔明大喜，到庄前扣户，有一小童出。孔明方欲通姓名，早有一人，竹冠草履，白袍皂绦，碧眼黄发，忻然出曰：‘来者莫非汉丞相否？’”

此外，在当时卖鞋是身份低下的象征。家喻户晓、妇孺皆知的刘备，在鞋业被称为“鞋祖”，因为刘备早年丧父，后来跟着母亲卖草鞋为生。在《三国演义》第一回中有记载：“玄德祖刘雄，父刘弘。弘曾举孝廉，亦尝作吏，早丧。玄德幼孤，事母至孝；家贫，贩屦织席为业。”因此，到后来好多人都瞧不起刘备。例如，第十四回，“袁术闻说刘备上表，欲吞其州县，乃大怒曰：‘汝乃织席编屦之夫，今辄占据大郡，与诸侯同列；吾正欲伐汝，汝却反欲图我！深为可恨！’”

第二十一回，“袁术骂曰：‘织席编屦小辈，安敢轻我！’”第四十三回，“座上又一人（陆绩）应声问曰：‘曹操虽挟天子以令诸侯，犹是相国曹参之后。刘豫州虽云中山靖王苗裔，却无可稽考，眼见只是织席贩屦之夫耳，何足与曹操抗衡哉！’”孔明视之，乃陆绩也。孔明看不过去，因此反驳，笑曰：“公非袁术座间怀桔之陆郎乎？请安坐，听吾一言：曹操既为曹相国之后，则世为汉臣矣；今乃专权肆横，欺凌君父，是不惟无君，亦且蔑祖，不惟汉室之乱臣，亦曹氏之贼子也。刘豫州堂堂帝胄，当今皇帝，按谱赐爵，何云无可稽考？且高祖起身亭长，而终有天下；织席贩屦，又何足为辱乎？公小儿之见，不足与高士共语！”陆绩语塞。第七十二回，“玄德引军出迎。两阵对圆，玄德令刘封出马。操骂曰：‘卖履小儿，常使假子拒敌！吾若唤黄须儿来，汝假子为肉泥矣！’”

然而，讽刺的是：在曹操去世前，却嘱咐他的侍妾“造丝履”以“得钱自给”。第七十八回，“操令近侍取平日所藏名香，分赐诸侍妾，且嘱曰：‘吾死之后，汝等须勤习女工，多造丝履，卖之可以得钱自给。’”

第三节　内涵深厚的鞋翘文化

在中国古代鞋履中，经常可以看到翘头的款式，古代称其为“翘头履”。我国的鞋翘，最早可以追溯到距今5000多年前的原始社会后期，那是青海孙家寨马家窑出土的一件陶器，上有一人，足上已着翘头鞋。到商周时代，鞋翘文物渐多见。河南安阳侯家庄西北岗出土的商代贵族，虽头部残缺，但可清楚地见到胫扎裹腿，足穿厚而不肥的翘头鞋。1992年，在山西省曲沃县晋侯墓出土的西周贵族玉人，呈站立形，其两足上也穿着高翘的鞋履（图4-11），有专家分析，这是一双屐高翘似舄的款式。古代帝王的“舄”，也属特殊的翘头履。舄前呈云头造型高翘的“絇”，采用丝织物缝制而成。

秦汉时，随着封建统治的加强，鞋翘的样式有明显发展。相继出现方形翘头、圆形翘头、双岐翘头及钩尖翘头等。秦始皇兵马俑出土的将士鞋履大多为方形翘头式。特别是汉代，按照儒家理论思想制定的官服制度，包括冠冕、衣裳、鞋履、佩绶等，各有等序，规定严格。据《宋书·五行志》载：“昔初作履者，妇人圆头，男子方头。圆者，顺从之义，所以别男女也。晋太康初，妇人皆履方头，此去其圆从，与男无别也。”汉高祖长陵园出土的彩绘侍女俑，脚穿一双非常体贴的方形翘头履，但圆头方口鞋仍是普通百姓常穿的鞋子之一。图4-12为汉代圆头木屐。

到了汉代，分叉状鞋翘又进一步发展，也称“分歧履”“分梢履”“双岐履”“岐头履”（图4-13），其头部分歧，呈双尖翘头，中间凹陷。在先秦典籍中，鞋头分歧始于皇帝内宫，曾作为皇宫祭祀时所穿“舄”的形制，后流向民间，先为男性穿着。在汉代，岐头履也为女子普遍穿用，如马王堆出土的岐头青丝履。

汉以后，高翘的鞋头更加丰富，特别是唐代，各式高头履纷纷登场（图4-14~图4-16），令人眼花缭乱。鞋翘是中国古鞋最典型的特征之一，也是中国古代服饰文化的一个重要组成部分，究其式样和规制，大体可得出以下八种功用的推断：

（1）中国古代男女服饰皆以裙袍为主体，鞋翘可以用来拖住裙边，防止跌滑。

（2）行走时鞋翘有警戒作用，使穿者免受伤害。

（3）牢固鞋头部位、延长鞋履寿命。鞋履的前部最易进水黏泥而加速破坏，履头高翘能防止泥水侵入。此外，鞋翘一般与鞋底相接，而鞋底牢度大大优于鞋面，因此，翘头可以延长鞋履寿命。

图 4-11　着翘头履的西周玉人

图 4-12　汉代圆头木屐

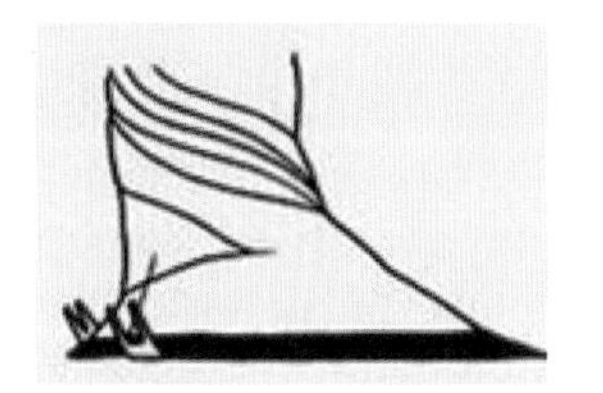
图 4-13　岐头履

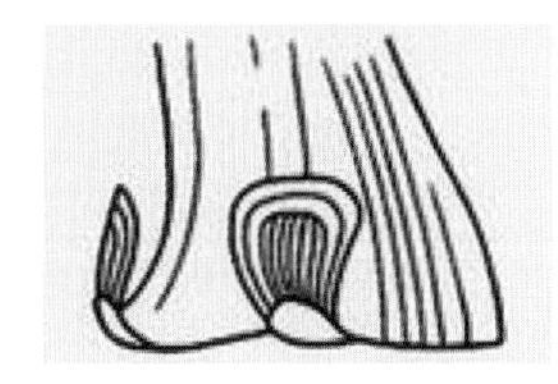
图 4-14　笏头履

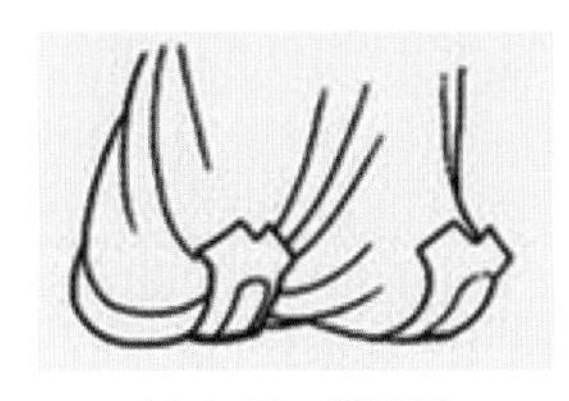
图 4-15　高齿履

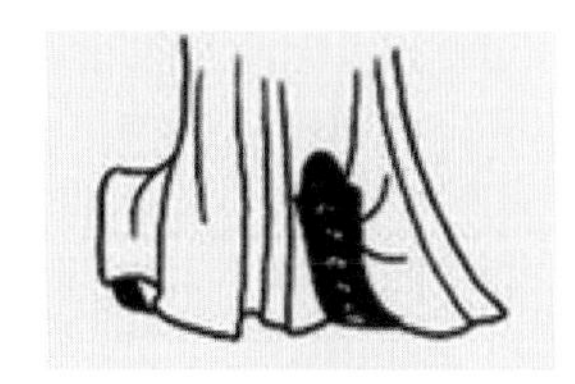
图 4-16　重台履

（4）源于浓厚的封建迷信意识。“鞋尖的上翘与古建筑的顶角上翘有相同的内涵，都是信仰和尊崇上天的结果”[1]。

（5）鞋翘可以作为显示等级的符号。鞋翘的等级差别主要通过色彩、材质、装饰和高度等来体现。例如，古代帝王的“舄”，头部有“絇”为装饰，“絇”以丝帛纠合而成，附缀在舄头正中，翘首如同后世的鞋梁，并以赤、黄、青、黑、白等色彩语言，与冠服相配套，以辨别封建等级之差；又用金银珠宝、绫罗绸缎等装饰鞋翘来张扬财富，显示社会地位与经济实力；高耸的鞋翘炫耀富贵和级别，标志着穿鞋者地位的高低。这在秦始皇兵马俑中可以得到证实，将士俑的鞋履，鞋翘与级别成正比增长。

（6）鞋翘具有行戒作用。舄履首置“絇”，状如衣鼻，还具有拘束行为的作用，以告诫穿者言行谨慎，举止稳重。汉郑玄注：“絇之言拘也，以为行戒。”宋赵彦卫《云麓漫钞》也云：“屦之有絇，所以示戒，童子不絇，未能戒也。丧屦无絇，去饰也。”可见主要针对成年人行为规范，特别是那些达官贵人。以鞋履的外部形象和穿着规范，提高到礼制的高度，训导人们。

（7）鞋翘具有审美观赏性，在翘起部分可进行装饰。贵夫人的高耸履头装饰精美，履头最高可达 30 厘米。

（8）鞋翘还具有防身和自卫的功效。贵州苗族女性过去在做鞋翘时往往在鞋翘里暗藏刀片，在遭遇性侵之际，这刀片就是击退色狼、保护自己的秘器。

可见，鞋翘不仅具有实用价值，还蕴含着丰富的文化内涵。

[1] 骆崇骐．中国历代鞋履研究与鉴赏［M］．上海：东华大学出版社，2007：25.

第四节　秦汉时期袜文化

在中国古代为抵御冬日严寒，古人很早就发明了“足衣”（袜子和鞋）以护脚保暖。依据《韩非子·外储说左下》中的记载，至迟在“三代”时的商末，人们已开始穿袜。灭商而起的周朝的奠基人、文王姬昌，当年率兵去攻打商朝的属国崇国，走到一个叫凤黄山的地方时，袜带子松了，自己动手将带子系好。原文即“文王伐崇，至凤黄虚，韈系解，因自结”。这里的“韈”，与“韤”一样，也读作 wà，同为古“袜”字，但与今天人们穿的袜子不同，是皮质袜子。“韈”与“韤”同为皮袜，但用料不一样，有韦革之别。

我国服装史中对袜的考证并不多，汉代以前的实物也很少见到，从出土的人物形象中多见其外表的鞋式而不易观其内里之袜式。但现代考古发现已经证实，早期人们穿的袜子确为皮袜。目前存世最早的一双袜子是公元前 9 世纪的皮毡袜（图 4-17），出土于新疆塔里木盆地南缘扎洪鲁克古墓中。

到汉朝时，用纺织品缝制袜子已成为流行，人们基本不穿皮袜，现代考古出土的汉朝袜子都是属布帛质地。“衤”旁的“襪”字的出现，就是证明。东汉刘熙在《释名·释衣服》中已使用“襪”字：“襪，末也，在脚末也。”同时期还出现了“纟”旁，是“袜”的异体字，也是纺织品制作的袜子。

马王堆汉墓中出土了两双绢袜，可以一窥当时袜子的形制（图 4-18、图 4-19）。另外，在新疆民丰东汉墓中也出土过高筒袜子（图 4-20），则是使用彩色的织锦缝制，绛红色地，织锦的主题纹饰由挺胸昂首的虎、伸颈引身的辟邪、急速回身的豹、阔步行进的龙等六种兽纹横列组成，周围遍布旋转的山脉云气纹，纹样完整，色彩鲜艳，是十分珍贵的汉代袜子实物资料。

古代女袜比男袜用料更讲究。新疆民丰东汉一号墓出土过一双女袜（图 4-21），以彩锦制成，锦面以绛紫、黄褐及白色织出菱纹“阳”字，菱纹排列齐

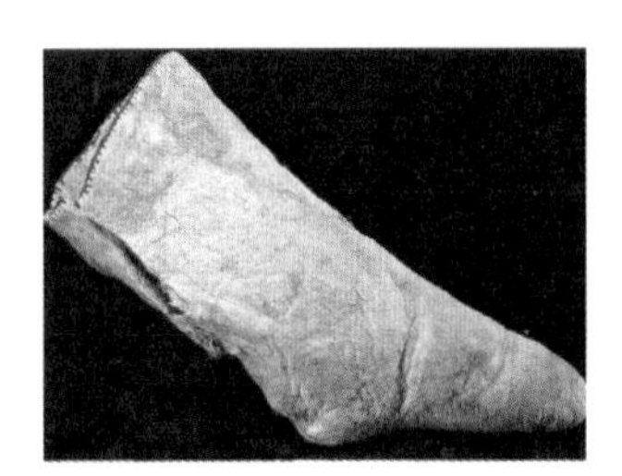
图 4-17　现存最早的公元前 9 世纪时的皮毡袜

图 4-18　长沙马王堆汉墓出土的绢袜

图 4-19　长沙马王堆汉墓出土的绛紫绢袜

整，织物均匀细密，很漂亮，出土时还穿在脚上。

古人穿的袜子在款式和穿法上与今天差别很大，古人袜口上缝有带子，如鞋带一样。长沙马王堆西汉墓中出土的夹袜都有带子。系带子主要是因为袜筒较宽松，加上布帛的弹力不足，用带子系在脚脖上才不会滑落。五代马缟《中华古今注》卷中“韈”条即称：“三代及周著角韈，以带系于踝。”具体怎么系袜带子则男女有别：男袜带子由后朝前系，女袜带子由前朝后系。

不仅袜子有讲究，穿袜子的规矩也很多。如官员在不同场所穿的袜子都有严格规定，颜色不能错。如汉朝，出席宗庙等重要祭祀活动要穿红袜子，即《后汉书·舆服志》中所谓：“祀宗庙诸祀则冠之，皆服袀玄，绛缘领袖为中衣，绛绔，示其赤心奉神也。”

事实上，在我国古代，不仅穿袜子有规矩，脱袜子更有要求。早期进门有跣袜之制，与进门脱鞋的脱履之制是一套礼俗。在桌椅一类家具没有发明前，古人就餐、会客等都是席地而坐，所以要把鞋子先脱掉放在门口，然后才能进去。如果看到门口放了两双鞋，说明屋内有人，不宜贸然进入，听到高声说话后才可进去。这就是《礼记·曲礼》所谓：“户外有二屦，言闻则入，言不闻则不入。”此即古人的脱履之制。

跣袜之制比脱履之制的敬重程度更高，如果屋里有长者或贵客，除了脱鞋，还须把袜子也脱下，即所谓跣袜。不跣袜则是严重失礼，所以卫出公气得要将穿韈入席的褚师声子的脚砍断。清赵翼《陔余丛考》卷三十一“脱袜登席”条，对跣袜之制有专门说明：“古人席地而坐，故登席必脱其屦……然臣见君则不唯脱屦，兼脱其袜。”为什么？因为“以跣足为至敬也”。

图4-20　新疆民丰出土的东汉锦袜

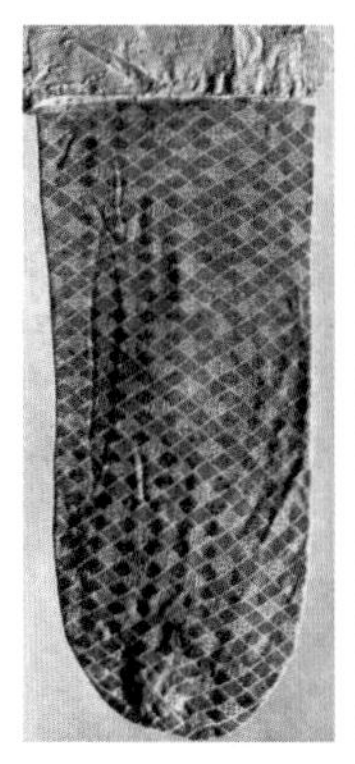

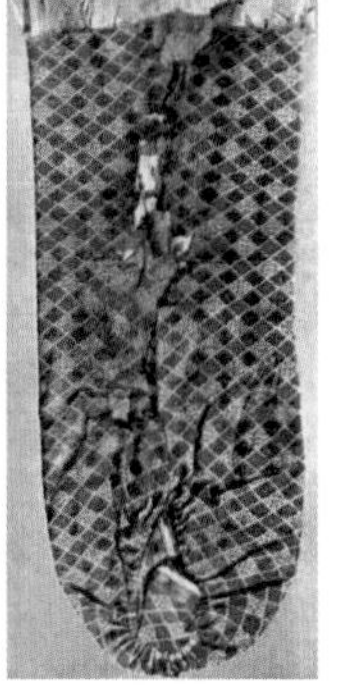

图4-21　东汉菱纹“阳”字锦袜

第五章　魏晋南北朝时期鞋履文化

魏晋南北朝时期，汉族与周围各民族多元文化交汇融合，逐步形成鞋履的多样化。魏至西晋约一百多年，因历史短促，在鞋饰上变化不大。在服饰上遵循汉制，朝祭之时依旧用舄，如天子穿冕服、着赤舄；皇太子五时朝服，穿元舄；诸王五时朝服，穿黑舄等。阎立本《历代帝王图》（图 5-1）中，晋武帝司马炎身着冕服，头戴冕冠，再配上一双红色弧形高翘的赤舄，更显得气宇轩昂。北朝时舄的形制发生了一些变化，主要是废弃木底，改用双层皮底，其余基本相同。晋代，官民着鞋有诸多规定，甚至对鞋履的色彩，也有严格的等级限制。《太平御览》六九七引晋令："士卒百工履色无过绿、青、白；奴婢侍从履色无过红、青。"南北朝以来，北方各族入主中原（黄河以南，长江以北大部分地区），将北方服饰带到这一地区，同时，北方人民也受到了北方少数民族服饰的影响，如北魏孝文帝的易胡服，从汉制。据《宋书·舆服志》载，天子仍穿"绛裤赤舄"[1]。

图 5-1 《历代帝王图》

第一节　舄的传承与靴的发展

一、舄的传承

帝王权贵穿的"舄"是最高级别的鞋履。舄，始于商周，是中国最古老的礼鞋，它是古代天子诸侯们参加祭祀、朝会所穿的鞋，穿时必须与宫廷礼服相

[1] 钱金波，叶大兵. 中国鞋履文化史［M］. 北京：知识产权出版社，2014：38.

配套。《释名·释衣服》："复其底曰舄。舄，腊也。行李久立地或泥湿，故木复其下，使干腊也。"可见，这种用于祭祀和朝会的礼鞋，与普通鞋履最大的区别在于鞋底部分，一般鞋履大多采用单底，而舄则用双重底。周代的舄底，上层用麻或皮，下层用木，木料上涂蜡防潮，方便参加礼仪繁复的祭祀、朝会的帝王和官员们长时间站立在潮湿的泥地。到了汉代，舄的造型与先秦相同，但其前翘平平；魏晋南北朝时，宫廷舆服舄制基本沿用旧制，但稍有变化，舄底厚度降低，且将木底换成皮底。当时，皮靴在士庶男女中非常流行，皮质底轻便、抗湿，比木底更为实用。由于年代久远，礼鞋"舄"的实物难以保存，非常罕见，不过在历代的壁画、绘画作品及历史文献中，仍然有所记载。

隋代，木底舄的形制又得以恢复，装饰更趋奢华；唐代，帝王祭祀时穿赤舄，而朝会时则穿朝靴；宋代，仍沿袭唐制；辽、金、元三代，舄底仍为双层，但改木底为皮底；明代，舄履造型与元同，更注重色调，礼仪更趋烦琐，这也是舄在历史上的最后一个朝代；到了清代，祭祀和朝会一概穿靴，三千年之舄，从此被废。

二、靴的发展

魏晋南北朝时期是我国历史上战争频繁、社会动荡的时代。成千上万的少数民族迁入中原，这种政局促进了各民族之间相互交融。据《抱朴子·讥惑篇》记载："丧乱依赖，事物屡变，冠履衣服……所饰无常，以同为快"。"魏晋南北朝时期，北方民族最常用的是靴子，从河北磁县东陈村出土的东魏尧赵氏墓'提靴丫鬟'陶俑（图5-2）可看出当时靴子的基本形制。靴子以兽皮为面料的有筒革靴，男女通用。一般不作正式礼鞋使用，穿靴不得入殿，否则为失礼。当时南方最盛行的是丝履和木屐"[1]。魏晋南北朝在鞋饰上以着履为尊敬，以着屐为安便。"凡在主要场合，如访友、宴会等，均不得穿屐，否则被认为'易容轻慢'。男女鞋履，样式不一，有些与前代大体相同"[2]。

图5-2　东魏时期提靴丫鬟陶俑

[1] 钟漫天. 中华鞋经［M］. 北京：东方出版社，2008：31.
[2] 钱金波，叶大兵. 中国鞋履文化史［M］. 北京：知识产权出版社，2014：38.

第二节　丝履的发展与木屐的盛行

一、丝履的发展

晋代最有代表性的是一种称为“织成履”的鞋子。由于魏晋南北朝时期织成工艺的进步，人们穿着的丝履已由前期大多为原色、素色和单色发展为彩色织成系列。所谓织成，古代以彩色或金缕织出图案花纹的名贵织物，是由锦分化出来的一种纺织品。它以丝为原料，在经纬交织的基础上，另用彩纬挖花而成。这种利用多种彩丝织成的多色彩条经锦技术，其最大的优势在于可以按人们设计意图或成品要求来编织，因而，在贵族阶层颇受欢迎。两汉魏晋南北朝时期，五彩缤纷的织成图案，不仅运用于衣缘袍领、被服帐袜和镜囊帷帐，还逐渐扩展到鞋履；不仅盛行于中原地区，还通过“丝绸之路”沿途传播并走出国门。

“织成履”也称为“组履”“锦鞋”或“手编鞋”，实际是选用一种以彩丝、棕麻等材料，按事先定好的样式，直接编织的鞋履。在新疆维吾尔自治区博物馆里，藏有一双堪称为国宝的东晋彩丝织成履（图 5-3、图 5-4）。就是按鞋履的样式，采用“通经不断纬”的方式编织而成，即由一种色丝将两组彩丝前后交换绞编，而显现出不同色彩的美丽花纹图案。履底部采用麻线编织，长 22.5 厘米，宽 8.5 厘米，高 4.5 厘米。鞋帮用多种丝线进行编织，在层次分明的色条上，又用彩纬挖花技法织出多种美丽的花纹图案。最珍贵的是履头正中织有“富且昌宜侯王天延命长”的汉字吉祥语，其精湛的技艺，艳丽的色泽，是难得的中华鞋履极品。

“织成履集中反映了晋代织成工艺的历史面貌。首先，色彩丰富，层次分明；其次，设计严谨，布局规整；整双鞋子结构设计简朴，图案编织对称，纹样均匀。同时，吉祥祝语，寓意深远”[1]。类似的彩丝履还有 1959 年新疆阿斯塔那三零五号墓的一双东晋绛地丝履（图 5-5），以及 1999 年新疆营盘墓地发现的一双女尸随葬彩丝履（图 5-6）。这些丝履的发现，足以说明当时丝织工艺的发展与进步。

图 5-3　东晋彩丝织成履

图 5-4　织成履头部特写

图 5-5　东晋绛地丝履

图 5-6　墓地彩丝履

[1] 叶丽娅. 中国历代鞋饰［M］. 杭州：中国美术学院出版社，2011：97.

二、木屐的盛行

魏晋南北朝时，从宫廷到民间，穿着木屐者已很普遍（图 5-7~ 图 5-9）。木屐即用木头为鞋底制成的各类鞋，《释名·释衣服》称“屐”为木底下装着前后两个齿的鞋，便于在雨水、泥地中行走。上至天子，下至文人都爱穿木屐。甚至孙吴大将朱然在死后还要将木屐随葬，可见其对木屐的喜爱程度。屐齿的高度一般在 6~8 厘米，前后齿高度大致相等，根据双齿安装的方式可分连齿屐、活齿屐与装齿屐等。

在南朝宋代刘敬叔《异苑》中，记载了一个与木屐有关的故事：那是公元前 600 多年，晋国公子重耳（晋文公）被其父驱逐出宫，走投无路，流亡于卫、狄、齐、曹、宋、秦、楚之间。一天，流亡途中又累又饿，派随臣遍寻食物而不得。就在临近绝望之时，跟随一同逃难的介子推从自己的大腿上割下了一块肉，煮了一碗肉汤让公子重耳喝了。这碗肉汤使重耳渐渐恢复了精神。当得知所食之肉来自介子推身上时，重耳感激涕零。后在秦穆公重兵护持下回到晋国，登上王位。为感谢多年来跟随他奔波流离的侍臣，晋文公对身边人一一给予封赏，唯独将曾割下自己腿肉以供晋文公充饥的忠臣介子推遗忘。等他想起，介子推早已带着母亲，隐匿到绵山之中。文公得知追悔莫及，亲带人马前往求访。不料介子推避而不见，晋文公无奈，便叫人放火烧山，想硬逼他出来。但是介子推和老母亲紧紧地抱着一棵柳树，被火活活烧死。文公见状悲痛不已，挥泪砍下尚未烧尽的树木，令人制成一双木屐，穿在脚下。每当忆及介子推割肱之功，便抚屐哀嗟：“悲乎，足下！”让木屐之声时刻提醒自己，不重蹈覆辙。后世将同辈敬称为“足下”，即起源于此。木屐之声激励着重耳励精图治，最终使晋国成为春秋五霸之一。

大诗人谢灵运所创制的“登山屐”也颇有特色。《宋书·谢灵运传》记载：谢灵运“登蹑常着木屐，上山则去前齿，下山去其后齿”。这样灵活地装拆双齿，

图 5-7　三国时期漆木屐
（安徽省马鞍朱然墓出土）

图 5-8　三国东吴双齿木屐
（江西省南昌市东吴高荣夫妇墓出土）

图 5-9　魏晋南北朝时期木屐

使人体始终保持平衡状态，非常适合于登山运动。“脚著谢公屐，身登青云梯。”这是唐代大诗人李白赞美谢公的有名诗句。

南朝时期，服饰的风俗发生了很大的变化，其显著特征是：人们在穿着服饰方面尊崇礼制的色彩不断淡化，而反礼教的叛逆性不断增强。按礼制规定，正式场合必须着履。因为“履，礼也。饰足所以为礼也”。但高齿木屐使穿着者挺拔俊俏，潇洒飘逸，正符合当时南朝士人对于传统礼教精神鄙薄的心理需求，因而他们纷纷弃履服屐，身着宽衣，以示放达洒脱的气派，不仅在日常生活中着屐优游，而且初入朝会等正式场合，男子们或以脚蹬木屐为美，或以脚蹬木屐为时尚，这些理念与风尚助推了木屐的盛行。

三、袜子

魏晋南北朝时期的袜子多用麻布、帛、熟皮制成，讲究的女袜都用绫罗缝制，谓之罗袜。传说魏文帝曹丕有个美丽聪明的妃子，她觉得角袜粗拙，样子难看，穿着不便，就试着用稀疏而轻软的丝编织成袜子，并把袜样由三角形改成了类似现代的袜型。于是，袜子由过去的“附加式”换成了贴脚的“依附式”。当然这样的故事未必可信，但此时确实出现了丝织的袜子，称为罗袜。曹植《洛神赋》中所谓“凌波微步，罗袜生尘”，描写的就是当时女性穿罗袜的样子，“凌波”一词遂成古代文人笔下女袜的代称。高档女袜还会绣上图案以作装饰，《中华古今注》记载：“至魏文帝吴妃，乃改样以罗为之，后加以绦绣画，至今不易。”

第六章　隋唐五代时期的鞋履文化

隋唐是我国封建社会的鼎盛时期，唐代的中国是当时世界上最强大的国家，也是鞋饰文化发展的辉煌时期。鞋履既传承了历史沿革，又兼容并蓄，中外融汇，鞋业盛事层出不穷，出现有史以来最绚丽多彩的鞋履文化。在隋唐时期，“泛指鞋履的名称正式定为‘鞋’字，一直影响并沿用到今日”[1]。

第一节　靴的发展与舄的传承

一、靴的发展

靴为高筒的鞋，原为西北和北方少数民族穿用。春秋时期，赵武灵王提倡“胡服骑射”，将靴引入中原，并在军队中开始使用。经历了魏晋南北朝时期的民族交融和社会变革，从隋代开始，一种胡汉合璧的“乌皮六合靴”被朝廷所采用。隋代的帝王贵臣，除祭祀、庆典等重大朝会活动，按传统礼制安排着舄外，出入殿省，通常穿乌皮六合靴。不仅皇帝上朝穿靴子，还规定文武百官朝服时要着白袜乌皮靴，据《新唐书·车服志》记载：“隋文帝听朝之服，以赭黄文绫袍、乌纱帽、折上巾、六合靴，与贵臣通服。”可见这时期的靴子与中原的黄文绫袍、乌纱帽等一并被中国皇帝所采纳。“六合靴”，寓含天地四方，即东、西、南、北、天、地六合之意，繁殖天下或宇宙，来自传统“六合论”；采用六块（也有说七块）大小不同的皮料缝合而成，看上去有六条缝，又称“六缝靴”，制作前先将皮革染黑，故也称“乌皮六合靴”。此为胡族之鞠靴与汉族传统文化相结合的产物。隋文帝脚踏六合靴上朝，与群臣同样，也属前所未有。

[1] 钟漫天. 中华鞋经［M］. 北京：东方出版社，2008：35.

唐代以前仅限于戎装的靴子，至唐代一般文武官员及庶民百姓都可穿着，只是样式略有差别。这是因为魏晋南北朝是我国古代服装史上的大转变时期。其时，大量少数民族入居中原，尤其是北族，故而靴子也随之进入中原。中原百姓便“日见靴，日仿靴，日穿靴”[1]（图6-1）。虽然穿靴并未形成制度，但毕竟使相当一部分中原地区受到靴子的影响，并为唐代人的普遍着靴打下基础。

唐五代沿隋制，朝服仍配靴。唐朝中外文化交流频繁，而对于外来的衣冠服饰及文化，采取了兼收并蓄的态度，从唐代遗留的许多史书、绘画等资料中均有记载。后唐马缟《中华古今注》：“至贞观三年，安息国进绯韦短靿靴，诏内侍省分给下属诸司。”朝廷不仅收下了红色皮短靴，而且将其分给下属诸司。这是唐代名画《步辇图》中反映藏王特使来中原“求婚”时的情景（图6-2），画面中的中国朝廷官员穿着乌皮靴，而来自西南青藏高原藏族特使也穿着乌皮靴，其靴式竟然相差无几，可见民族间的相互交流与融合比较密切。此次汉藏联姻促进了民族团结与交流，文成公主入藏带去了大批的丝织品、精美的手工艺品和先进的技术工艺，以及汉族的许多生活文化习俗，对藏族经济、文化等方面的发展发挥了积极的作用。与此同时，汉族也吸收了许多藏族服饰文化的元素。据朱偰《玄奘西游记》记载，初唐时，玄奘去印度取经路过西域高昌时，受到麴文泰（620~640年）礼遇，临别时，特赠其许多旅途用品，其中就有“靴袜”。在中亚地区长途跋涉，跨沙漠戈壁，越雪山冰岭，除了上身保暖外，保护双足的靴袜更是帮助高僧远行的工具。《新唐书·李白传》有穿靴赴黄宴的记载：“帝爱其才，数宴见。白尝侍帝，醉，使高力士脱靴。”[2]高力士是唐代大太监，在朝廷上目空一切，曾说过李白只配为他脱靴，而李白则借皇宴醉酒，乘机使唐玄宗下令让高力士为他脱靴，笑傲权贵。

图6-1 麻布毡靴
（贵州省六盘水市水城县营盘出土）

图6-2 步辇图（局部）

前唐尚高靿靴，特别是军旅武士全着长靴。唐太宗（629~649年）时，由于袍服内的靴靿过高，行事有所不便，中书令马周建议缩短靴靿，并加丝带与靴毡，此后百官之靴采用短靴，因此后唐五代尚

[1] 骆崇骐. 中国历代鞋履研究与鉴赏［M］. 上海：东华大学出版社，2007：75.
[2] 叶丽娅. 中国历代鞋饰［M］. 杭州：中国美术学院出版社，2011：118.

短靿靴。

唐代女靴常用彩皮或织锦制成尖头短靴，靴上镶嵌珠宝。唐代女装男性化的社会现象十分普遍，妇女喜欢模仿男子装束，头戴软巾，身穿丈夫的袍衫，足蹬男人的革靴，其服饰主要吸收便于骑射的胡服元素改进而成。《旧唐书·舆服志》《唐书·舆服志》等史书均有记载。唐玄宗开元时，妇女常着丈夫衣服靴衫，至天宝年间，更是盛行一时，无论贵族人家或普通人家的妇女，都穿着男子的靴衫，宫内宫外形成时尚。敦煌壁画等形象资料表明，此风一直延续至晚唐时期。例如，敦煌中唐第159窟的吐蕃王供养人，穿长袍，着乌皮靴；盛唐第130窟的都督夫人太原王氏礼佛图中的侍婢，革带乌靴，圆领襕衫。

唐代妇女喜着男装的习俗受西域少数民族生活习俗的影响，伴随着“丝绸之路”流入中原的西域胡舞，那些优美的舞姿、美丽的舞服、红色的锦靴，更是引起女性的极大兴趣，并对妇女的着装意识产生渗透式的影响，久而久之便形成一种适合于女着男装（图6-3、图6-4）的宽松气氛。

初唐时，妇女服饰受胡人风俗的影响，喜欢戴胡帽，着软锦透空靴，而这些妇女流行的时世装，大都来源于宫廷贵族，一般都先由宫中女子兴起，然后再流传到中下层社会，民间妇女思想渐趋开朗，随之纷纷效仿。《新唐书·五行志》记载了唐初太平公主着男装而歌舞的故事。太平公主（665~713年）是唐高宗与武则天的爱女，一天，“高宗尝内宴，太平公主紫衫玉带皂罗折上巾，具纷砺七事，歌舞于帝前。帝与武后笑曰：‘女子不可为武官，何为此装束’”。公主此番男儿装束的歌舞，虽是她的撒娇行为，但说明她非常喜欢这身打扮，并且没有遭到当时身为皇帝皇后父母的反对。而武则天这位女皇，“于光宅元年（684年）登基后，要求其身边的女官们均为男子装束打扮”[1]（图6-5~图6-7）。

图6-3　唐代彩绘骑马狩猎俑
（西安博物院藏）

图6-4　唐代彩绘骑马奏乐陶俑
（西安博物院藏）

唐代不仅穿靴之风极为兴盛，而且还有了卖靴店。《房山石经》描述了当时的情景：“唐代天宝至贞元年间，北方地区有大量行会资料，其中属范阳郡的行会中就有靴行。”

[1] 叶丽娅. 中国历代鞋饰［M］. 杭州：中国美术学院出版社，2011：121.

图 6-5　吹箫乐伎

图 6-6　捧盆景仕女
（乾县章怀太子李贤墓前甬道东壁出土）

图 6-7　男装侍女
（山西万荣县薛儆墓出土）

二、舄的传承

隋唐及辽代时期，舄的装饰更趋华丽，屡有饰金嵌珠，并规定衮冕须与金舄配套使用，主要用于参加祭祀活动。公元 605 年，隋炀帝即位，为尊古礼，恢复了秦汉章服制度，并有所改进。为了炫耀帝王的威严，朝舄上添加了大量金饰，舄底也一改北朝双层皮底为木质下层底，在阎立本《历代帝王图》中，有着对金锦舄的隋炀帝与侍从的描绘。同时，在唐代的冕服制中也明确规定，着衮冕，则舄加金饰。据《旧唐书·舆服志》记载："衮冕，金饰……舄加金饰。"从唐朝张萱的《唐后行从图》（图 6-8）中可以看到，女皇武则天头戴珠宝凤冠，足穿明示帝王身份的饰金缀珠丹舄。敦煌壁画也记录有唐代穿赤舄、黑舄的帝王与官员。

图 6-8　唐后行从图

第二节　隋唐时期女子鞋履文化

隋唐时期妇女的鞋饰虽承袭前代，但在形式上更加富丽华美，制鞋技艺不断提高，特别是唐代女鞋，在继承本民族传统的基础上，吸取异域优良文化而创新发展，并成为唐代文化的重要组成部分，其呈现的生机勃勃，绚丽多彩的景象，如同唐朝繁荣昌盛的经济与文化。

一、靴

隋唐时期女子的鞋履，可谓品目繁多，百花齐放，主要可分为靴与履两大类。靴子款式大多受西域风格影响，有乌皮靴、锦靴和线靴等。唐初期，锦靴与线靴常见于宫廷女子穿着，前者采用红锦或锦缎制作，后者采用彩色线或麻线结成，穿着轻软便捷，也常制成锦鞋或线鞋款式。据《旧唐书·舆服志》记载："武德来妇人著履，规制亦重，又有线靴。开元来，妇人例著线鞋，取轻妙便於事，侍儿乃著履。"当时舞乐空前繁盛，西域的民族舞蹈在中原地区已经非常流行，为社会各阶层所喜爱，具有强烈异国风采的舞服令人耳目一新。而与胡舞搭配的红锦靴等，更为上层贵族妇女所欣赏而迷醉。唐代宫女、歌舞人及乘骑妇女一般都喜欢穿着锦靴（图 6–9）。

二、鞋

以华夏传统鞋饰为基础的鞋履，在经济文化发展中不断推陈出新，争相媲美。鞋履主要分为高头履与平头履两类，其中以高头履最具特色（图 6–10）。唐代命妇流行穿用高头履，其特征是履头高翘，其高履头部分的功能如下：

（1）服装配套性。当时妇女常穿拖地长裙，行走时将长裙前摆置于鞋面上，翘起的鞋头可防止裙摆从鞋头上滑落绊脚，妨碍走路。

（2）提高耐用性。一般翘起的鞋头底部是鞋底材料，比鞋面材料耐磨，能有效地保护鞋头。

（3）审美观赏性。如云头履的云头使用变体宝相纹锦（图 6–11），前端局部以大红的花鸟纹锦包缕，款式别致，突出了修饰效果。

宝相花，又称"宝仙花"，一般由盛开的花朵为主体，如莲花和牡丹等，中间镶嵌形状不同、大小粗细有别的其他花叶，尤其在花蕊和花瓣基部，用圆珠作规则排列，似闪闪发光的宝珠，富丽华美，故名宝相花。"宝相花最初由佛教中

图 6–9　步辇图（局部）

图 6–10　唐代翘头蓝绢鞋
（新疆吐鲁番阿斯塔纳唐墓出土）

图 6–11　唐代宝相纹锦鞋

的莲花纹演变而来，盛行于隋唐时期，是唐代典型的装饰花纹之一，唐时其艺术风格更趋丰富华丽，灵活多变”❶。

贵夫人的高耸履头装饰精美，履头最高可达30厘米。例如，唐文皇后的履全是用红色的飞禽羽毛制成，前后贴上金箔建成的云形纹饰，履头高三寸多，上面缀有两颗珍珠。唐代的翘头履多以罗帛、纹锦、草藤和麻葛等面料为履面，底部帮浅，轻巧便利，其装饰无不鸟兽成双，花团锦簇，生趣盎然，祥光四射，真可谓缤纷亮丽。按履头形式可分重台履、云头履、笏头履、岐头履、雀头履和凤头履等（图6-12~图6-15）。在高耸的履头装饰中，以云头履最为多见。其鞋头有高耸的运行装饰，高翘而翻卷，形似云朵，相传于东晋，唐时尤其兴盛。云头履大多与朝服搭配，所以又有“朝鞋”之别称，也是女子们喜欢穿着的鞋饰，唐朝王维《宫词》：“春来新插翠云钗，尚着云头踏殿鞋。”

三、缠足鞋

中国以纤足为美的传统源远流长，学术界绝大多数学者认同缠足始于南唐后主李煜的说法，并认为窅娘是史上第一个缠足的人（图6-16）。但在南唐以前的史籍、诗词歌赋中，已有零星的记载或者疑似“缠足”的记录。春秋时，小足就被定为衡量美女的标准之一。据说，秦始皇选美女，足小也被列入其中。司马迁在《史记》中有：“林淄女子，弹弦，跕缠。”所谓“跕”即指“足”，“跕缠”两

图6-12　唐代履头款式

图6-13　云头履（新疆吐鲁番阿斯塔纳唐墓出土）

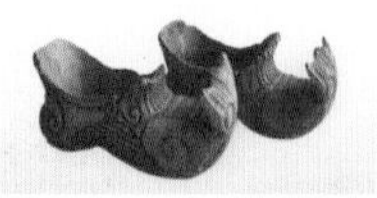

图6-14　岐头履

图6-15　雀头履

图6-16　缠足第一人“窅娘”

❶ 叶丽娅. 中国历代鞋饰［M］. 杭州：中国美术学院出版社，2011：124.

字，应该就是指“缠足”。又有“赵女郑姬……揄长袂，蹑利履”。这里的“利”，即尖细的意思。从这段记载，说明赵国的女性已经有尖鞋，女性缠足有可能早在春秋时就已经开始，不过只限于少数风月场中女子，并没有普及。因此，作为一种历史现象，缠足的产生、发展经历的是一个漫长的过程，其起始时间很难具体确定。

唐朝虽然不是缠足盛行时期，但在民间却流传着关于文成公主穿着尖头小履的传说：唐朝唐太宗为了和睦汉藏民族，决定将文成公主嫁给当时吐蕃的赞普松赞干布，命江夏郡主李道宗护送文成公主从西安出发经过陕西省最偏远的高源山村入藏，陕西百姓为了纪念文成公主入藏，便把该村改名为“公主村”。当文成公主进藏成亲后，西藏人民为了纪念这位友好使者，便按照文成公主进藏穿的鞋样制成了灯具，此种灯具民间称“公主履”[1]，特别像尖头小履的鞋底。这些传说寄寓着汉藏人民对文成公主的怀念，也旁证了尖脚小鞋已是唐朝宫廷中的一种时尚鞋履（图6-17）。

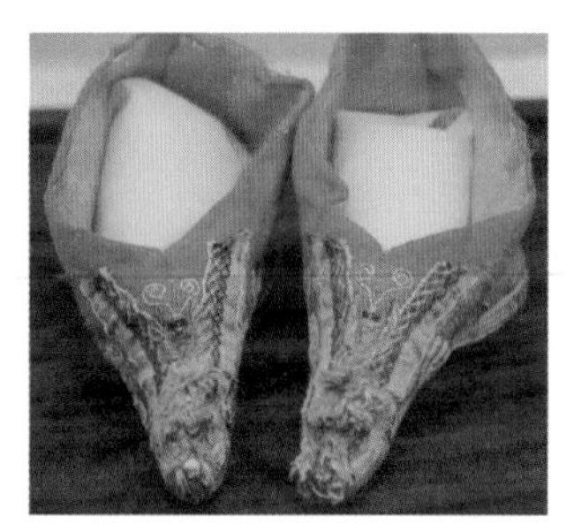

图6-17 公主履

第三节 唐代草鞋与袜文化

一、草鞋

在唐代，草鞋亦称“草履”（图6-18），多用蒲草、芒草制作，也称为“蒲屐”或“芒履”，民间极为普遍。芒草，是一种细长如丝的茅草，最长可达四五尺以上，俗称“龙丝草”，且耐水耐磨，是编织草鞋的极好材料。

图6-18 唐代蒲草鞋
（新疆吐鲁番阿斯塔纳唐墓出土）

唐代时，以细麻线编成的“线鞋”（图6-19），中间透空，穿着凉爽，轻妙便捷，仍为妇女穿用者居多。1972年新疆吐鲁番市唐墓有出土麻线鞋（图6-20），其长25厘米，用搓成股的粗麻绳编织成厚底，由细麻绳编织鞋帮，鞋帮口沿有细绳盘穿，可以束紧系结，鞋面结构舒朗，中间编织成镂空状。整双鞋柔软轻便，穿起来舒适美观，与现代的凉鞋相似。

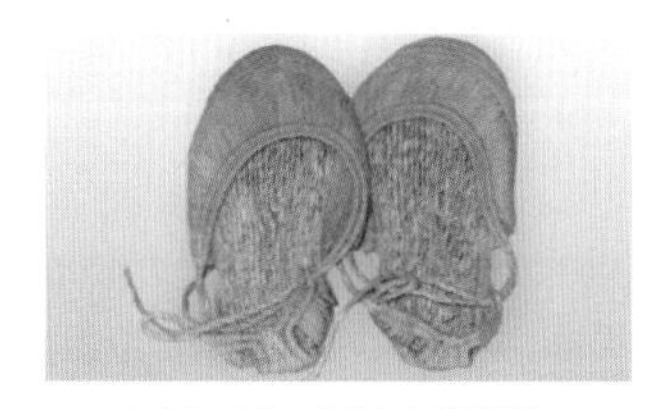

图6-19 唐代麻线凉鞋

图6-20 唐代麻线鞋
（新疆吐鲁番阿斯塔纳唐墓出土）

[1] 钟漫天. 中华鞋经［M］. 北京：东方出版社，2008：37.

阿斯塔那187号墓出土的《围棋仕女图》中的几位侍女也穿了这种鞋，说明麻线鞋为当时西域妇女普遍穿用。与此同时，江南精编草履也不断涌现，特别是女式草履，受翘头布鞋的影响，美观精细，款式多样，深受妇女们的青睐。据《新唐书·车服志》记载："妇人衣青碧缬，平头小花草履，彩帛缦成履……及吴越高头草履。"❶

在唐代，除了蒲草和芒草外，人们还利用棕树皮编制棕鞋，并使之成为草鞋中的新品。相传，"诗圣"杜甫晚年在成都期间，因生活困顿连草鞋也穿不起。有一天，杜甫看到一个离他家不远的老婆婆用葛麻打草鞋、卖草鞋，想请她打一双，可自己又没有芒草和蒲草。于是他想起家门前那颗高大的棕树和满地的树棕，当即拿来精心挑选的树棕，让老婆婆试着打一双，效果果然不错，于是他就率先穿起了棕鞋。后来在一个初春的雨天，杜甫穿棕鞋外出，没走太远，就弄得满脚是泥，鞋底坏了，脚也很冷。于是他回家找了块合适的木头片，绑在底上，继续出行，于是就有了木的棕鞋。就这样，杜甫创造的棕鞋和木底棕鞋很快传播开来。唐朝诗人戴叔伦的《忆原上人》一诗中，就有对当时棕鞋的描写："一两棕鞋八尺藤，广陵行遍又金陵"，可见棕鞋穿着之普遍。

二、袜子

古人以脱袜为敬，其后不脱袜而脱履，又其后则不脱履。至唐代，则靴为朝服，而履反为亵服，没有着履入朝会及见长官者，反为大不敬。

唐朝人冬天穿的袜子叫千重袜，用一层又一层的罗帛缝纳而成，并因此得名。从宋陶谷《清异录·衣服门》"千重韈"条所记来看，千重袜有十几层，"唐制，立冬进千重韈。其法用罗帛十余层，锦夹络之"。

隋唐时期的妇女多用罗袜和彩锦袜（图6-21），比较讲究的女袜多用五彩锦缝制，在《中华古今注》中也记载了当时有"五色立凤朱锦袜"，然后再绣上花鸟一类图案。中国古代最出名的一双锦袜，大概要算唐玄宗李隆基的宠妃杨贵妃穿过的锦勒袜。所谓锦勒袜，就是袜筒用彩锦做的锦袜。安史之乱中，杨贵妃被迫自缢于马嵬驿的一棵梨树下。一位在当地开旅店的老太婆拾到了杨贵妃的一只锦袜，过往客人听说后都想看看、摸摸这件稀罕物，但必须给老太婆钱。宋乐史《杨太真外传》记载，"相传过客一玩百钱，前后获钱无数"。

图6-21　唐代女式锦袜
（新疆吐鲁番唐墓出土）

❶ 叶丽娅．中国历代鞋饰［M］．杭州：中国美术学院出版社，2011：137.

第七章　宋辽金元时期鞋履文化

宋朝是一个理学占统治地位的封建王朝，热衷孔孟之道，推崇伦理纲常。衣、饰、冠、履都显得保守、拘谨。提倡妇道的缠足习俗与宋朝的理学思想不谋而合，促使缠足之风愈演愈烈，把唐朝崇尚的“小头鞋履”推到了三寸为美的程度，成为宋朝鞋史中举世瞩目的篇章。

第一节　宋代女子鞋履文化

一、缠足产生和发展缘由

每个民族都有其独特的审美情趣，而汉族女子追求窈窕曼妙身姿的传统，正好迎合了汉族人的审美要求，这也是女子缠足习俗形成的原始动因。汉族人很早就发现脚小的女性更能摇曳生姿，由于缠足后身体重心提高，脚掌与地面接触的面积较小，女性会呈现出袅娜柔弱的姿态，而古人以此为美。在中国历史上，大多数时候人们以瘦弱纤细为美，虽然唐代以丰盈健硕为美，但持续时间极为短暂。而自古就有“楚王好细腰，宫中多饿死”的记载，从宋代开始，弱不禁风，楚楚可怜的女性被男人认为是一种美。

为了迎合男人的审美，女子以柔弱为美，女子要求温柔驯服、懦弱纤细、举止舒缓、轻声柔气、步履轻盈、胆怯怕羞。足形、容貌和才艺构成封建时代女性美的三要素。缠足的女性，走路妖娆，被认为甚是好看。这种社会环境决定缠足是女性的当然选择，甚至成为当时绝大多数女性人生的第一要务。

另外，当时中国传统的婚姻制度容许一夫多妻制。众多的妻妾间难免会争宠，为了专房得宠，只有痛下功夫修饰自己，缠足提供了一个修饰方向。同时，缠足的女人行动不便，有利于丈夫控制。

缠足的产生和发展，自古以来众说纷纭，来源版本不少于十种，例如，夏禹后涂山氏版、商纣王妃妲己版、春秋灵岩山西施足迹版、秦始皇选美版、南朝潘妃步步生莲版、隋代吴月娘版、唐代杨贵妃版等。而一般都认为起始于五代的窅娘裹足版，宋朝和元朝的学者大都认为缠足现象始于唐宋之间，而明朝学者却认为这种风俗的源头应比唐宋要早一些。虽然缠足起源年代至今仍争论不定，但一致认为历史上最盛行的时期在宋朝。

“宋明时期，历代统治者多将程朱理学思想扶为官方统治思想，程朱理学也因此成为人们日常言行的是非标准和识理践履的主要内容”❶，并在我国思想文化史上占有重要地位。理学家们主张，倡导控制人们的思想意识，达到禁绝人欲的目的，通过禁绝人欲，以弘扬“天理”，即存天理，灭人欲。

南宋时人们强调在日常生活中男女授受不亲，所有与两性关系相关的事情都必须严格禁止。至此开始，贞洁观逐渐走向绝对化，社会上贞女洁妇也越来越多。类似的规定，在以后的家规家训中也很常见。如明代《许云邨贻谋》有：“男十岁，勿内宿；女七岁，勿外出。”郑太和《郑氏规范》讲到“（妇女）无故不出中门，夜行以烛，无烛则止”。这么多的约束使女子形成了除与丈夫以外的男子必须疏离、隔绝的心理，并且与守节联系起来，认为如果违反了“男女授受不亲，就是失节”❷。在这样的背景下，自宋代开始，缠足在民间迅速得以普及。总之，宋明理学以前所未有的理论优势，进一步强化了两性隔离制度，对汉族妇女缠足的推广、普及起到了巨大的推动作用。

二、女子莲鞋

宋朝女孩一般在五六岁开始缠足，缠脚布多用粗棉线布，以防松脱。缠足鞋必须根据缠足后的畸形脚定制。初缠者的鞋从有带子的布底软帮软底鞋开始，逐步过渡用硬木鞋底。由于我国各地的缠法和习惯不同，所以产出的脚型差别很大，演变出不同的形制，所以制作的缠足鞋也是五花八门，在民间共有二三十种弓鞋样。宫中与民间对缠足小鞋的样式、刺绣和制作都有一定的程式。宋朝缠足小脚鞋的称谓俗定为：三寸长的鞋称“金莲”；超过三寸长的称“银莲”；长度超过四寸的只能称“铜莲”。宋朝风流倜傥的才子们对“三寸金莲”情有独钟，经常用小脚鞋作“金莲酒杯”喝酒，这是中国古代文人骚客的一大“创举”，且在

❶ 张若华. 三寸金莲一千年［M］. 济南：山东画报出版社，2014：77.
❷ 同❶18.

大江南北同风同俗，“金莲杯”真可谓是鞋文化和酒文化的结合。

在民间，鞋与酒的融合呈现三个步骤：最初人们在喝酒时，把铜钱往小脚鞋里投掷，以掷入鞋中铜钱的多少评定输赢罚酒；后来演化成把酒杯直接放在陪酒侍女的金莲鞋里（图7-1），手把持小鞋喝酒；最后用各种材料制成小鞋形状的酒杯，用“金莲杯”（图7-2）喝酒，以示风流。

新中国成立后从福建、江西、浙江等地出土的许多南宋小脚鞋来看，最小的仅13.3厘米。尤其是江南妇女，脚小以纤饰为尚，缠足之风最盛，因脚尖纤小，着靴不便，所以多穿鞋。北宋期间，在东京汴梁闺阁中出现了“错到底”小足鞋（图7-3），足底尖锐，用两色粗细布合成。宋陆游《老学庵笔记》：“宣和末，妇人鞋底，以二色合成，名‘错到底’[1]。”女鞋多以锦缎制成，上绣各种图案，按照材料、制法及装饰，分别定为“绣鞋”“锦鞋”“缎鞋”“凤鞋”“金缕鞋”等名称。古代诗文小说中所称的“三寸金莲”就是指这种鞋子。陆游记载的“错到底”，这种绣鞋大都用红帮作鞋面。这个时期的妇女图像，着翘头小鞋者比比皆是。宋人所画《杂剧人物图》（图7-4）、《搜山图》（图7-5）、《妆靓仕女图》（图7-6）、《绣栊晓镜图》（图7-7）中的女鞋也是红帮，图中的妇女人物，两足无不纤小，所穿之鞋前部明显向上弯翘。“1966年，世人终于见到了真正的翘头平底小鞋。在浙江兰溪南宋墓出土的翘头小鞋，其鞋型与宋画《杂剧人物图》非

图7-1　陪酒侍女金莲鞋

图7-2　金莲杯

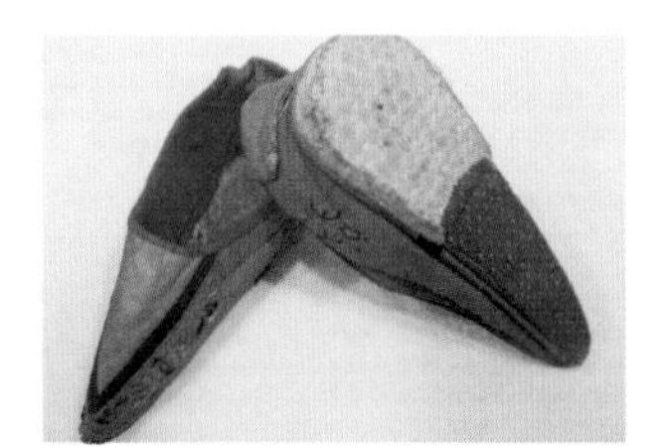
图7-3　“错到底”小脚鞋

图7-4　杂剧人物图

图7-5　搜山图

[1] 钱金波，叶大兵. 中国鞋履文化史［M］. 北京：知识产权出版社，2014：55.

常接近”[1]。1988年，在江西德安南宋新太平州通判吴畴之妻周氏墓，出土了七双黄褐色素罗鞋面，鞋底前尖后圆，鞋头上翘，饰有用丝线做的蝴蝶结，鞋口卷边，有明显手工缝制针迹（图7-8）。

此外，宋朝典型的女性鞋履还有1966年浙江兰溪南宋墓出土的黄缎面凤头翘尖小脚弓鞋（图7-9），长17厘米，宽5.8厘米；湖北江陵宋墓出土的翘尖小头缎面鞋（图7-10），这是宋代妇女普遍穿用的鞋式；还有翘头小脚银鞋（图7-11），以及鞋面共绣了12枚柿蒂纹小花的宋柿蒂纹岁鞋（图7-12）。

那些不缠足的妇女大多是劳动者，俗称“粗脚”“大脚”，她们所穿的鞋子，一般制成圆头或平头，鞋面也同样绣有各种花鸟图纹。在南方的劳动妇女，多数着蒲鞋，以便于劳作。

辽、金、元虽然是以北方少数民族当政的朝代，但是在与汉人的交流与学习中，十分看重“缠足文化”，特别是统治阶层以模仿汉族的衣饰冠履为荣。命妇贵人纷纷效仿汉人的缠足习俗，脚穿三寸金莲为尚。

三、女袜

宋代着袜更加普遍，士庶多穿着布袜，富足人家则穿着绫罗类袜。宋代的袜子有长筒和短筒之分。由于流行缠足，宋代出现了专为小脚设计的尖头袜。缠足妇女还穿着“膝袜”，有些人用缠足布帛代替着袜。随之还设计出了一种无袜底的半袜，穿时可裹于胫，上不过膝，下达于踝。到明清时，这种半袜发展成了小脚女性的裹腿。清徐珂《清稗类钞·服饰》记载：“南方妇女之裤，不紧束，至冬而虑其风浸入也，则以装棉之如筒而上下皆平口者，系于胫，曰裹腿，外

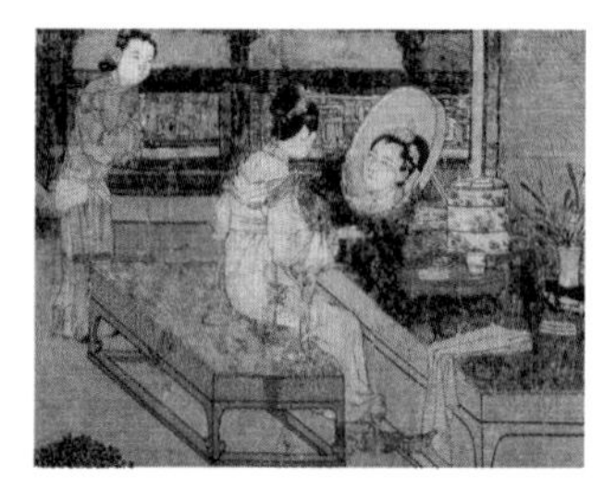

图7-6　妆靓仕女图（局部）

图7-7　绣栊晓镜图（局部）

图7-8　黄褐色素罗翘头鞋

图7-9　黄缎面凤头翘尖小脚弓鞋

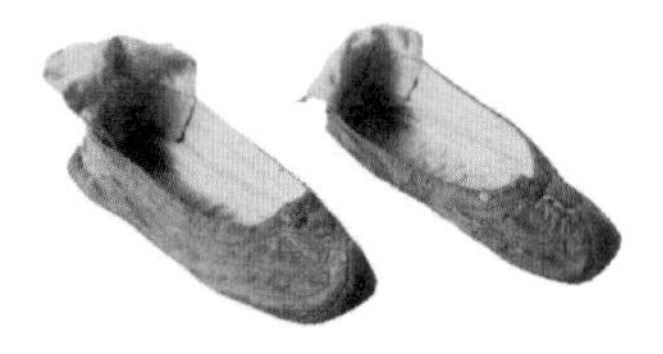

图7-10　翘尖小头缎面鞋

图7-11　翘头小脚银鞋

图7-12　宋柿蒂纹罗鞋

[1] 叶丽娅. 中国历代鞋饰［M］. 杭州：中国美术学院出版社，2011：144.

以裤罩之。”在江苏金坛出土的南宋周瑀墓中有一种无底袜（图 7-13），大概因鞋底厚，所以袜可无底。

图 7-13　宋代无底袜

第二节　宋代男子鞋履文化

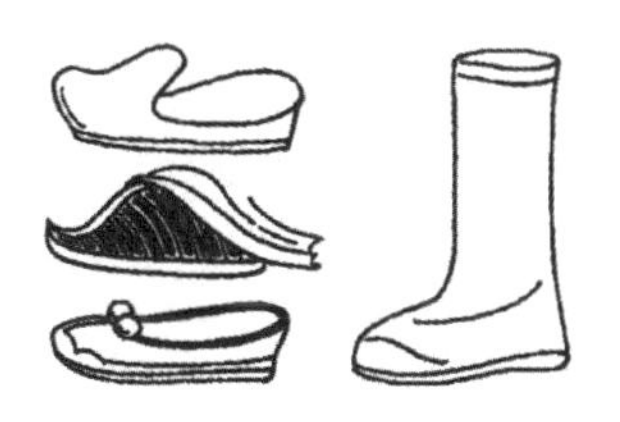

图 7-14　宋代男子鞋靴

宋代的鞋靴样式繁多（图 7-14），鞋式初期沿袭前代制度，在朝会时穿靴，但随着宋代理学思想对社会生活的日趋渗透，伦理纲常的不断推崇，穿着北方民族的靴子上朝，逐渐为理学家与宋统治者所不容，于是北宋徽宗政和年间，下令百官改用履为朝服。到南宋孝宗乾道七年（1171 年）时，朝廷又令官员上朝重新用靴。虽仍用黑革，但样式上不采用六合缝制，而参照履的形制，即在履上加鞫，其装饰也同履。据《宋史·舆服志五》记载：“宋初延旧制，朝履用靴。政和更定礼制，改靴用履。中兴仍之。乾道七年，复改用靴，以黑革为之，大抵参用履制，惟加鞫焉。其饰亦有絇、繶、纯、綦……诸文武百官通服之，惟以四饰为别。”宋代几次更定舆服制度，朝服用履，还是用靴，反复多次，最后为不失传统，又便于穿用，采取了兼顾两者的“靴式履制”，其做法实属罕见。这种似履似靴的黑色皮履，时人称之为“皂皮履”。皂皮履，在皮靴上增加了絇、繶、纯和綦的装饰，体现了中国传统礼鞋的形制；底部采用双层麻，再加一层革，里用素纳毡，靴筒高八寸，形似加长筒的舄履。

据文献记载，宋代宫廷内务机构中还专门设有丝鞋局（所），为皇帝制造、管理精丝鞋靴。如遇大型庆典活动，皇帝常向百官赏赐丝鞋以示龙恩。陆游《老学庵笔记》：“禁中旧有丝鞋局，专挑供御丝鞋，不知其数。”[1] 他还曾经在蜀将吴珙处见到皇宫赏赐给的数百双丝鞋。宋孝宗即位时，上朝时服丝鞋，退朝即换罗鞋。宋时纺织业重心南移江浙，丝织品从数量和产量都有了显著增加，其中尤以花罗和绮绫最多。皇亲国戚、富商大贾都普遍穿绸衣丝鞋。

一、舄

宋代沿袭唐制，祭服仍用舄配，《东京梦华录》记皇帝“驾诣郊坛行礼”时

[1] 叶丽娅. 中国历代鞋饰［M］. 杭州：中国美术学院出版社，2011：148.

皇帝更换的祭服中就包括“朱舄”，朱舄就是赤舄。女舄以青为贵，上添金饰和珠宝等。在《历代帝后像》中，可见穿深青色袆衣，着青袜青舄的神宗皇后画像，舄首饰金嵌珠。

二、草鞋

宋代草鞋品种也很多，有草鞋、麻鞋、棕鞋、蒲鞋和芒鞋等，都是普通百姓日常生活或劳动时所穿的鞋履，以男性居多。棕鞋、藤鞋等鞋材均来源于自然界，穷苦者往往采集来，加工后变成鞋，并通过在市场上出售来维持生计。因其价格低廉，轻便耐磨，故也深受文人们的喜爱。宋代大文豪苏轼在屡遭贬低期间，因生活艰难窘迫，不得不穿上草鞋。在他被贬到黄州时，曾作词《定风波》，讲述了他在三月七日外出途中遇雨，手持竹杖，脚蹬草鞋，连蓑衣也没穿，在雨中行走的情景。词曰：“莫听穿林打叶声，何妨吟啸且徐行。竹杖芒鞋轻似马，谁怕？一蓑烟雨任平生……”诗人通过吟诵此诗，表达了虽屡遭挫折，也无所畏惧的倔强性格和自我解脱的心情，并对竹杖芒鞋大加赞颂。他在另一首《次韵奋宝觉》诗中吟道：“芒鞋竹杖布行缠，遮莫千山与万水。”可见苏轼对芒鞋的钟情。陆游也曾写过：“芒履一双青，筇枝九节轻。”从另一个侧面反映了芒鞋在宋代确实非常盛行。

此外，宋代崇道教，受道之人皆玄冠草履。道家平时穿履，法事时穿舄，用朱色。

三、木屐

木屐，在士大夫和一般人中也颇为流行，主要以南方为多，而且常常被作为雨鞋使用。如宋人诗：“山静闻响屐”“日日行山劳屐齿”等句，都反映了人们在山行时穿着木屐的情景。陆游在《买屐》诗中曰：“一雨三日泥，泥干雨还作。出门每有碍，使我惨不乐。百钱买木屐，日日绕村行……”

四、男袜

宋朝人冬天穿兜罗袜。“兜罗”是兜罗树所结之絮，属于木棉，将之缝进夹层中，就做成了既保暖又柔软的兜罗袜。南宋陆游《天气作雪戏作》中提到过这种棉袜，“细衲兜罗袜，奇温吉贝裘。闭门薪炭足，雪夜可无忧”。兜罗袜在宋朝很受欢迎，黄庭坚在得到晓纯禅师送的兜罗袜后，特作《谢晓纯送衲袜》表示感谢：“刬草曾升马祖堂，暖窗接膝话还乡。赠行百衲兜罗袜，处处相随入道场。”

扩展阅读与分析

在成书于明朝的《水浒传》中可以一窥对宋代鞋履的多次描写，如下。

宋代草鞋、麻鞋比较流行，都是普通百姓日常生活、劳动时所穿的鞋履，以男性居多。如第二回，“史进腰系一条五指梅红攒线搭；青白间道行缠绞脚，衬着踏山透土多耳麻鞋”。第七回，“董超去腰里解下一双新草鞋，耳朵并索儿却是麻编的，叫林冲穿。林冲看时，脚上满面都是燎浆泡，只得寻觅旧草鞋穿，那里去讨，没奈何，只得把新草鞋穿上”。第十四回，“至三更时分，吴用起来洗漱罢，吃了些早饭，讨了些银两藏在身边，穿上草鞋”。第十五回，“杨志戴上凉笠儿，穿着青纱衫子，系了缠带行履麻鞋，跨口腰刀，提条朴刀”。第十九回，“只见一个大汉（刘唐），头带白范阳毡笠儿；身穿一领黑绿罗袍；下面腿护膝八搭麻鞋；腰里跨着一口腰刀；背着一个大包”。第二十一回，“宋江戴着白范阳毡笠儿，上穿白缎子衫，系一条梅红纵线绦，下面缠脚衬着多耳麻鞋宋清做伴当打扮，背了包裹”。第二十六回，“看那人（张青）时，头戴青纱凹面巾；身穿白布衫，下面腿絣护膝，八搭麻鞋”。第二十八回，“当夜武松巴不得天明。早起来洗漱罢，头上裹了一顶万字头巾；身上穿了一领土色布衫，腰里系条红绢搭膊；下面腿絣护膝八搭麻鞋”。第三十五回，“宋江换了衣服，打拴了包里，穿了麻鞋”。第三十八回，“且说戴宗回到下处，换了绑腿膝护，八搭麻鞋，穿杏黄衫，整了搭膊，腰里插了宣牌，换了巾帻，便袋里藏了书信盘缠，挑上两个信笼，出到城外，身边取出四个甲马，取数陌金纸烧送了，挑起信笼，放开脚步便行”。第五十五回，“徐宁听了，急急换上麻鞋，带了腰刀，提条朴刀，便和汤隆两个出了东郭门”。第六十一回，“两个自洗了脚，掇一盆百煎滚汤赚卢俊义洗脚。方才脱得草鞋，被薛霸扯两条腿纳在滚汤里，大痛难禁”。第七十四回，“李逵扭开锁，取出行头，领上展角，将来戴了，把绿袍公服穿上，把角带系了，再寻朝靴，换了麻鞋，拿著槐简，走出厅前”。第八十一回，“燕青把水火棍挑著笼子，拽扎起罗衫，腰系著缠袋，脚下都是腿护膝，八搭麻鞋”。第一百一十九回，“却说方腊从帮源洞山顶落路而走，便望深山旷野，透岭穿林，脱了赭黄袍，丢去金花幞头，脱下朝靴，穿上草履麻鞋，爬山奔走，要逃性命”。

丝鞋要比草鞋的材质好，且可以使穿着者更加体面。如在第十三回，“（吴用）似秀才打扮，戴一顶桶子样抹眉梁头巾，穿一领皂沿边麻布宽衫，腰系一条茶褐銮带，下面丝鞋净袜，生得眉目清秀，面白须长”。第二十回，“（宋江）把头上巾帻除下，放在桌子上；脱下上盖衣裳，搭在衣架上；腰里解下鸾带，上有一把解衣刀和招文袋，却挂在床边栏杆上；脱去了丝鞋净袜，便上床去那婆娘脚后睡了”。第二十一回，“（柴进）便请宋江弟兄两个洗浴。随即将出两套衣服，巾帻，丝鞋，净袜，教宋江兄弟两个换了出浴的旧衣裳”。

珠履指装饰有珍珠的鞋子，比较高贵，富贵之人才可穿用，此外，也可以渲染仙人的气派。如第六十一回，“蔡福看时，但见那一个人（柴进）生得十标致，且是打扮整齐：身穿鸦翅青圆领，腰系羊指玉闹妆；头带俊莪冠；足蹑珍珠履”。第八十八回，“（九天玄女娘娘）头戴九龙飞凤冠，身穿七宝龙凤绛绡衣，腰系山河日月裙，足穿云霞珍珠履，手执无瑕白玉圭”。

身份地位高的人或行军打仗的将军们一般穿用靴子。如第一回，“高俅看时，见端王头戴软纱唐巾；身穿紫绣龙袍；腰系文武双穗条；把绣龙袍前襟拽起扎揣在条儿边；足穿一双嵌金线飞凤靴”。“那太公年近六旬之上，须发皆白，头戴遮尘暖帽，身穿直缝宽衫，腰系皂丝条，足穿熟皮靴”。“（史进）上穿青锦袄，下着抹绿靴；腰系皮搭，前后铁掩心；一张弓，一壶箭，手里拿一把三尖两刃四窍八环刀”。第二回，“史进看他（鲁提辖）时，是个军官模样；头戴芝麻罗万字顶头巾；脑后两个太原府扭丝金环；上穿一领鹦哥绿丝战袍；腰系一条文武双股鸦青；足穿一双鹰爪皮四缝干黄靴”。第六回，“只见墙缺边立着一个官人，头戴一顶青纱抓角儿头巾；脑后两个白玉圈连珠鬓环；身穿一领单绿罗团花战袍；腰系一条双獭背银带；穿一对磕爪头朝样皂靴”。第七回，“见坐着一个人（陆谦），头戴顶万字头巾，身穿领皂纱背子，下面皂靴净袜”。第八回，“马上那人（柴进）生得龙眉凤目，齿皓朱纯；三牙掩口髭须，三十四五年纪；头戴一顶皂纱转角簇花巾；身穿一领紫绣花袍；腰系一条玲珑嵌宝玉环条；足穿一双金线抹绿皂朝靴”。第十回，“林冲看那人（朱贵）时，头戴深檐暖帽，身穿貂鼠皮袄，脚着一双獐皮穿靴，身材长大，相貌魁宏，支拳骨脸，三叉黄髯，只把头来仰着看雪”。第六十六回，“两军相迎，旗鼓相望。门旗下关胜出马。那边阵内，鼓声响处，转出一员将（单廷）来著一双斜皮踢镫嵌线云跟靴；系一条碧钉就叠胜狮蛮带；一张一壶箭；骑一匹深乌马，使一条黑杆枪；前面打一把引军按北方毒县旗，上书七个银字：‘圣水将军单廷，’又见这边鸾铃响处，又转出一员将（魏定国）来，戴一顶红缀嵌点金束发盔，顶卜撒二把扫长短赤缨；披一副摆连吞兽面猊铠；穿一领绣云霞飞怪兽绛袍，著一双刺麒麟间翡翠云缝锦跟靴；带一张描金雀画宝雕弓；悬一凤翎凿山狼牙箭，骑坐一匹胭脂马；手使一口熟钢刀；前面打一把引军按南方红绣旗，上书七个银字，'神火将军魏定国'。两员虎将一齐出到阵前"。第八十回，"（护驾将军丘岳）著一双簇金线，海驴皮，胡桃纹，抹绿色云根靴"。"（车骑将军周昂）著一双起三尖，海兽皮，倒云根虎尾靴"。第八十三回，"（番将阿里奇）披一副连环镔铁铠，系一条嵌宝狮蛮带，著一对云根鹰爪靴，挂一条护项销金帕，带一张鹊画铁胎弓，悬一壶雁翎批子箭"。第九十二回，"那方琼头戴卷云冠，披挂龙鳞甲，身穿绿锦袍，腰系狮蛮带，足穿抹绿靴"。第一百零九回，"王庆随即卸下冲天转角金啐头，脱下日月云肩蟒绣袍，解下金镶宝嵌碧玉带，脱下金显缝云根朝靴，换了巾帻，便服，软皮靴"。

第三节　辽金元时期鞋履文化

辽、金时期在中国历史上有着重要的地位，当时的少数民族长期居住在北方地区，掌握政权，与宋朝对峙半壁江山。游牧民族能在短时间内昌盛，在很大程度上源于吸纳中原先进的文化、生产技术和社会制度，其中也包括服饰制度。以游牧为生的契丹、女真等族，其服饰特点为"上袍下靴"。为了较好地巩固统治地位，除了执行本族的传统服饰制度外，大多还继承了汉服制度。由于这些民族崇尚火葬，所以如今看见的鞋靴遗物较少，出土文物也非常罕见。但历史还是保留了一些珍贵的文物。

一、辽代鞋履

在辽代，自太宗入晋之后，由于受到汉族文化的影响，开始建立衣冠服饰制度，分北班制（即辽制）和南班制（即汉制）。官分两服，服饰也分为两种，鞋饰也随之不同。男官服饰基本承袭唐晋约制。为了骑射、放牧便利，契丹人多穿紧身裤或小口裤，下穿长鞦络缝靴，靴筒上有扣眼，便于穿扎（图 7-15）。

图 7-15　靴型的口哨玩具
宋辽时期，契丹女真族以武力侵入中原，草原鞋饰文化在汉民中渗透，特别是北方民族穿革靴的习俗广为流传，这是民间用靴型制成的口哨玩具。

靴采用乌皮或毛毡为主，由靴面、靴底及靴筒前后部件组成。靴呈直筒形，有明显线缝，故又称“络缝乌靴”“错络缝靴”。辽代宫廷朝服、祭服、常服也配用此靴，民间男子也常穿络缝乌皮靴。

宋辽时期，由于北方游牧民族与中原民族交往频繁，中原特有的丝帛尖头鞋履与游牧民族常用的皮革筒靴相结合，形成尖头短筒帛靴。富人妇女也开始选用锦靴。辽代还出现了用银制成的靴，在内蒙古奈曼镇青龙辽代陈国公主驸马合葬墓曾出土两双陪葬的金花银靴，揭示了曾经的辉煌，以及契丹贵族高规格的金银服饰殡葬。契丹贵族为求保护死者的面容，包括尸体不致腐烂，有的使用面具，头靠金花银枕，全身着银质网络殓衣，外套的服饰靴帽均用镂雕錾花的鎏金银片连缀而成。公主夫妇脚部除去银丝足网外，还各套有特制的鎏金凤纹银靴（图7–16），其图案精美，錾刻细腻真实再现了辽代手工艺人高超的技艺。这两双金银靴，均采用厚0.05厘米的薄银片，仿照络缝靴样式做成，银靴外表錾刻纹样全部鎏金，因錾刻处均用鎏金，故称之为“金花银靴”。帮筒上飞舞着只有皇族才能享用的金凤凰，陪衬着的是天边美丽的祥云。由于银的贵重，故银靴只属于少数王公贵族。

另外，还有两双流失海外的皇宫用靴，都收藏在美国俄亥俄州克得夫兰美术博物馆。“一双为如意云纹锦靴（图7–17），此为高筒结合式便靴，筒高32.8厘米，足尖至脚后跟长25厘米。采用黄地串枝花，如意云纹锦为面料。另一双为鸾凤卷草纹皇靴（图7–18），为络缝靴款式，筒高47.5厘米，采用黄地鸾凤草云纹缂丝面料”[1]。这两双靴均色彩华丽、制作精细，实属高品质的皇靴。

连袜裤在辽金时期的北方颇为流行，被称为“吊敦”。连袜裤（图7–19）开衩至裆，内夹绵，裤腿下连袜身，可称连袜裤。三角裤（图7–20）两侧开衩，中间满裆。内蒙古阿鲁科尔沁旗小井子辽墓出土的方胜蜂花锦袜，可以帮助我们一窥辽代袜子的面貌（图7–21）。

图7–16　辽代陈国公主的金花银靴

图7–17　辽代串枝花如意云纹锦靴

图7–18　辽代鸾凤卷草纹皇靴

[1] 叶丽娅. 中国历代鞋饰［M］. 杭州：中国美术学院出版社，2011：151.

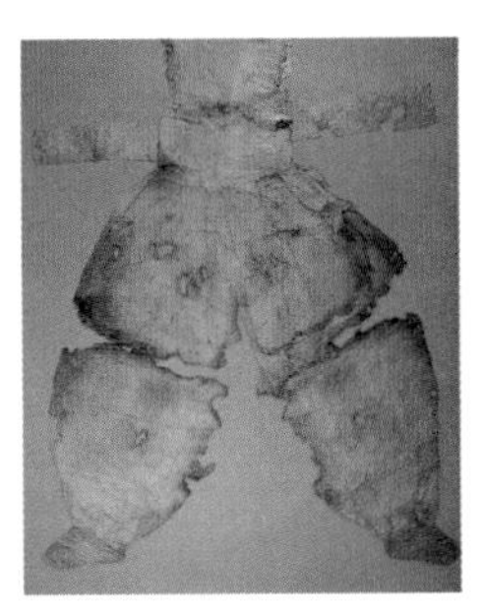

图 7-19 辽早期小花纹绮连袜裤
（内蒙古阿鲁科尔沁旗出土）

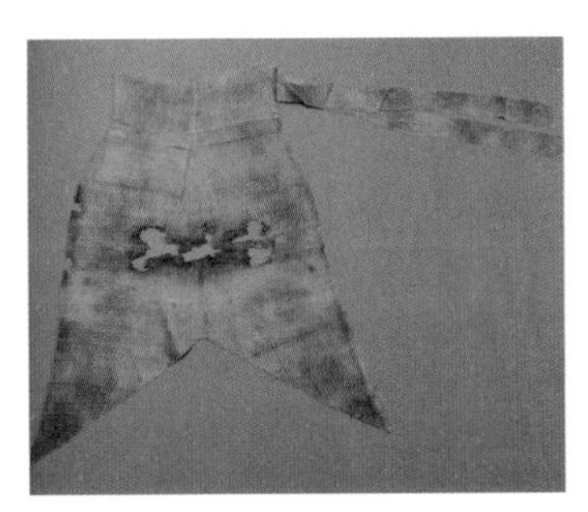

图 7-20 辽早期绢质三角裤
（内蒙古科中右旗代钦塔拉出土）

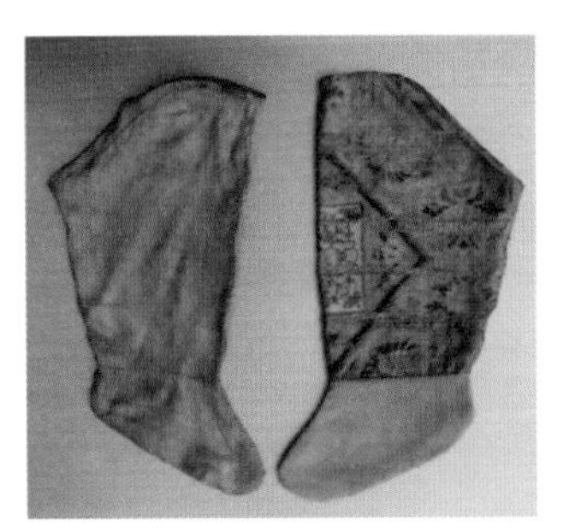

图 7-21 辽代方胜蜂花锦袜
（内蒙古阿鲁科尔沁旗小井子辽墓出土）

二、金代鞋履

金，是由松花江以北地区的“生女真”氏族部落发展壮大而来。1115 年完颜阿骨打建国称帝，国号大金。金先后灭辽与北宋，入主中原。与南宋划秦、淮而治，统治北部中国的半壁江山长达百余年之久。

金人不论贵贱皆穿尖头靴，这是金人鞋饰的特点，靴筒有长、短靿之分，无论官员百姓都着尖头靴。据周辉《北辕录》记载：“金人无贵贱，皆着尖头靴。”其靴头尖而略作上翘式，因头尖而足趾不及，故又称“不到头”。在宋郭象《睽车志》卷四记载：“逆（完颜）亮末年，自制尖靴。头极长锐，云便于取蹬，而足指所不及，谓之不到头。”金代张瑀《文姬归汉图》中的文姬及其他人物就穿长靿尖头靴（图 7-22、图 7-23）。

图 7-22 文姬归汉图

图 7-23 文姬归汉图（局部）

在黑龙江省考古所，收藏着几双堪称金代孤品的鞋靴，它们是金代齐国王及王妃的曾用鞋靴。在黑龙江阿城金代齐国王及王妃合葬墓中，出土的一双男用黄地锦描金花高靿棉靴，尖头，靴筒前高后低，可穿至膝下，由精织黄绢作里，内絮以丝棉。此靴手工缝制精细，高贵华丽。还有一双齐国王妃的罗地绣花鞋（图 7-24），以金钱片剪成的串枝萱草纹为主题，蓝色的鞋帮上，环绕一条花蝶纹酱色丝带，配以华贵的驼色短靿，花纹清晰，华丽珍贵，精美完整。此外，还在黑龙江齐国王金墓出土一双绛色绢锦连袜裤（吊敦）（图 7-25）。

图 7-24　罗地绣花鞋

图 7-25　金代绛色绢锦连袜裤（吊敦）

三、元代鞋履

成吉思汗依靠强大的军队东征西伐，终于在 1279 年灭了南宋，建立了元朝。蒙古族入关后，除仍保留其固有的衣冠形制外，还采用汉族的朝祭服饰，即冕服、朝服、公服等，但因元朝政体仍保留了较多的蒙古旧制，官员因事而设，官制人数都不确定，所以衣制并不确定。元贵族并未强迫汉人改装，故元朝汉人可以依旧着汉装。

元朝统治者为蒙古族，作为游牧民族，靴成为他们最基本的足服之一。皇帝的衮冕服为青罗衣配红罗舄或红罗靴，公服用黑皮靴，军人平时一般都穿靴。《元史·舆服志》记载："凡贵族官僚皆穿，其皮靴都用貂鼠或羊皮等为之。"元代有许多靴的款式，如皮靴、鹅顶靴、云头靴、毡靴、方头靴、络缝靴和高丽式靴等（图 7-26）。云头靴是用皮制成，靴帮用高筒，嵌云朵图案。

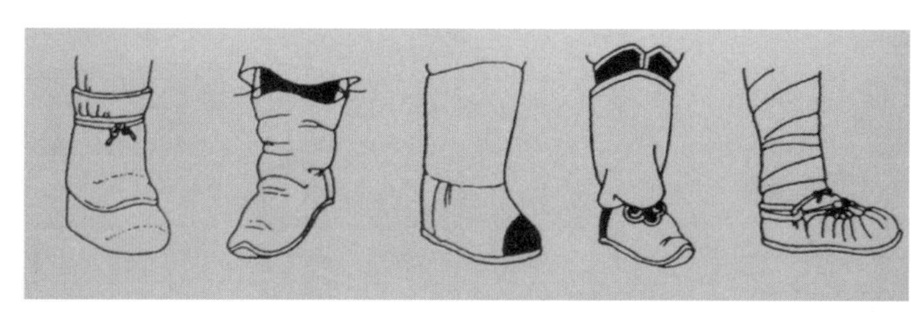

图 7-26　元代的鞋靴

元代虽由少数民族执政，但仍沿用中原王朝的冠冕衣裳，皇帝的冕服由冕、衮、带、绶、舄等配成一套，只是祭祀的礼鞋在继承传统的基础上有所创新。据《元史·舆服志一》记载："舄一，重底，红罗面，白绫托里，如意头，销金黄罗缘口，玉鼻，人饰以珍珠。"可见，朝舄采用红罗面料，及黄金罗缘边，并以白绫衬里，舄首絇上还加了如意头、玉鼻、珠饰等。舄底厚度大大降低，且将木底替换成皮底。

此外，"出土于内蒙古阿拉善盟额济纳旗黑水城遗址的布鞋、皮鞋、麻线鞋，都反映了元代北方地区的鞋式与制鞋工艺。北方的秋冬较南方寒冷，制作的鞋履总是比南方厚实而保暖”[1]。小孩穿的布鞋（图7-27），呈船形，布鞋上的点点针迹，是慈母手工精心缝制。麻线鞋（图7-28）的帮和底全部采用粗麻线编织，鞋帮上有两个环套，用于系鞋带。编织严密结实耐穿的男鞋，这种麻编的鞋子，几乎可以在历代劳动者的脚上看到。

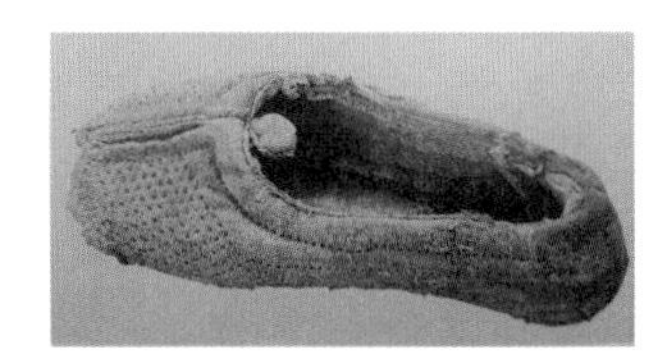

图7-27 小孩千层底布鞋

图7-28 麻线鞋

女子服饰以袍服为主，下着鞋靴。宫人及贵妇以着红靴为主，妇女喜用红色做帮，从唐代已经开始，并一直沿用到宋元时期。江南地区妇女的缠足小鞋多采用丝帛做面料，这些鞋靴轻便，走起路来“着地轻无尘”，其特征为“小小鞋儿四季花头，缠得尖尖瘦”。缠足虽限制了女性的行动，却促进了她们女红技法的长进，许多鞋子都装饰有美丽的花卉图案。“江苏无锡出土的尖头黄绸女式棉鞋，其底长20厘米，鞋头略尖，鞋身修长，就是采用丝质黄绸，鞋前脸还装饰有丝线系的蝴蝶结”[2]。此外，现存的还有一双元代棕色暗花绫丝棉双梁女鞋（图7-29）。

图7-29 元代棕色暗花绫丝棉双梁女鞋

[1] 叶丽娅. 中国历代鞋饰［M］. 杭州：中国美术学院出版社，2011：158.
[2] 钟漫天. 中华鞋经［M］. 北京：东方出版社，2008：41.

第八章　明代时期鞋履文化

在中国历史上，每当改朝换代，建立新王朝时，“改正朔，易服色”，是开国之君的首要大事之一，明朝开国皇帝朱元璋也不例外。明代服饰制度从变革“胡风”“胡俗”，恢复汉唐宋制开始，强调贵贱有序和良贱有别的等级观念。明朝政府通过严苛的规章制度和等级森严的规定，在前期确实达到了预期的整治效果。但是，从正统年间开始，宋元以来程朱理学逐渐遭到怀疑与批判。随着王学的勃兴，小说、戏曲的创作到正德、嘉靖年间开始复苏并逐渐走向繁荣。

商品经济的日益发展，使得商人实力不断崛起，这也就意味着对封建政治绝对权威的挑战拉开了序幕。明朝的等级服饰制度随之受到冲击和破坏，并伴随政府干预、制约、规范和导向力的逐渐弱化，使贵戚和官员的服饰僭越行为对社会其他阶级的服饰风尚产生了巨大的影响，激发了他们违禁享用服饰的欲望，各地服饰穿着和风尚呈现出多样发展的势头，不但服饰的僭越违禁和奢靡之风盛行，而且社会各阶级求新求异讲究审美的趋势，成为主导服饰发展的潮流。

第一节　明代男子鞋履文化

一、舄

明代不仅祭祀用舄，朝会也可用舄。《明史·舆服志》对不同场合穿不同颜色的舄有比较详细的规定。例如，皇后受册、朝会，通常穿青袜青舄，舄上以金为饰，舄首嵌珠五颗，舄帮饰以花纹等。

二、靴

“靴”最初是在战国时由赵武灵王引入中原，隋唐时期，“靴”被定为群臣天子宴服的配套鞋履，并被历代沿用。明朝时，文武官员穿朝服配皂靴，靴的面料采用皮、缎和毡等，大多染成黑色，靴底涂白粉或白漆，因此也称为“粉底皂靴”（图8-1、图8-2）。

图8-1 《三才图会》中的皂靴

为了维护社会等级制度，明政府在制定舆服制时，对鞋靴制度也做了严明的规定，严禁庶民、商贾、技艺、步军、余丁及杂役等穿靴，他们只能穿皮扎（革翁）；皇帝和文武百官，以及他们的父兄、伯叔、弟侄、子婿，皆许穿靴。此外，教坊及御前供奉者，校尉力士在当值时允许穿靴，如若外出则不许。官员的皂靴与皇帝穿的靴款式相同，但前缝少菱角，各缝少金线耳。这些规定突出了明代最高统治者的政治理念，展示了服饰作为等级身份物化标识的特性。

图8-2 黑色高筒皂靴
（江苏扬州明墓出土）

到了明代后期，封建服饰等级制度受到挑战，庶民穿着超出其身份地位的服饰已成为一种不可阻挡的潮流，庶民服饰呈现出多元发展的趋势。

明朝百官在雨雪天出行时，穿钉靴（图8-3）或油靴，前者在靴底施以铁钉，以防滑跌，后者是用桐油敷于布帛鞋面上，而获得防水拒湿的功效，故又称此种雨靴为油靴，其中凝结着中国古代先民的智慧。如在《金瓶梅》第二回中，武松进屋里后“便脱了油靴，换了一双袜子”。当时明王朝严禁胡风，此类靴也在被禁之列，普通人平时只能穿单脸青布鞋和青布袜，但是在下雨下雪的日子允许穿着钉靴和油靴。

图8-3 牛皮钉靴

三、木屐

明朝民间雨雪天气多穿木屐，因木屐可溅水履泥，故俗称之“泥屐”。由于南方天气炎热以及木屐廉价耐穿，所以平民百姓除穿用木屐外，经常穿用的还有草鞋和蒲鞋。

四、蒲鞋、暖鞋和麻鞋

在明朝，南方的劳动者不分男女，多穿用蒲草编成的蒲鞋。明时的草鞋制作不论材质还是样式都逐步日趋成熟，出现了陈桥草鞋，这是一种以地方名命名的鞋。陈桥在今日苏州松江一带，这里的陈桥鞋是颇有特色的地方产品。根据明人文震亨所著的《长物志》记载："陈桥草编凉鞋，质甚轻，但底薄而松，湿气易透……有棕结，棕性不受湿，梅雨天最宜。""细结底"形容鞋底紧密、结实。如在《金瓶梅》第一回中，潘金莲第一次看到西门庆时，西门庆的脚上穿着"细结底陈桥鞋儿，清水布袜儿"。

另外，暖鞋是一种保暖鞋，又称毛窝"粗鞋"，这是用蒲草做成的鞋子，鞋的外部用蒲草编成，鞋帮较高，前部为圆头，其内衬以毡毛、芦花和鸡毛等，冬季穿之可以暖脚御寒。如在《金瓶梅》第二回中，武松进屋里脱了油靴换了袜子后"穿了暖鞋"。

明朝还流行双耳麻鞋。其形制是麻皮纤维编成一鞋底板，前后备有狭长条借系绳以竖起，作为脚趾、脚跟的护档，两边有两扇鞋耳以穿系结绳。这种鞋子，多为下层劳动者、军卒和行脚僧道所穿。如在《金瓶梅》第六十二回中，"潘道士头戴云霞五岳观，身穿皂布短褐袍，腰系杂色彩丝绦，背上横纹古铜剑，两只脚穿双耳麻鞋"。民间还有多耳麻鞋，八搭麻鞋等。

屦、履、鞋在不同的历史时期，都曾代表了相同的词义，表示"穿在脚上、走路时着地的东西"。在先秦时期，主要用屦来表示鞋义，汉朝到唐朝，主要用履表示鞋义，到了明代，鞋逐渐取代履占据主导地位，并沿用至今。在鞋的发展过程中，也有一些其他的词表示鞋，如舄、屐和靸等，但他们的用例都比较少，最终被鞋代替。虽然在明朝，鞋的地位开始逐渐取代履，但在一些史料描述中提到的履仍然是表示鞋义。如在《金瓶梅》第二十九回中，"吴神仙头戴青布道巾，身穿布袍草履"。草履即草鞋，是以草类为原料，用手工编织而成的鞋。大自然赋予天下万物以生命，各种草类植物，为祖先们提供了取之不尽的自然资源，经过人类智慧的合成，足下的草鞋，走过漫长的历程，也编织了一部灿烂的文化篇章。草鞋从来都是平民之履，它见证了历代劳动者艰辛的汗水与足迹，行脚的僧道人也穿草履。

五、裹脚

"裹脚皮"是鞋子的最早代称，后来的裹脚实际是指在脚踝及小腿上缠绕的一层层布，具有保护小腿的功能，类似我国工农红军的绑腿，也有点类似今天运动员脚踝缠的运动绷带，裹紧之后，感觉打球时就跟用手攥着脚踝一样，保护性比只穿球鞋好。正如法国媒体报道，直到2013年，俄罗斯士兵脚上仍然缠着使用了几百年的裹脚（图8-4），主要是因为裹脚布结实耐磨，穿在军靴里比较实用。

图8-4　俄罗斯新兵在学习使用裹脚

正如在《金瓶梅》第五十回中，两个嫖客“一个炕上睡下，那一个才脱裹脚，便问道：‘是甚么人进屋里来?’玳安道：‘我合你娘的眼!’飕的只一拳去，打的那酒保叫声：‘阿嚛!’裹脚袜子也穿不上，往外飞跑”。在第九十三回中，杏庵又与了陈敬济“一条袷裤，一领白布衫，一双裹脚，一吊铜钱，一斗米”。仅根据第五十回中的描写，不好判断裹脚究竟指鞋子还是袜子，但肯定不是女性用于裹小脚的长布条。在第二个例子中，可以确定裹脚不是鞋靴，因为杏庵第一次给陈敬济鞋袜和铜钱，而陈敬济后来“不消两日，把身上绵衣也输了，袜儿也换嘴儿来吃了，依旧在街上讨吃”，当杏庵第二次见到陈敬济的时候，他“身上衣袜都没了，精脚靸鞋”，所以“裹脚”指的应该是穿在鞋里面的“足衣”。

综合上述阐释以及明朝时的“足衣”文化，在《金瓶梅》中所描述的这两处男士穿的裹脚是与袜子功能相同的裹脚布，它不同于女性用于把脚裹小的长布条，男性穿的裹脚通常是正方形或长方形布块，用于给足部取暖。

六、袜

袜是直接套在脚上用以保暖的“足衣”。中国古代最早的袜子材质是兽皮，所以古代用“韤、韈、靺”来指代袜子，随着纺织品的出现，袜子开始用布或麻来制作，所以后来通作“袜”。古代袜子无论是早先用兽皮制作，还是后来用布帛制作，因为这些材料都不具弹力，所以都比较宽松，为避免穿着时容易脱落，就在袜筒上缝制袜带。

在魏晋南北朝时，柔软的罗制袜开始替代粗质地的皮革袜和布帛袜，袜的形制基本符合足部形状。到了明代，随着手工业的发展，又出现了毡袜和绒袜。根据季节不同，袜子质料也有厚薄变化。春、夏、秋时可以穿透气较薄的罗袜、绫袜等，到了冬季，古人会将几层料子合并，最多者达十余层，名千重袜；还有在绫罗之中加纳丝绵，做成一种绵袜；还有比较厚实的织料如毡、绒等来制成毡袜和绒袜。

明代的“袜”常以颜色区分搭配，黄袜黄舄搭配金饰，硃袜搭配赤舄，青袜青舄搭配金饰，白袜搭配赤舄，白袜搭配黑舄。因白袜洁净，又称“净袜”，洁净之袜也可衬托鞋之精良、别致。清水布袜（图8-5）是指用清水绵织布缝制的布袜，其色洁白，这种袜布比一般的绵布要高级些，其制作方式为“选拣堪中丝线，须要清水夹密织造，并无药绵粉饰，方许货卖。”

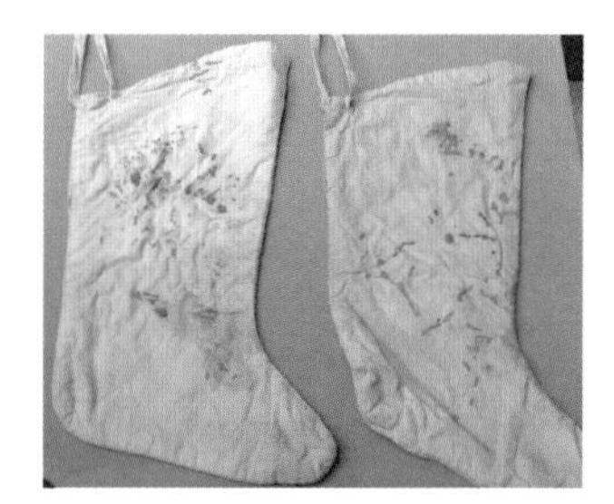

图 8-5　明朝男袜

第二节　明代女子鞋履文化

明初在服饰方面人为地制造良贱之别，以服饰为标志区分出三六九等，潜含人格侮辱与性别歧视。服饰的色彩和材质历来都是服饰文化关注的要素，因为它们折射出服饰的社会文化内涵，彰显一个人身份的尊卑和地位的高低。明初视商贾为下贱，在服饰穿着方面也采取了人为的歧视政策，规定农民之家只许穿绸纱绢布，而商贾之家只许穿绢布，不准穿绸或纱。而庶民妇女只能用紫、绿、桃红或其他浅淡的颜色，不能用大红、鸦青和黄色。但到了明朝晚期，民间各个群体僭越和违禁穿着服饰的事件屡禁不止，并开始成为一种潮流。封建等级服饰制度的根基开始从根本上动摇，代之而起的是丰富多彩体现明代社会发展多元风貌的服饰风尚。

一、缠足的延续

明朝汉制的恢复，促使女性缠足风气盛行，从宫廷到民间都对“三寸金莲”非常崇尚。世俗认为，女人没有一双金莲脚就找不到好人家，浙东一带还不准丐户之女缠足。明代沈德符《野获编》记载“明时浙东丐户，男不许读书，女不许裹足”。这里把裹足变成了高贵妇人专有的装饰。女子裹足与男子读书一样重要，成为进入上层社会的必要条件，而大足女子经常会受到嘲讽。缠足的习俗渐渐普及后，父母为使女儿能嫁个好人家，争相为女儿缠脚，并且越小越尊贵。那个时代娶妻托媒人探听女方的情况，最重要的就是看她脚小不小，只要拥有一双小脚，必然成为争相说媒的对象。在新婚过门的时候，众人聚集争睹的焦点，也在新娘的一双小脚上。下轿的一刹那，伸出的是一对细小的金莲，立刻换来众人的赞叹，要是一双大脚，定会遭到耻笑。

纵观千余年的缠足历史，缠足的风尚主要是在生活相对稳定的家庭的女孩、大家闺秀、风尘妓户中。边远地区、山村农户和下层婢女等裹足的比例相对要少，如有裹足，也往往是粗略缠缚。能缠得一双令人羡慕的小脚，代表她的家庭生活相对而言较为宽裕。缠足也成为尊贵的象征，为上层社会所倡导，为普通民众所踊跃践行。在《金瓶梅》一书对众多女性的描述中，只有两个女人是大脚，一个是潘金莲的粗使丫头秋菊，另一个是孟玉楼后来的丈夫李衙内的丫头玉簪儿。在第二十八回中，“春梅把（蕙莲的）鞋掠在地下，看着秋菊说道：‘赏与你穿了罢！’那秋菊拾在手里，说道：‘娘这个鞋，只好盛我一个脚指头儿罢了。’”秋菊在《金瓶梅》中应当是非常悲剧的一个人物，一方面她是个粗使丫头，另一方面她的大脚注定她的地位不会高，所以，潘金莲一向有气就拿她来撒气。另外，在第九十一回“（玉簪儿）身上穿一套怪绿乔红的裙袄，脚上穿着双拨船样四个眼的剪绒鞋，约长尺二。”这里写玉簪儿的鞋像船，而且有一尺二长，即40 厘米，是用夸张的手法说明玉簪儿这个丫头的脚大，从而突出其身份地位的低下。

二、莲鞋

（一）莲鞋的功能

鞋子最早产生时，其主要功能是在生产和生活中保护人们的脚。随着人类文明程度的提高和审美观念的变化，鞋子的功能随之发生演变，逐渐体现出浓厚的文化内涵和审美情趣。除了保护功能外，鞋子还拥有美化人体的作用，因此从艺术的角度看，鞋子也是一种艺术品，具有非常现实的艺术欣赏价值。

在一定程度上，与时俱进了上千年的莲鞋，不仅做工考究、工艺精湛、绣花精巧，而且拥有浩瀚多彩的内涵和外延：包括莲鞋的样式和维护、莲鞋的地域特点、民族含义以及穿莲鞋的步态、舞姿及整体形象。文学家推波助澜在诗词、戏曲、小说中对莲鞋进行艺术化的形象描述，民间艺术家把莲鞋搬上雕塑、瓷器和绘画。这在世界鞋类历史上实属独一无二。与此同时，世上也只有中国的三寸金莲才把鞋的功能扩展、发展到了极致。女性把三寸金莲作为从下层社会跃入上层社会的跳板，使其成为女性在社会地位高低和身份贵贱等级的重要标志。金莲鞋的功能主要有：

（1）穿用功能，莲鞋同其他鞋一样，具备一定的穿用功能。

（2）娱乐功能，即金莲鞋可作为投壶用品及鞋杯（图8-6）。旧时男人们行酒淫乐时，将酒杯放入小金莲鞋内，手托金莲饮酒，故称杯鞋。如在《金瓶梅》第六回：“少顷，西门庆又脱下他（潘金莲）一只绣花鞋儿，擎在手内，放一小杯酒在内，吃鞋杯耍子。”

图8-6　鞋杯

（3）教化功能，即用铃铛鞋、寿礼鞋培养女德。旧俗姑娘订婚后，要给夫家的女眷做绣花鞋，出嫁时随身带到婆家分送给她们，作为见面礼，谓“见面鞋脚”。一是显示其女红技艺，二是表示其贤惠达理。如《金瓶梅》第九回：“到第二日，妇人（潘金莲）梳妆打扮，穿一套艳服，春梅捧茶，走来后边大娘子吴月娘房里，拜见大小，递见面鞋脚。”

图8-7　明代鞋卜图

（4）性功能，即利用洞房鞋、睡鞋挑逗闺房情趣。如《金瓶梅》中西门庆偏爱女性穿红睡鞋，在丢失红睡鞋后，潘金莲穿了绿睡鞋，西门庆表示不喜欢，让她再做双新的红绣鞋，并说“你不知，我达达一心欢喜穿红鞋儿，看着心里爱。”而且换睡鞋通常是闺房之乐的前兆。

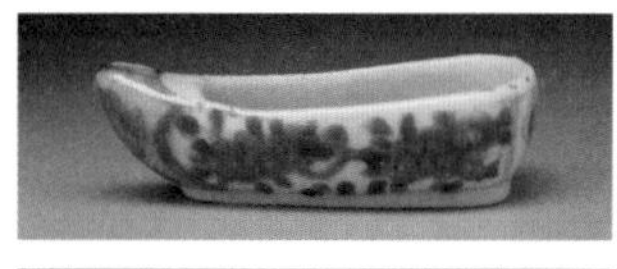

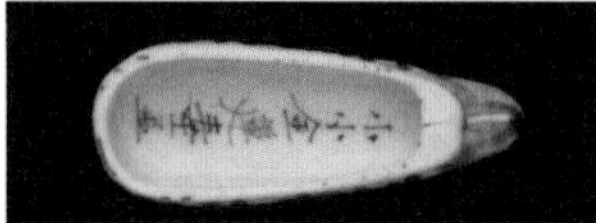

图8-8　明代金莲器物

（5）占卜功能，即用来占卜打相思卦（图8-7）。用鞋占卜，明清时代在民间流行，与裹脚有关，是一种十分独特的占卜形式，女人用它来推算她们的情人（或丈夫）是否回来。在《金瓶梅》第八回，西门庆忙着娶孟玉楼，把潘金莲差不多给忘记了。潘金莲“用纤手向脚上脱了两只红绣鞋儿来，试打一个相思卦”，看西门庆来与不来。相思卦，又名鬼卦，妇人以弓鞋掷地，视反覆为阴阳卦。

图8-9　白铜三寸金莲鞋

（6）审美功能，即通过装饰莲鞋使人们获得审美体验。如虎头鞋、凤头鞋等艺术造型。

（7）其他功能，如表演功能、珍藏功能、欣赏功能和把玩功能等（图8-8~图8-10）。

图8-10　木制三寸金莲
这双金莲，红底子，黄色花纹。上面用两只小圆木塞住，可做欣赏用。也有人作储存器，将自己喜爱的小物件放进去储藏。

（二）明朝莲鞋审美

明代的女性服制更加封闭，随着汉制的恢复，缠足金莲的鞋饰逐渐成为妇女着装的主要部分。洪武初年，朱元璋下令："皇后礼服必穿饰金的舄，宫内女侍无冠带者穿刺绣金花的弓样小鞋。"这更促使了明代金莲鞋的发展，明朝金莲的款式和审美情趣的趋势更加向装饰化发展，宫人及达官显贵的女眷们将金莲鞋制作之讲究达到了登峰造极的地步。此时的金莲鞋在原有的弓底形状上又将后跟加高，并利用小小后跟上的有限空间，将鞋后跟的功能发挥到了极致。

明朝三寸金莲高跟鞋的后跟部分一般有两种制作方式：一是制作外置高跟（图8-11），即用香樟木削成高跟鞋底，外面包裹布帛；另一种制作方式是把香樟木削成的厚跟直接放在金莲鞋里，俗称里高跟（图8-12），而这种用途也被延续到今天的很多高跟鞋设计当中。除了高跟鞋外，还有厚底鞋（图8-13），即前后跟一样厚的高底鞋，如江西南城名益宣王朱翊鈏妃孙氏墓出土的高底弓鞋。高跟莲鞋的功能之一，便是把脚衬托到更小的视觉效果，清代李渔在《闲情偶寄》中写道："鞋用高底，使小者愈小，瘦者愈瘦，有之则大亦小，无之则小亦大"；功能之二，在鞋跟刻莲花图，产生落地生莲的美学效果；功能之三，将后跟木材挖空镂空刻莲花，内装香料细粉随行步落在地上呈莲花状，谓之"步步生莲"。

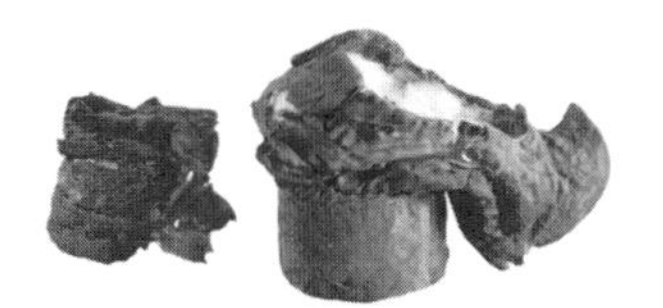

图8-11　外高跟莲鞋

图8-12　里高跟莲鞋

图8-13　厚底莲鞋

三、凤头鞋

凤头鞋是古代一种鞋头处装饰有凤凰的鞋子。李渔在《闲情偶寄》中有记载说："从来名妇人之鞋者，必曰'凤头'"。早在秦汉就有对凤头履的记载，一直到唐代它都是皇后嫔妃专用之履。在中国历史上，皇帝为龙，皇后为凤，因此，凤头鞋成为历代女性高贵的象征，自五代以后成为贵族缠足的凤头莲鞋。到了明代，凤头鞋已经在民间的富贵大户家解禁并仿制开来，尤其《金瓶梅词话》中，多个人物的服饰都有凤头鞋，如第五十六回："月娘上穿柳绿杭绢对襟袄儿，浅兰水袖裙子，金红凤头高底鞋儿。"凤头鞋虽繁简不一，但在制作上非常讲究，尽显鞋的华丽高贵，堪称绣花金莲鞋中的佼佼者。

凤是古人出于对鸟的崇拜幻想出来的一种鸟，它的身体借鉴了鸡的头和嘴，鸳鸯的身体，大鹏的翅膀，仙鹤的腿，集多种鸟禽类的身体部位于一体。红色凤头鞋又称"红鸳凤嘴鞋"(图 8-14),红鸳凤嘴其实指的就是红色的凤凰。在《金瓶梅》第十三回中,李瓶儿"裙边露一对红鸳凤嘴尖尖趫趫小脚,立在二门里台基上",然后被西门庆撞到心生淫念,在第五十九回中,郑爱月"下穿紫绡翠纹裙,脚下露红鸳凤嘴鞋",然后出来会见西门庆,让西门庆"不觉心摇目荡,不能禁止"。

图 8-14 红鸳凤嘴鞋

四、睡鞋

除了白天穿鞋,缠脚女性在晚上还要穿睡鞋。睡鞋是缠足女性在晚上睡觉时穿着的平底鞋,用以束缚裹着的脚,以免脚放松,而失去瘦小的形状。缠足女性上床睡觉时就会换上睡鞋,走动时会穿上日常的莲鞋。徐珂《清稗类钞·服饰》中记载:"睡莲,缠足妇女着以就寝者,盖非此,则行缠必弛。"此鞋为纯棉布所制柔软平底鞋,讲究的妇女,在睡鞋的帮和底上都绣以花卉,并附以香料在鞋内。女人自缠足之日起,一生就与鞋子结下了不解之缘,即使睡觉所缠之足也一点不能松弛。

除了用于束缚脚,睡鞋在男女闺房中也发挥着重要的催情作用,具有性象征意味。《金瓶梅》中多次出现睡鞋,尤其是在性描写之前,经常会出现让女人换上睡鞋这一细节。可见女人的睡鞋能够勾起当时男人的无限遐想与诗情画意。

扩展阅读与分析

《金瓶梅》中也有多处对睡鞋的描写:

在《金瓶梅》第二十七回中,潘金莲"脚下穿着大红鞋儿",之后西门庆"将妇人红绣花鞋儿,摘取下来"。他们两个打算在这葡萄架下面休息,因此还唤丫头去取凉席,也正是这次休息,让潘金莲丢了一只红睡鞋,才引发了一场"绣鞋风波"。在第二十八回中,秋菊在为潘金莲找鞋的过程中找到一只"大红四季花缎子白绫平底绣花鞋儿,绿提根儿,蓝口金儿",但鞋上的锁线跟金莲原来的鞋颜色不同。在这双鞋的描述中,包括了鞋的材质,鞋面的色彩图案,花样以及鞋底高低等,令人似乎亲眼看见了这双鞋的全部形象。丢了红睡鞋,潘金莲睡觉时开始穿绿睡鞋,但西门庆嫌"怪怪的不好看",于是潘金莲又做了红睡鞋。在西门庆看到潘金莲"穿着新做的两只大红睡鞋"时,又被吸引，淫心辄起，可见一双红睡鞋的作用之大。

在了解西门庆喜欢看女性穿红睡鞋的喜好后，潘金莲便只穿红睡鞋，如在第五十二回，“（潘金莲）坐着床沿，低垂着头，将那白生生腿儿横抱膝上缠脚，换了双大红平底睡鞋儿”。同样，孟玉楼也随着西门庆的喜好穿红睡鞋，在第七十五回中，孟玉楼在“脱了衣裳，摘去首饰，浑衣儿歪在炕上”时“穿着大红绫子的绣鞋儿”，这里的鞋就是红睡鞋，西门庆见到后怜爱有加。

五、脚带、裹脚

在古代，脚带是女性自缢时常常会选择的一种物品，在《金瓶梅》中，李瓶儿、宋蕙莲以及李大姐都曾用脚带上吊自杀，只是李瓶儿被及时救活过来了，而另外两个人没有那么幸运，真的去世。如在第十九回，李瓶儿“见汉子一连三夜不进他房里来，到半夜，打发两个丫鬟睡了，饱哭了一场，可怜走到床上，用脚带吊颈，悬梁自缢”；在第二十六回，宋蕙莲“哭到掌灯时分，众人乱着，后边堂客吃酒，可怜这妇人忍气不过，寻了两条脚带，拴在门楹上，自缢身死”。脚带能够杀死一个人，可见脚带很能承受重力。古代缠足女性脚带通常由棉布制成，长约 3 米，宽约 5 厘米。脚带最初是为了裹足，刚开始缠足时脚会受伤，但是时间久了，脚型形成后，就不再受伤，脚带只是起固定和束缚作用。

在第七十二回中，借棒槌“替娘洗了这裹脚，用来捶”，这里的裹脚指的就是长长的裹脚布（图 8-15）。

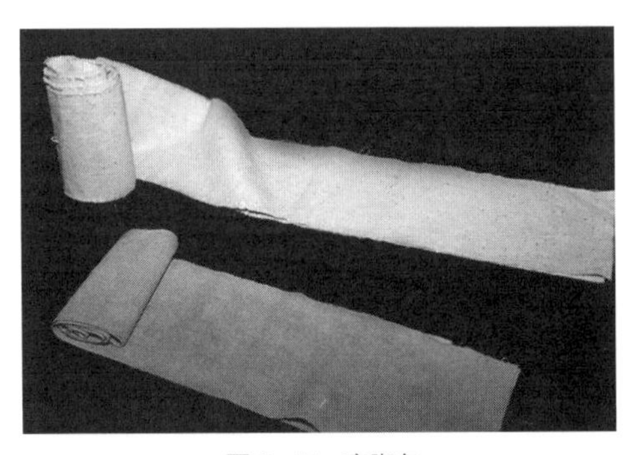

图 8-15　裹脚布

六、袜

在缠足时代，妇女的袜子多被制成尖头，有的头部朝上弯曲，呈翘突式，以配合当时出现的鞋尖上翘的凤头式。在明朝，女性袜子的材质多为绫罗这些丝织品，但由于这些材料没有弹性，袜子依然比较宽松（图 8-16）。

图 8-16　金莲小袜

在《金瓶梅》第六十二回，李瓶儿去世后，大家给她找衣服穿，其中就有“白绫女袜儿”，在第七十一回，西门庆做梦梦到李瓶儿穿“淡黄软袜衬弓鞋”（图8-17），在第七十八回庆祝元旦时，月娘与众妇人穿“罗袜弓鞋，打扮可喜”。无论是白绫袜、软袜还是罗袜，古代时候的袜子都没有弹性，因此做的都比较宽松。

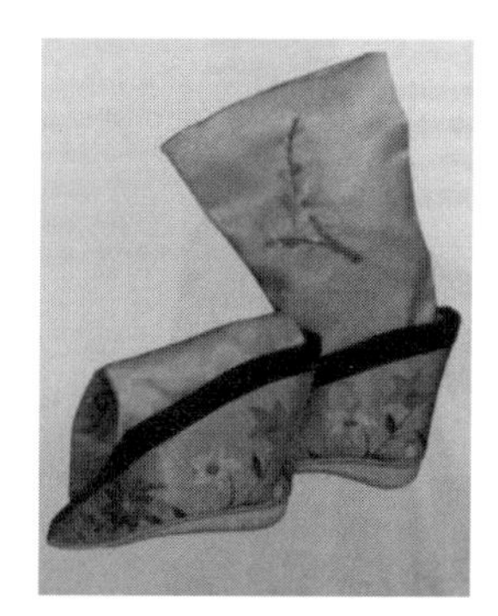

图8-17 淡黄软袜衬弓鞋

明清时，人们已穿上了真正的棉袜——里外层之间用棉絮作为填充物的袜子。除了棉袜，还有绒袜——用羊绒做的袜子。明末宋应星《天工开物·乃服》中“褐毡”条称：“方喺湖郡饲畜绵羊，一岁三剪毛，每羊一只，岁得绒袜料三双。”羊绒袜曾是明末最流行的袜子。明范濂《云间据目钞》记述：“近年皆用绒袜，袜皆尚白，而贫不能办者，则用旱羊绒袜，价甚省，且与绒袜乱真。”

第九章　清代时期鞋履文化

明末农民起义推翻了明统治阶级，满洲贵族借明山海关总兵吴三桂的臂助，进入关内，建立清王朝，为1644~1911年。为使汉人臣服，清初在制定服饰制度时，坚持以满族传统服饰为基础，对明代的服制进行较大的改革。

第一节　清代男子鞋履文化

一、靴

清代帝王在服饰制度上坚守其旧制，就是因其民族善于骑射，“以马上得天下”，故坚持满族紧身、易于骑射的装束。清代满族统治者沿袭先祖马背民族的生活习俗特征，朝廷将长筒靴钦定为官靴。

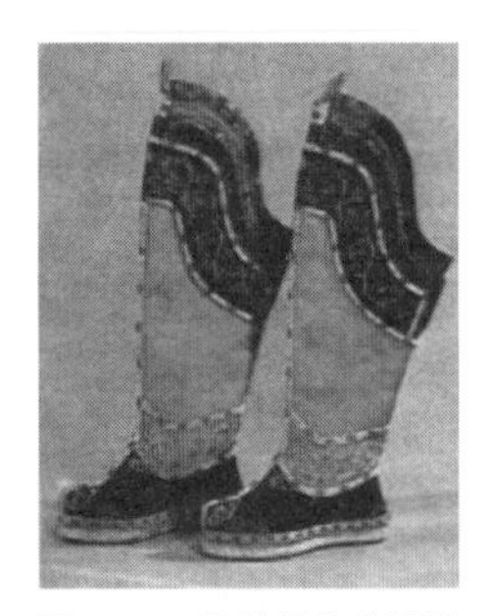
图9-1　钩藤缉米珠朝靴

清朝康熙皇帝穿钩藤缉米珠朝靴（图9-1）。按清初规制，靴子只能文武官员穿着，一般平民百姓不得穿靴。嘉庆年间则规定军机大臣必须穿着绿色牙子缝的缎靴，此靴为薄底长筒快靴，又名“爬山虎”。靴头按礼仪制成尖头和平头两种，平时穿尖头靴，上朝拜会时则穿用方头皂靴（图9-2），以便跪拜。同治皇帝登基时穿石青缎小朝靴（图9-3）。“到宣统年间，放宽了鞋靴的等级规定，绅士、官商及各界人士从十月到正月间天寒地冻时也可以随意穿靴”[1]。

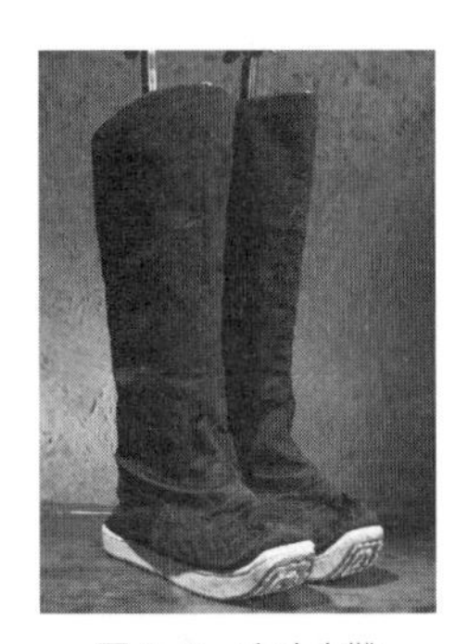
图9-2　方头皂靴

图9-3　同治皇帝登基时穿石青缎小朝靴

虽然满清政权推翻了汉人执政的明朝，在总体上废除

[1] 钟漫天. 中华鞋经［M］. 北京：东方出版社，2008：46.

了明代服制，但是因为吸纳了汉族皇帝冠履服制的某些仪规，以及明代服饰取得的技艺成就，并将这些元素较好地融入到新的服饰制度中，如至尊者清太宗一改太祖努尔哈赤入关前“头戴貂皮帽，身着貂皮五彩龙纹袍，足凳纳鹿皮靰鞡鞋”的着装。如同汉族皇帝之尊贵，身着黄色八团龙织金缎夏朝服，绣云龙纹马蹄袖，腰束镶嵌珠宝的黄朝带，脚踏粉底方头靴。在冠服设置上，以骑射族传统的“箭袖深鞋”，替代明代皇帝的“宽衣大袖”，而保留了明代皇帝尊贵的龙纹图案、黄颜色及便于朝拜的方头靴等。黄色与龙凤纹为皇族所专用，历朝都规定臣民禁用，清代也是如此。“对于妇女服饰，则‘衣料各随其夫’，从穿着上体现‘夫贵妻荣’，女人从属男人的封建夫权制。为了笼络臣属，还推出赏赐御服黄蟒袍、黄朝靴等制度，皇帝经常给属下有功之臣钦赐御服黄缎袍，一旦得到只有帝王才能享受的黄色龙袍，便是感激涕零，世代保存”[1]。皇帝还常将黄朝靴、绿牙子缝靴赏赐给属下，以示龙恩。黄色朝靴是清代帝王在祭祀、庆典、常朝等重大活动中，与明黄色金龙朝袍配套穿用的朝靴。如意云纹是黄朝靴上常用的纹饰。

从隋唐启用的穿革靴入朝制，历经一千多年，至清代仍然承袭，并将其继续发扬光大。清代男子公服穿靴，便服着鞋。为了弘扬本民族的传统，不惜废除商周时产生的礼舄制度，无论君王众臣、后妃命妇在祭祀、朝会时一律都穿靴子。此时，靴制被演绎得日趋完美。首先在靴制的材料方面进行变革，清代靴子的主要面料采用丝质绸缎，以皮和布等作为辅助材料，一改历代盛行的革朝靴制，穿用时更为华贵舒脚。其次，靴的种类繁多，除了方头靴、尖头靴和绿牙缝靴外，还有“军机跑”、皂靴等。靴底有厚底、薄底和篆底，颜色大多为黄色、黑色、元青、天青和石青等青色系列。靴面流行的修饰，如云头、扁头、双梁、单梁、刺绣和镶嵌等。

在早期，一般士民不允许穿靴。直到宣统年间，绅士、官商及学界人物自十月至正月间也都喜欢穿靴。清代还有用头发编制的靴子。《清稗类钞》：“乾隆时，符幼鲁郎中曾之被服鲜奇，嫌缎袧靴有光，乃织发为之，人谓之发靴”[2]。

扩展阅读与分析

成书于清朝的《红楼梦》中多次出现对鞋履的描写：

在《红楼梦》第三回“贾雨村寅缘复旧职，林黛玉抛父进京都”中，林黛玉第一次见到贾宝玉时，他“蹬着青缎粉底小朝靴”。青缎是指黑色的缎

[1] 叶丽娅. 中国历代鞋饰［M］. 杭州：中国美术学院出版社，2011：184.

[2] 钱金波，叶大兵. 中国鞋履文化史［M］. 北京：知识产权出版社，2014：64.

子。朝靴是指古代百官穿的“粉底皂靴”。这里指黑色缎面，白色厚底的半高筒靴子。宝玉一出场，作者如绘工笔画似的用浓墨重彩精细地描绘了宝玉的着装打扮，把一个七八岁的美少年，从头到脚浑身锦绣地展现在黛玉眼前。风度翩翩的宝玉给黛玉的第一个印象，与心中想象的“惫懒人物，懵懵顽童”的“蠢物”判若天壤，这为读者刻画出一位娇生惯养的贵族小公子，在锦衣美服装扮下，脚蹬华美的小朝靴。待贾宝玉向母亲请安后，再次出场已换了一身装扮，靴也换成了“锦边弹墨袜，厚底大红鞋”。这双锦边弹墨袜配上厚底大红鞋，从色彩上看十分调和、悦目，再加上全身华丽潇洒的便服，使这位娇生惯养的哥儿的风度越发显得翩翩动人。使得黛玉看了觉得他“一段风骚，人在眉梢；万种情思，悉堆眼角。”

宝玉第一次出现穿小朝靴，表明他到庙里还愿回来给贾母请安，并不知黛玉到来；未言一句出去给他娘请安回来的重新妆扮改为厚底大红鞋，这是居家所穿的鞋子，说明贵族公子哥儿出外穿靴，在家穿鞋，内外有别。

另外，在家要见客人时也得注重礼节，不得穿鞋而要穿靴。在第三十三回中，“正说着话，有人来回说：‘兴隆街的大爷来了，老爷叫二爷出去会。’宝玉听了，便知是贾雨村来了，心中好不自在。袭人忙去拿衣服。宝玉一面蹬靴子，一面报怨道：‘有老爷和他坐着就罢了，回回定要见我。’”不仅见客要穿靴，就是去宁府请安也不得穿鞋而要穿靴。在第二十四回中，见宝玉出来了，“袭人便说道：‘你往那去了，老太太等着你呢，叫你过那边请大老爷的安去。还不快换了衣服去呢。’袭人便进房去取衣服。宝玉坐在床沿上，褪了鞋等靴子穿。”

二、鞋

清代以骑射开国，武定天下，所以对武备特别重视。规定每三年举行一次大阅兵，以检验八旗兵的训练情况和战斗力，演武宣威。作为戎装配置，清军的军官一般穿靴，士兵穿双梁鞋或如意头鞋，也有选择穿麻草鞋。军戎鞋靴也分厚底与薄底两种，练武之人多为薄底翘头尖靴，《京都竹枝词》中有记载“尖靴武备院称魁”。古代军队没有专用鞋靴，一般也采用日用鞋履，将士的鞋靴只是在质料、款式上区别使用[1]。

始于清代沿用至今的冰鞋首先在旗兵中穿用（图 9-4）。按清代旧制，冰鞋

[1] 叶丽娅. 中国历代鞋饰［M］. 杭州：中国美术学院出版社，2011：187.

仅属于八旗兵穿着。每年冬季，八旗兵皆演跑冰。皇帝分日阅看，按等行赏。道光初，惟命内务府三旗预备清代冰鞋，即所谓跑冰鞋，它以一铁直条嵌皮鞋底中，作势一奔，迅如飞翔。慈禧太后也十分重视跑冰演习，每年必看。清朝帝后如此重视跑冰运动，正说明冰鞋作为军鞋在北方作战中的地位与作用❶。

图 9-4　早期滑冰鞋

图 9-5　清代厚底双梁男布鞋

清朝流行的鞋子式样很多，有云头、扁头、镶嵌、双梁、单梁等，一度尚高底，有底厚及寸者，俗称“厚底鞋”，大抵以缎、绒作面，鞋面浅而窄，鞋帮有刺花或如意方头等装饰，顶面作单梁式或双梁式。如图 9-5 中的清代厚底双梁男布鞋，造型粗犷，短鞋口、双梁，配以花纹，秀长而不失阳刚之气。后来觉得高底不方便，于是改为薄底。也有作鹰嘴式尖头鞋者。

此外，还有草鞋、棕鞋和芦花鞋等，都为一般劳动者所着。其中，草鞋不仅材料来源广，价格低廉，而且性能好。拖鞋在清末沪地男女都喜穿，冰鞋只有北方人穿着。钉鞋为雨天所用，南北都很流行。清赵翼《除余丛书》：“古人雨行多用木屐，今俗江浙间多用钉鞋。”钉靴是用牛皮制成靴面，内衬细帆布，牢固耐穿，手工缝制，针眼细密。鞋底用细麻线对多层牛皮纳底处理，并镶有多枚铁钉，用于雨雪天防滑，男钉靴圆头大方，女钉鞋尖头小巧。木屐在当时也十分流行，在南方居家不分男女，多穿木屐❷。

扩展阅读与分析

《红楼梦》中也有多处对鞋的描写：

贾宝玉有“靸着鞋”的习惯，靸的意思二，一是拖鞋；二是穿鞋时将后跟压倒，拖着走。清人徐坷认为“拖，曳也。拖鞋，鞋之无后跟者也。任意曳之，取其轻便也。”反映出“拖鞋”或“靸着鞋”行走的无拘无束以及休闲和潇洒的神情。在《红楼梦》中对宝玉喜爱靸鞋的习惯，有多处生动描写，如第二十五回中“宝玉便靸了鞋晃出了房门，只装着看花儿，这里瞧瞧，那里望望。”第二十六回中“宝玉穿着家常衣服，靸着鞋，倚在床上拿着本书，看

❶ 骆崇骐．中国历代鞋履研究与鉴赏［M］．上海：东华大学出版社，2007：40.
❷ 钱金波，叶大兵．中国鞋履文化史［M］．北京：知识产权出版社，2014：66.

见他进来，将书掷下，早堆着笑立起身来。”第二十一回中“次日天明时，(宝玉)便披衣靸鞋往黛玉房中来，不见紫鹃、翠缕二人，只见他姊妹两个尚卧在裳内。”第六十三回中，在林之孝家的等查上夜时，“袭人忙推宝玉。宝玉靸了鞋，便笑道：‘我还没睡呢。妈妈进来歇歇。’”这四次出现的宝玉靸鞋，虽没写宝玉所靸的是什么鞋，但从他在家中休闲所喜爱“靸”鞋的习惯，则窥一斑，也烘托出一个无拘无束天真烂漫，花季年华的宝玉的潇洒天性。

在第四十九回“玻璃世界白雪红梅，脂粉香娃割腥啖膻”中，下雪天气时，宝玉穿的是沙棠屐，“(宝玉)披了玉针蓑，戴上金藤笠，登上沙棠屐，忙忙的往芦雪庵来。”在第四十五回“金兰契互剖金兰语，风雨夕闷制风雨词”中，宝玉去看黛玉时，“底下是掐金满绣的锦纱袜子，靸着蝴蝶落花鞋。”黛玉问道：“上头怕雨，底下这鞋袜子是不怕雨的？倒也干净。”宝玉笑道：“我这一套是全的。有一双棠木屐，才穿了来，脱在廊上了。”这里宝玉穿的沙棠屐是用棠木制作的木鞋，又称棠木屐，下有高齿，通常都是在下雨雪时，当套鞋用，也就是将它套在所穿鞋子外面，以防把鞋打湿，所以宝玉穿的鞋袜都没有被打湿。棠即棠梨，也称为杜梨，落叶乔木，木质坚韧。说起这沙棠木，源远流长。《山海经·西山经》：“昆仑之丘，有木焉。其状如棠，黄华赤实，其味如李而无核，名曰沙棠；可以御水，食之使人不溺。”宝玉这身从头到脚的打扮，衬托了他好玩和调皮的性格，所以黛玉和众丫鬟都说他像个“渔翁”。

宝玉穿的蝴蝶落花鞋，又称“蝴蝶梦”，为一种薄底鞋，用蓝、黑线堆绣云头帖花，鞋头上还装上能颤动的绒剪蝴蝶作饰物，是一种双梁布鞋。这种鞋子原是戏曲《蝴蝶梦》中主角庄生所穿的鞋，故有此称。在清乾隆年间，曾在社会上流行过。天已经很晚了，还下着雨，黛玉都要睡觉了，宝玉为了探望黛玉，不顾天黑雨淋，还靸着一双制作精美漂亮的“蝴蝶落花鞋”，提灯走进潇湘馆，其情之诚之真之深令人动容。

三、袜

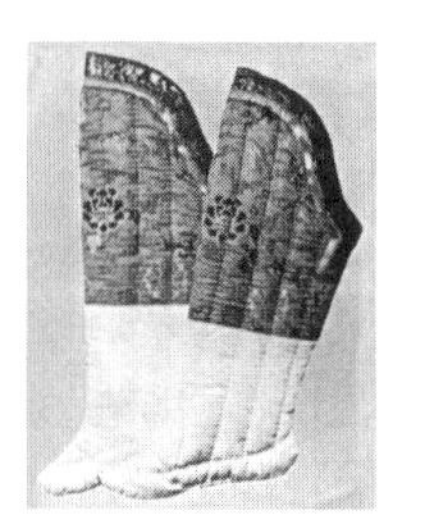

图9-6　清乾隆皇帝冬天穿的棉袜

清代还按靴式配制各式精美的袜子，在袜筒上刺绣漂亮的图案，便是靴筒最好的装饰。清代的袜子一般用布制作，贵族用绸缎。今故宫所藏的皇家彩绣缎夹袜与棉袜（图9-6），有在袜筒上半部分施以彩绣，下半部分用素色丝绸缝接缎袜和棉袜，也有筒体绣上纹彩的；更有许多以织金缎缘袜口边的，构成一道亮丽的风景线。

四、靴掖

“靴掖”也是既实用又美观的附件，它作为古人盛放文书的小夹子，出行时可掖进靴筒内（图9-7）。所谓“靴掖”，顾名思义，就是掖在靴子里的荷包，说白了，类似于今天的手包。但又与“荷包”“手包”有所区别，因为“靴掖”是达官贵人的专属佩戴品，所以“靴掖”的形制也华丽豪奢。这种绸制或皮制的可以折叠的夹子，兼具“名片夹”“支票本”及“文件夹”的多重功能，有的饰以名贵刺绣，有的画上花鸟人物，更有点缀以金银珠玉，装饰夸耀无所不用其极。李光庭《乡言解颐》：“世有轻如袖纳，重异腰缠，比带胯而不方，视荷囊而甚扁者，靴掖是也。零星字纸，以靴掖盛之，便于取携也。幼闻某处有三掏之目：某翁见人掏靴掖，取诗草也；某人掏地单，说田产也；某僧掏缘簿，写布施也。”可见，这些文人、僧人都喜用之。靴掖大都采用绸缎或皮革为材料，许多靴掖上都绣有漂亮的图案，如莲花、梅竹、兰菊、飞鸟、游鱼、人物和诗文等，是女性展示女红手艺的平台。

图9-7　清代靴掖

扩展阅读与分析

《红楼梦》中也有多处对靴掖的描写：

在《红楼梦》第十七回“大观园试才题对额，荣国府归省庆元宵”中：“一时，贾琏赶来，贾政问他共有几种，现今得了几种，尚欠几种。贾琏见问，忙向靴筒取靴掖内装的一个纸折略节来……”在第九十三回“甄家仆投靠贾家门，水月庵翻风月案”中：“贾琏见他不知，又是平素常在一处顽笑的，便叹口气道：‘打懂的东西，你各自去瞧瞧罢，’便从靴掖儿里头拿出那个揭贴来，仍与他瞧。”在第六十回“茉莉粉替去蔷薇硝，玫瑰露引来茯苓霜”中：

"芳官出来，春燕方悄悄地说与蕊官之意，并与了他硝。宝玉并无与琮环可谈之语，因笑问芳官手里是什么。芳官便递与宝玉瞧，又说是擦春癣的蔷薇硝。宝玉笑道：'亏他想得到。'贾环听了，便伸着头瞧了一瞧，又闻得一股清香，便弯着腰向靴筒内掏出一张纸来托着，笑说：'好哥哥，给我一半儿。'宝玉只得要与他。芳官心中因是蕊官之赠，不肯与别人，连忙拦住，笑说道：'别动这个，我另拿些来。'宝玉会意，忙笑包上，说道：'快取来。'"贾琏的靴内备有靴掖，是因为管家的特殊身份所需，而不被人看重的庶出的贾环，所穿的靴子可能就没有靴掖，藏东西只好放在靴筒里。

第二节　清代女子鞋履文化

清代妇女鞋饰以满族的旗鞋与汉族的莲鞋为两大主流。顺治元年（1644年）满族入关，定都北京。清统治者为巩固自己的地位，竭力推行满族发饰与服饰，并禁止满族妇女缠足。因而，在汉族妇女疯狂裹脚的年代里，满族女性仍能保持着自己传统鞋履的特色，但相互之间的影响可谓潜移默化。清朝政权的建立，促进了满族的着装习俗。几百年里，满汉民族的服饰文化相互交流影响，形成了各自不同的特色，鞋履文化也不例外，旗鞋和莲鞋不仅是清代女性用鞋的重点，也是中华民族妇女鞋饰的两大亮点。

一、旗鞋

旗鞋，也称为"寸子鞋"（图9-8），是满族妇女穿的一种鞋，有平底和高底之别。"鞋底最初为半寸至1寸，后逐渐增高至5寸左右。清宫女眷和贵族妇女大多穿4寸以上，年轻者鞋底高度可达六七寸"[1]。娴雅的旗装配上高底旗鞋，使女性更显得亭亭玉立，轻盈高雅。旗鞋最有特色的地方就在于它的高底部位。它传承于女真人祖先削木为履的习俗。在鞋底中间脚心处安置木台为底。木制底外包白细布，看去十分简洁、明净。

图9-8　平底寸子鞋

[1] 叶丽娅. 中国历代鞋饰［M］. 杭州：中国美术学院出版社，2011：191.

清代大多数贵妇人都喜欢穿凤头鞋，贵族妇女穿的高底鞋不仅鞋面刺绣饰珠挂穗，而且鞋底四周还镶饰用琉璃、珍珠和宝石等材料缀成的花纹图案（图9-9）。权势显赫的慈禧太后（图9-10）穿的高底鞋不仅要把鞋头做成凤头形，还要在凤嘴里衔上珠穗以示高人一等，她还十分偏爱在鞋履帮面上施以珍珠饰品，其足下之珠光宝气为皇室一绝。而这双皇太后穿过的石青缎绣凤头鞋，堪称满汉文化相融的高底鞋（图9-11）。慈禧太后的一双凤头鞋，在鞋面刺绣五彩凤凰。凤首昂起，也是回首竖立鞋头形态，给人以似曾相识的感觉，是当年慈禧太后接待外宾时穿的高底鞋，与凤头鞋配套的是一身有凤头衔珠串的衣服和高耸的“两把头”发饰，走动时高贵娴雅，风韵非凡，可见汉族传统文化对满族统治者的影响。

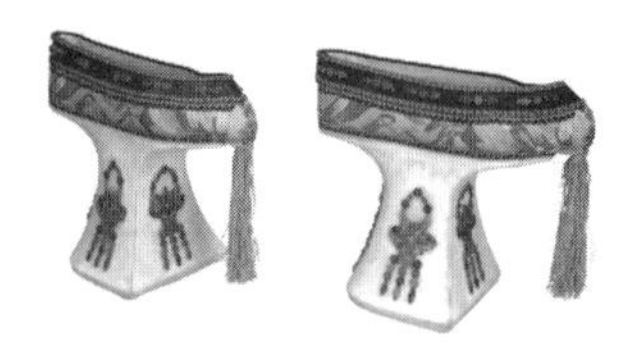

图9-9　光绪年间的花盆底鞋

图9-10　慈禧太后穿旗鞋像

旗鞋鞋帮上刺绣许多花卉、凤蝶等吉祥图案，这样既美观又结实，还显示出妇女们的心灵手巧，这是旗鞋的另一个特色。满族女鞋忌鞋面无花，它反映了满族妇女的刺绣技艺和聪慧才智。而那些没有绣花的鞋，民间称为“瞎鞋”，说明穿鞋的女人笨拙，要遭耻笑。满族妇女常绣的鞋花有海棠、玉兰、兰花、萱草、梅花、荷花、灵芝、佛手、仙桃、鸳鸯、蝙蝠、蝴蝶、金鱼等，大都寓意吉祥、富贵、长寿。旗鞋的色彩也较丰富，大红、朱红、黄色、湖蓝、宝蓝、月白、雪灰、粉绿、黑色和褐色等。

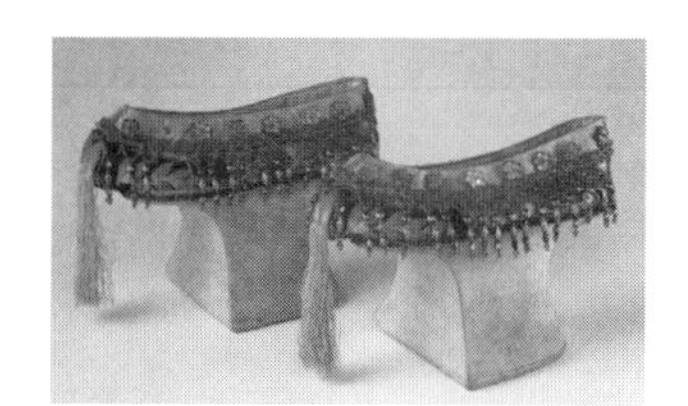

图9-11　慈禧太后的旗鞋

旗鞋的亭亭玉立、高雅美姿，可谓最有特色的少数民族妇女鞋履。根据木底的样式，旗鞋可分为厚平底鞋、元宝底鞋、花盆底鞋和马蹄底鞋等。

（一）厚平底鞋

厚平底鞋（图9-12）为清初期的鞋型。满族入关前生活在寒冷的东北地区，早期以游牧狩猎为生。女子出门时常把鞋裤打湿，为了便利生活，防止脚部受寒和蛇虫伤害，便把鞋底加厚半寸至一寸。由于厚平

图9-12　厚平底凤头鞋

图 9-13 元宝底鞋

底鞋穿用舒适平稳，成了早期年轻女性的时尚鞋履，即使后来出现了高底旗鞋，也仍是妇女居家便鞋和中老年妇女喜欢的鞋饰。

（二）元宝底鞋

元宝底鞋（图 9-13）鞋底中部的木台，早期多做成倒置的台形，这种上宽下窄的形状类似元宝，故称元宝底鞋。元宝底鞋一般不高，由厚平底鞋发展而来。在这个以脚小为美的社会环境中，男人们围着“金莲”转，使满族女人的天足相形见绌，聪明的女性吸取了汉族传统的千层鞋底元素，悄悄将自己的厚底鞋加高，一来可掩饰自然天足，将“大脚”隐藏在高底鞋里，二来又可以保护自己的脚。元宝底鞋外形看似小船，也被称为“船底鞋”，是年长些的妇女穿用，在宫中多为中年以上后妃们穿用。后又逐渐加高了鞋底，发展为花盆底鞋和马蹄底鞋等旗鞋。

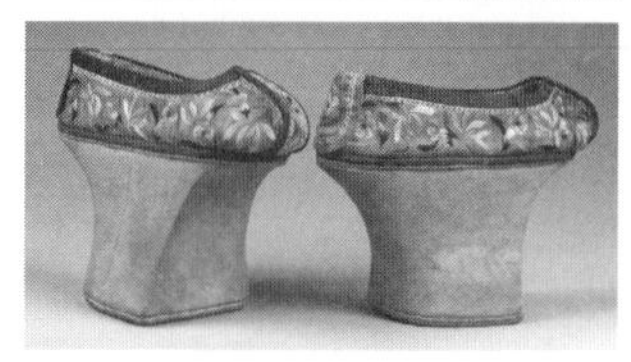
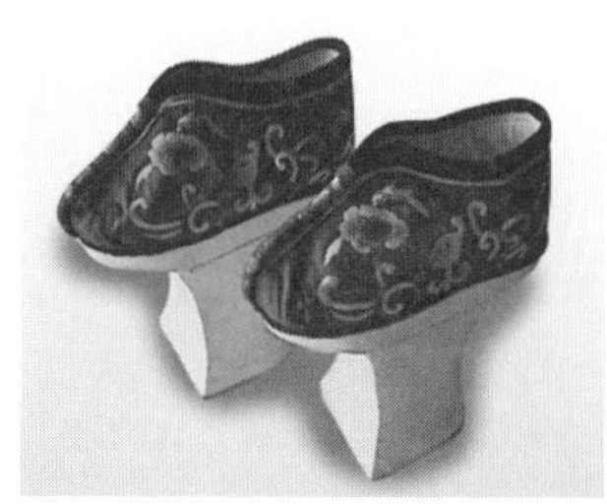
图 9-14 花盆底鞋

（三）花盆底鞋

花盆底鞋（图 9-14）的木台底上沿向下渐收，成为上敞下敛状，形似花盆，故称花盆底鞋。这种底一般较高，走起路来不能太快，否则难以平衡，容易摔倒，因此，年轻女性穿花盆底鞋走路，都会有个适应过程。穿着时要求挺胸收腹，两只肩膀微微地摇晃，两只胳膊随之左右甩动，两脚轻迈，平起平落，这样才能保持身体平衡，形成一种慢条斯理、端庄、优美的姿势。高高的花盆木底坚固耐穿，往往是上面的彩鞋帮面已破，鞋底还是完好。

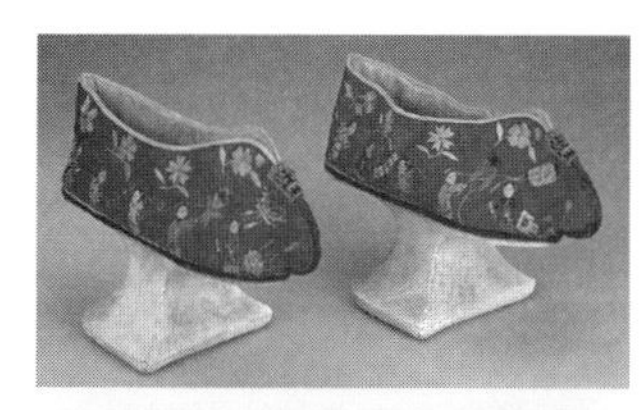

图 9-15 马蹄底鞋

（四）马蹄底鞋

马蹄底鞋（图 9-15）的木台底形状为“两头宽，中间细”，即上细下宽，中间凹型，底部前平后圆（亦有四方形），因其外形及落地印痕皆似马蹄子踏出的印迹，故称马蹄底鞋。马蹄底鞋是较为美观的高底鞋，深受宫廷贵妇和年轻女子的喜爱[1]。

---

[1] 叶丽娅．中国历代鞋饰［M］．杭州：中国美术学院出版社，2011：197.

二、莲鞋

“清朝本为满族人立国，而满族女子没有缠足的习俗，所以满族入关建立清朝后，在顺治元年就钦定‘有意缠足女子入宫者斩’，康熙三年又下谕旨‘自康熙元年后所生之女盖禁缠足’，但是由于汉族的缠足祖训积重难返，屡禁屡缠，以致缠足之风有增无减。到了乾隆年间，不仅汉族女子照缠不误，满族八旗女子也有偷缠小脚的”[1]。最后汉人以“男降女不降”来对抗满族统治者的行为，小脚女人更是受到了前所未有的崇拜。

虽然妇女缠足受尽痛苦和摧残，是封建制度造成中国妇女历史上的一场大悲剧，但是，裹脚布虽然束缚了妇女的行动自由，却锁不住她们的心灵手巧和聪明才智。为了显示自己的手艺，她们身居深阁，操作女红，制作出许多精彩绝伦的金莲鞋。向人们展示了我国精美的传统刺绣技艺，留下了一笔宝贵的艺术财富。当时金莲鞋的品种甚多，图案粉彩。为使小鞋不易破损，保持洁净，外出时还得套上绣花套靴（图 9-16）。套靴多为中筒，筒上刺绣植物花卉，做工精美。妇女出门时要连脚上金莲鞋一起穿进去，回来再脱掉。雨天也有办法，将穿着金莲鞋的小脚，直接套进特制的金莲套鞋中（图 9-17）。受满族“削木为履”的习俗影响，清代高底莲鞋多采用木制跟。

莲鞋上还会装饰各种物件，如漂亮的藕覆、带铃腿带、装饰扣环等（图 9-18、图 9-19）。制作莲鞋的材料有多种，富裕人家采用绫罗绸缎等高级面料，普通百姓

图 9-16　小脚绣花套靴

图 9-17　竹制高脚金莲雨天套鞋

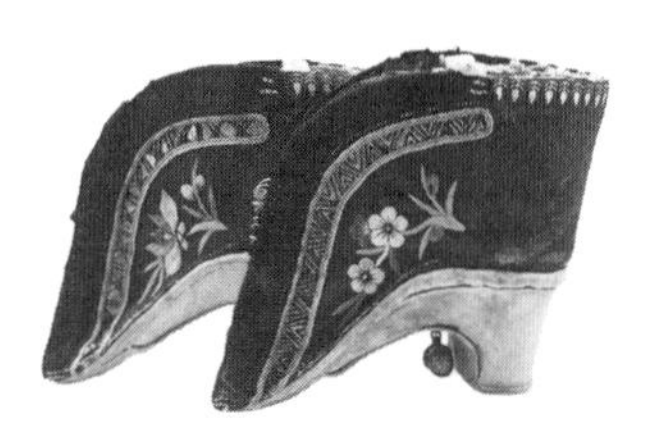

图 9-18　紫缎高跟铜铃禁响金莲

图 9-19　兰缎虎头造型刺绣虎身金莲

[1] 钟漫天. 中华鞋经［M］. 北京：东方出版社，2008：48.

则用棉麻粗布。莲鞋的形制并非千篇一律，它因地而异、因人而异、因材而异、因时而异……可以说无论是春、夏、秋、冬，还是婚、丧、嫁娶和祝寿等，都有与之相配的莲鞋。如果在丰富多彩的莲鞋制作上，总结出一条共同的规律，那就是前尖细，后宽圆，中弓形，这是莲鞋适脚的基本要素，也是制鞋人遵循的不变原则。

每一双金莲都充满了东方艺术的韵味，它向世人展示了华夏深厚的传统文化，也向人们述说着痛楚的人间往事。谁也无法统计历代妇女制作了多少双金莲鞋！今天我们看到的，一双双绣制精巧、绚丽多彩的金莲鞋，是中国女性聪明智慧与刺绣艺术完美结合的传世绝作，为世界留下一笔特殊的、宝贵的文化遗产。

三、其他足衣

汉族妇女除穿弓鞋外，同时还穿拖鞋、睡鞋等，在雨雪天气穿木屐或靴。民间有种红色洞房睡鞋（图9-20），专供结婚之夜穿着，鞋内藏有描写男女性生活的春画。在洞房花烛夜的婚床上进行性教育，是中国传统生育习俗中的一种特殊方式。粤中妇女家居或出门常穿绣花高低拖鞋，也喜欢穿木屐。

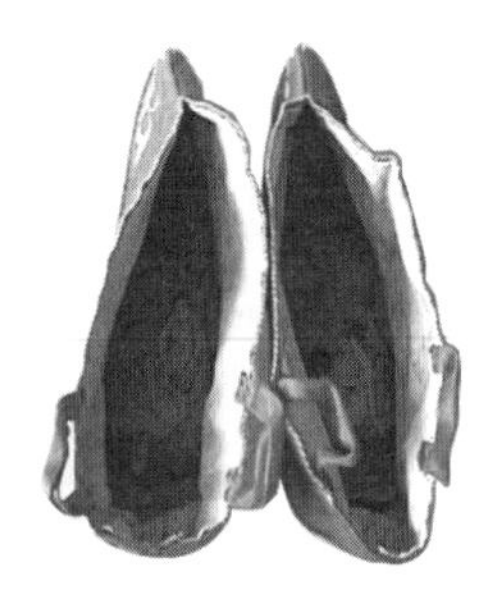

图9-20 洞房睡鞋

扩展阅读与分析

在《红楼梦》中描写不同女性的鞋履，通过不同鞋饰，更突出了人物的个性和爱好。

在第四十九回“玻璃世界白雪红梅，脂粉香娃割腥啖膻”，这是一个下雪的天气，大观园中的雅女们集中在稻香村作诗为乐。黛玉“脚上穿一双掐金挖云红香羊皮小靴”。掐，是一种针线工艺的名称，靴，即是用金线掐出边缘，再用其他丝织品挖出云头形以装饰鞋尖部分，并用偏红的香色羊皮做成的长筒靴。因此显得十分艳丽，这更增添了林黛玉的几分妩媚。史湘云则“脚下穿着麀皮小靴，越显得蜂腰猿背。”麀是指母鹿，靴是高筒靴。这里指的是用麀皮做的长筒靴。史湘云平时爱这种模仿男子的打扮，她觉得这样比女装更俏丽。

在第七十回“林黛玉重建桃花社，史湘云偶填柳絮词”中写晴雯穿红睡鞋的情景也十分有趣。“清晨方醒……那晴雯只穿葱绿院绸小袄，红小衣红睡鞋，披着头发。”红睡鞋是一种用红色绸缎制作的软底鞋儿。缠足女子晚间睡觉时所穿的一种鞋。徐珂《清稗类钞·服饰类》：“睡鞋，缠足妇女所著以就寝者。盖非此，则行缠必弛，具借以使恶臭不外泄也。”这里写晴雯脚穿红睡鞋，知晴雯为缠足者；而写雄奴只说“红裤绿袜”，说明她是大足，干粗活的丫头。在贾府内部的等级差别，严格且烦琐。长幼尊卑在封建礼教的束缚下，不得逾越，体现出最根本的社会关系。就女婢而言，也是等级分明，层层有节制，步步有等级。作为宝玉房中的丫头，也同样等级分明。晴雯和袭人同样是上等奴婢，有叛逆性格的晴雯，能够穿着“红小衣红睡鞋”在房中无拘无束的与丫头们疯闹，并可“与宝玉对抓”，可见她作为丫头的地位之特殊。

第三节　百年鞋店的变迁

在清末民初的社会大变革大动荡中，中国的各类经营云集京津两地，逐步发展为中国大工商业城市和北方最大的金融商贸中心。民族手工业的鞋业依靠得天独厚的革新局势和租界经济蓬勃发展起来，在京津两地的商业街上形成了中国近代制鞋产业的集群，具有百年历史的鞋业老字号出现。在天津，较出名的有专门做皮鞋的“沙船”，制作缎面鞋的“金九霞”，生产胶鞋的“惠利”，经营布鞋的“德华馨”，制作时令鞋的“同升和”和生产坤尖鞋、杭元鞋、骆驼鞍鞋的“老美华”等。在北京，有专营大内官靴的“内联升”鞋店，有专为人力车夫等下层工人制作鞋子的“一品斋”，随后“老美华”“同升和”“老九霞”等鞋业，又都在北京开设了分店，大大促进了北京鞋业的发展。

在众多鞋业中，最有名的有三间鞋店。按年代排列，第一位是创立于1853年的内联升，第二位是创立于1904年的同升和，第三位是创立于1911年的老美华，难能可贵的是这些品牌能一直坚持到今天，有的还依然名震全国。“它们走过了百年沧桑，经历了创业、萎缩、到再发展等几个历史阶段，度过了艰难，终于闯出了自己的道路，尤其在中华人民共和国成立后，在党和政府的正确领导下，写下了更加辉煌的一页，为中国鞋业的发展立下了汗马功劳”[1]。

一、内联升

内联升始建于公元1853年（清咸丰三年），创始人赵廷，武清县人。他早

[1] 钱金波，叶大兵. 中国鞋履文化史［M］. 北京：知识产权出版社，2014：70.

年在京城一家制鞋作坊学做鞋，由于悟性极高，很快便学得一身好手艺。在积累了丰富的客户人脉和一定的管理经验后，赵廷决定自立门户。很快，在京城一位人称丁大将军的万两白银入股的资助下，创办内联升靴鞋店。

慧眼独具的赵廷分析了当时京城制鞋业的状况，认为京城缺少专业制作朝靴的鞋店，于是决定办一家朝靴店。打坐轿人的主意，利用人脉关系，为皇亲国戚、朝廷文武百官制作朝靴，并定店名为内联升。“内”指大内宫廷；“联升”示意顾客穿上此店制作的朝靴，可以在宫廷官运亨通，连升三级。

内联升品牌驰名，有过去老北京人一句口头禅为证，头顶马聚源，脚踩内联升，身穿八大祥，腰缠四大恒。意思是说穿上内联升做的鞋，是一种身份的象征。老话儿说：爷不爷先看鞋。北京人出门在外，没双好鞋那可不成。脚底有了劲儿，脸面上才有光。老北京的好鞋上哪儿买去？内联升啊。老年间洋车夫穿的是内联升做的洒鞋，朝廷文武大员穿的是内联升做的朝靴（图 9-21），就连那清朝末代皇帝登基坐殿，穿的也是内联升做的龙靴。

图 9-21　清大臣着内联升官靴照

内联升对来店做鞋的文武官员的靴鞋尺寸、式样等都逐一登记在册，如再次买鞋，只要派人告知，便可根据资料按要求迅速做好送去。同时，也为下级官员晋见朝官送礼提供了方便。一本详录京城王公贵族制鞋尺寸和爱好式样的《履中备载》（图 9-22）由此而生。《履中备载》是中国最早的“客户关系管理档案”，已被编入北大光华管理学院 MBA 课程案例库。如今，服务对象变成了普通百姓，但以诚相待、童叟无欺的经营理念却保持至今。

图 9-22　履中备载

二、同升和

同升和鞋店 1902 年始建于天津（图 9-23），以生产鞋类产品和帽子而闻名，第一任掌柜莫荫萱是河北宝坻县人。现悬挂在店堂里的玻璃牌为当时的名人杜宝桢题写。为了祝贺同升和开业，清朝大臣铁良曾亲笔题写了“同心偕力功成和，升功冠戴财源多”，巧妙地把同升和三字融于对联之中。“同升和”三字，寓意为“同心协力，和气生财”。因经营有方，积累不断扩大，1912 年在天津繁华的估衣街买了门面房，形成了前店后厂，自产自销的经营格局。

同升和鞋帽店有自己独具特色的经营管理。它恪守“宁愿三年赔钱，也要保质量争名誉”的原则，在选材制作过程中严把质量关，不合格不能出厂。在服务中，强调一视同仁，童叟无欺，热情大方，礼貌周到，卖出的商品可以退换，定做加工按时按质完成，使同升和的名声在人们心目中扎下了根。

图 9-23　同升和鞋店

同升和生产的手工缝绱精品皮鞋和传统手工工艺精品布鞋全部使用天然材料（皮革、毛、棉、麻等），采用同升和独特的手工工艺精工细作，使产品在体现民族性的同时又具有养脚吸汗舒适的功能。由于产品美观、环保，多年来在市场上一直畅销不衰，而且成为馈赠亲友的佳品。

三、老美华

老美华鞋店 1911 年创办于天津。当时，开过鞋店的老板庞鹤年看到，有经营皮鞋的“沙船”，有经营布鞋的“德华馨”，以缎面鞋闻名的“金九霞”等老一代名牌产品，但唯独没有为缠足妇女经营小脚鞋的鞋店，所以他决定要为缠足妇女开家专营坤鞋、缎鞋、绣花鞋及缠足鞋的鞋店，宝号取名为老美华。老美华店铺外檐装修三层楼，中间有一座宝塔，塔上挂有八个铜铃，铜铃四周有灯光照射，这一切使宝塔更为壮观。因而鞋的品牌就取名为“三塔”牌，店铺迎面挂有仙鹤寿星图。

庞鹤年对店铺各方面的要求都非常严格，首先要求店员站有站相，坐有坐相，站姿要端正，前不靠货柜，后不倚货架。伙计们的肩上搭着马尾做的掸子，在售货过程中，无论上高或弯腰掸子都一动不动。同时掌柜对伙计们的精神面貌也有很高要求，要做到一周一理发，两天一刮胡子，三天一洗大褂，店员们个个都有一股买卖人的精气神，待客更是主动热情。如有遇到定做鞋的顾客，就在一楼画样，三楼马上制作，并且送货到家。不仅如此，庞鹤年对商品质量要求也非常严格，鞋面采用“瑞蚨祥”的好面料，女士皮底鞋厚为 3 毫米，男士皮底鞋厚度为 3.5~5.5 毫米，反绱鞋鞋槽要深浅均匀，线缝一寸三针半，除此之外老美华还有一套验鞋标准，以反绱鞋为例，成品标准概括起来有八点要求，分别是：一正，二要，三不准，四净，五平，六一样，七必须，八一定。以上标准必须要完全做到。至今老美华仍沿用这种制鞋标准，其质量由此便可见一斑。

当时在老美华店铺周围有不少娱乐场所，例如，群英戏院、大舞台、燕乐、中华曲苑等。老美华瞄准了这些服务对象，定期上门量尺寸定做鞋，并且送货上门。那时候娱乐场所的小姐（妓女）对绣花鞋的样式、绣花和配色要求很高，老美华的学徒们因此也练得一身的好手艺。缎面一般要绣一些吉祥如意的内容。例如，牡丹、菊花、喜鹊登梅和鲤鱼跳龙门等图案；鞋面配色要求明快、和谐；针码要均匀。绣花鞋验鞋时，用酒精灯的火巧妙烫去鞋面上的毛绒眼，火与鞋的距离一定要掌握合适；过于高，就起不到作用；太低了就会烫坏鞋面，所以技术要精益求精。然后再用干净的手帕擦净鞋面，或者用刚刚蒸出笼的揭皮馒头滚鞋面，一次或反复几次，这样，线头都已经被粘去，而鞋面上的绣花愈发显得亮丽，鞋面也同时被擦净。

技术难度最大的就是被称之为“三寸金莲”的坤尖鞋。制作这种坤尖鞋，缝制尖头的前三针是至关重要的。要平整，一定不能出“包柳”，如果不平的话，鞋的后跟就歪，没有鞋型。所以绷楦的前三针，是个技术要点。坤尖鞋也有青缎、粉缎、白缎和红缎等颜色。那时新娘出嫁时，都要选上一双红色缎面坤尖绣花鞋，那又尖又窄的鞋面上绣着龙凤呈祥的图案。那时穿老美华的鞋上花轿，就是一种身份的象征。社会上名流商贾家的小姐和夫人都争相到老美华选购各种坤尖鞋，一些著名的老艺人上台演出的彩鞋（演出鞋），也都是由老美华的师傅画脚样、修楦并亲手制作的，那时穿老美华的鞋已经成为时尚。

老美华千底布鞋的制作非常讲究。首先，原材料选用新白布，用两层新布做“夹纸”。要求白布无杂色，没有纸，更不能用糟布。用丝漏盖在布底上，并印上颜色，再以印上的颜色为标记手工搓麻、纳底和纤边。纳底夏季选用安徽的麻，冬季则用河北、张家口的油麻。因为安徽的麻夏季穿着软硬度适中，而冬季用油麻纳底鞋更结实耐穿。纳好的底码在大缸里用 60℃的水浸透，用 2 寸厚的木盖压好，缸口四周密封 24 小时，这样底子和线不脱股，增加牢度。起缸后，再用木槌矫正鞋底形状，靠日光或烤箱烘干。至今老美华仍旧保持这种制作布底鞋的传统工艺，深受顾客喜爱。甚至在老美华的橱窗里，一直陈列着劈开的千层底，就让顾客看到了其真实的品质。

现在老美华又根据顾客的需求，生产了许多典雅、大方、轻软、耐磨的鞋子，如呢子面、清水毡里的骆驼鞍鞋，棉篓鞋，牛筋底和猪皮鞋等，依然保持了自己的销货个性和好的服务传统，受到各阶层中老年人的赞许。

第十章　近现代时期鞋履文化

近代鞋式根据服装款式的变化而形成了新的格局，造型简洁、精美，尤其是由手工操作慢慢过渡到机器加工，制作愈加精致。各种材料都被合理地应用于鞋靴的设计与制作中，不断发展的高新技术使材料的质地、品质更加完美。

民国，作为一个特殊的历史时期，突破了封建专制思想的禁锢，国人的思想观念也从传统保守逐渐走向新潮开放。着装开始趋向自由，人们逐渐根据自己的审美情趣和经济能力，选择穿戴方式。整个社会的穿着打扮，形成了前所未有的新旧并存、中西兼容的特点。

第一节　近现代时期男子鞋履文化

从清代开始，长袍马褂便是中国男人的常年衣着服饰，与其搭配的鞋履，是持久不变的布鞋与缎靴。鸦片战争以后，各国列强的入侵，使中国沦落为半殖民地半封建社会，随之而来的洋货倾销，公使交往，留学考察，使传统衣着打扮受到了西方文明的猛烈冲击。1911 年的辛亥革命，推翻了中国历史上最后一个封建王朝。中西方文化的碰撞和交汇，新思想、新观点的冲击和交融，大量西方纺织面料和西式皮鞋的进入，都不断促进传统服饰鞋履发生鲜明的变化。“为适应时代发展的需要，民国元年，政府颁布的男女服制（礼服与常服），采取了中西合璧形式，使中华服饰文化、鞋履文化也进入了一个崭新的发展阶段”[1]。

[1] 叶丽娅. 中国历代鞋饰［M］. 杭州：中国美术学院出版社，2011：216.

一、中式鞋履

当时，男子礼服分为常服与礼服两种。而与之配套的鞋履也可分为中式和西式两种。中式为布制，西式为皮制。布鞋与缎靴总是与常服搭配，颜色以黑为主，长筒靴或皮鞋与礼服配套。普通市民及中式家庭，大多穿传统长袍马褂，足蹬布鞋、布靴，而上层官绅贵族家庭，总是绸衣缎靴武装一身。除了传统的双梁、单梁、云纹等鞋靴外，由北京内联升鞋店制作的千层底布鞋（图 10-1），深受男人们的欢迎。辛亥革命后，内联升顺应时代潮流，开始生产经营礼服呢和缎子面的“千层底”布鞋。“千层底”制作非常讲究，要经过制袼褙、切底、包边、圈底、纳底和锤底等几道工序，生产的小圆口千层底布底鞋曾风靡一时。当时，黑色圆口鞋配白袜，也成了都市青年的时尚装束。

我国传统布鞋家族在新时期添加了许多新的品种，布鞋作为日用品，成为重要商品。近代布鞋种类繁多，鞋帮材料、鞋底材料和绱缝工艺等都日趋提升。现代塑料底布鞋的出现，替代了千层底小圆口布鞋，松紧口和懒汉鞋随之问世。棕色塑料底布鞋为仿皮鞋，白色塑料底为仿布鞋。当时流行的穿鞋原则是“不穿硬的穿软的；不穿勤的穿懒的”[1]，“硬的”指皮鞋，“软的”指布鞋，“勤的”指有鞋带的鞋，“懒的”指懒汉鞋。

雨雪天穿用的鞋子叫钉鞋（靴）（图 10-2），此鞋历史悠久，可以追溯到明朝，至民国时仍很流行，可分单钉鞋和棉式钉鞋。其底部均装有铁泡钉，在泥泞的湿地上可防滑并防潮。根据面料可分两类，通常采用粗棉布或帆布涂上桐油，款式多为蚌壳式，称为油布钉鞋。另外有采用皮革为面料，中帮单梁开叉式，称为牛皮钉靴。此外还有在雨天穿的木屐雨鞋（图 10-3）。

19 世纪初，广州国产橡胶底的试制成功，为传统鞋履增添了新材，由机器制作的橡胶底简单快速，摆脱了烦琐的手工纳底，为批量生产，提高制鞋能力提

图 10-1　内联升千层底圆口布鞋

图 10-2　民国钉鞋

图 10-3　民国木屐雨鞋

[1] 钟漫天. 中华鞋经［M］. 北京：东方出版社，2008：54.

供了条件。20 世纪 40 年代出现了制鞋胶粘工艺，鞋帮和鞋底不用线缝而直接相粘，结束了我国几千年“一锥、一针、一线”的绱鞋工艺。由于新工艺效率高，鞋帮和鞋底胶粘工艺便广泛地应用在皮鞋、胶鞋生产中。橡胶底广泛应用于各类鞋履，如运动鞋、力士鞋、球鞋、钉鞋和胶鞋，甚至拖鞋等。随着体育运动的兴起，国产运动鞋品牌（图 10–4）不断诞生，青年学生迅速接受，成了穿着球鞋、运动鞋的主要群体。而运动鞋加长筒毛线袜，也成了许多中等以上家庭孩子的新潮装束。

图 10–4　民国球鞋广告剪报

除了胶鞋，突破传统鞋材料的还有塑料鞋，也曾风靡全国，影响了一代人。“在 20 世纪 60 年代塑料鞋问世，塑料鞋的主要原料是热塑性的聚氯乙烯（PVC）塑料。塑料鞋主要品种有雨鞋、雨靴、春秋鞋、拖鞋和凉鞋，尤其是五颜六色的塑料凉鞋更是成为了当时国内夏季的主要鞋类”❶。

二、西式鞋履

随着国门的打开，中外交往日益增多，西风渐进。19 世纪 60 年代的洋务运动使得许多洋顾问来到中国，这些西装革履的洋人混迹于穿长袍缎靴的中国官员之中，对中国的男装产生潜移默化的影响。更有那些归国留学生，他们身着西装革履踏上故土，让国人耳目一新。几千年来，中国的军队没有统一配备的军鞋，更难见到制作精良的皮质军靴。清末民初，国外皮制马靴进入中国，现代制鞋技术的引进，使皮鞋皮靴也伴随着西式军装走进军营；而政府制定的地方行政官公服，如外交官、领事官、检察官、律师、警察等，也大多配备皮鞋和皮靴。来自国外的新潮服饰——西装革履，人称为“文明服装”“包头皮鞋”❷，由于其方便、实用、时尚，很快受到了各界上层人士的喜欢。特别是广州、上海、北京、天津等首先开埠的城市，是洋人比较集中的地方，外商在洋行中大多设有皮鞋部，主要经营从国外进口的皮鞋。

在北京，西装革履也进入了封建堡垒紫禁城，爱新觉罗氏的后裔们也穿上了

❶ 钟漫天. 中华鞋经［M］. 北京：东方出版社，2008：57.
❷ 叶丽娅. 中国历代鞋饰［M］. 杭州：中国美术学院出版社，2011：220.

图 10-5 溥仪夫妇西装革履

洋鞋（图 10-5）。即使是清末的皇帝和皇妃，也都穿得非常新潮。20 世纪 30 年代，在繁华的王府井大街，北京同升和鞋店开始出售时尚漂亮的男女皮鞋，精工细作，质量上乘，很快受到京津地区的社会名流和在华外国人的青睐。

我国近代民族皮鞋业开始于 19 世纪。19 世纪 30 年代国外现代皮鞋传入中国，上海浦东人沈炳根从修理皮鞋开始自制鞋楦，制成我国第一双现代皮鞋，并于 1876 年在上海永安街开设我国第一家国产皮鞋厂，专门生产雨天皮革鞋。1917 年开业的上海中华皮鞋商店，是我国最早开始经营男女特色皮鞋的前店后厂式作坊，其选料考究、样式新颖、不易变形，在国内外享有一定的声誉。英国女王伊丽莎白二世（Elizabeth Ⅱ）的女儿结婚时，曾向该店定制一百双不同款式的皮鞋作为嫁妆。“1919 年上海的北京皮鞋厂开设在上海广东路，首次使用机器生产皮鞋。到了抗战初期，上海已有两百多家皮鞋厂，抗战胜利后达八百多家”[1]。

第二节 近现代时期女子鞋履文化

自辛亥革命以来，社会上掀起了轰轰烈烈的天足运动。许多开明人士在各地成立“不缠足会”，如北京、天津、上海、四川和湖南等，倡导小脚妇女放足。其中以上海的“不缠足会”影响最大。尤其是上海，在梁启超和康有为等著名的维新派领袖的倡导下，反对缠足，崇尚天足运动发展迅速。不久便在全国各地设立分会。民国成立后，临时大总统孙中山也下令内务部通饬各省劝禁缠足。提倡“天足”，男女平等，号召妇女彻底放开裹着的脚，人们逐渐认识到缠足陋习带来的害处，许多文明新女性，视缠足为封建的象征，纷纷率先放足响应。但解放了的小脚毕竟不能恢复原样，因而产生了一批“半大脚”妇女，她们穿的放脚鞋比小脚鞋长了许多，却仍未摆脱金莲鞋大脚跟、小鞋尖的基本模样，放脚鞋便是这一特定历史时期的产物。

[1] 钟漫天. 中华鞋经［M］. 北京：东方出版社，2008：55.

一、放脚鞋

放脚鞋（图 10-6）又称“半大鞋”“缠足放”等，放脚后妇女的专用鞋。当时，流行的放脚鞋有两类：一类为自做自绱的放足布鞋，鞋型又尖又窄，矮帮上缝有较宽的鞋带，穿时系上，以防脱落，穿者主要为中老年妇女及农村乡镇放足女性。这类放足鞋大多采用布或缎料，素面无花，样式简朴。另一类为缎面绣花鞋，大多薄皮平底，为城市中青年妇女们穿用。鞋型较宽，前部圆尖，后部圆肥。民初，绣鞋业发展较快，花色品种丰富，都市妇女开始改变自制鞋的习俗，常上鞋铺和鞋店定制或购买绣花鞋，如 1911 年成立的天津老美华鞋店，就是以制卖各种放足鞋而驰名全国。

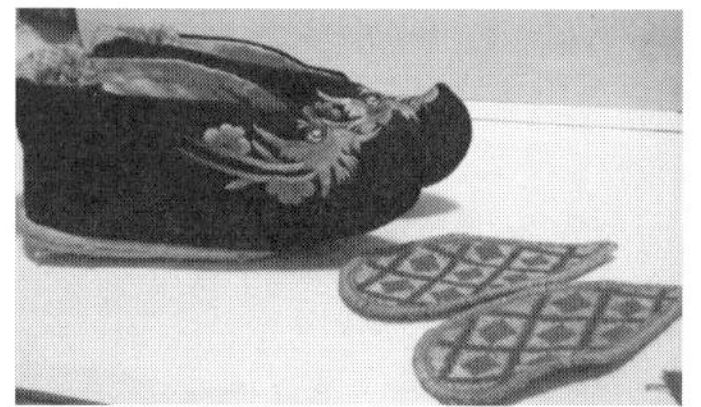
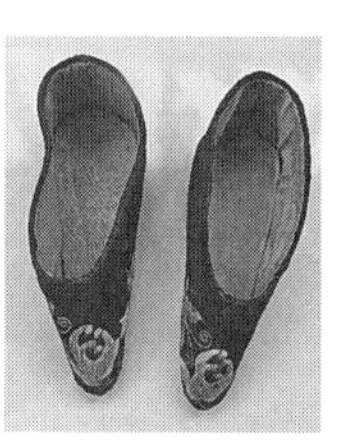

图 10-6 放脚鞋

二、皮鞋

由于受到西式服装的影响，从民初开始，女性服饰日趋华丽，为了配合上衣下裙、新式旗袍等，都市妇女逐渐流行穿皮鞋、皮靴、高跟鞋和球鞋等。早期女式皮鞋左右不分，率先进入上海市场的西式皮鞋，其设计合理，穿着舒适，很快受到女性们的欢迎。皮鞋以牛皮、猪皮和羊皮等为主要材料，款式大都以欧美时尚为标准。随着制作与销售女式皮鞋的厂家与商家日益增多，民国中后期的女式皮鞋面料丰富多彩，相继流行金皮、银皮、京羊皮、漆皮和麂皮等，鞋上常缀有以镶嵌、编结等手法制成的皮结、水钻和小铃等饰件，更显得华丽时尚（图 10-7、图 10-8）。

20 世纪 20 年代初，软木中高跟皮鞋传入中国，成了女性鞋跟时尚的重要元素，与连衣裙、西式套裙等相配，既现代又新潮。与此同时，上海、北京、广州等城市兴起跳交际舞……上海滩的数千舞女们足踏红色高跟鞋，在各大舞厅掀起了红色高鞋跟的浪潮。交际舞很快成为白领阶层主要的娱乐活动，各界妇女们也纷纷穿起了时尚

图 10-7 民国时期皮底拖鞋

图 10-8　上海月份广告上穿高跟鞋的女士

的红舞鞋，“当时，上海时髦女性的红色高跟鞋主要有皮鞋、皮靴、凉鞋、高筒鞋和网眼鞋等。”不久，红色高跟鞋与各种交际舞很快风靡全国主要大都市。由于穿红色高跟鞋的女性日益增多，导致上海四大鞋柜的红色高跟鞋经常脱销。

民国初出生的城市女孩，已不再缠足，20 世纪 20~30 年代，正是其风华正茂时期，赶上时装和化妆的新潮，西式鞋是她们的最爱，也最能和时装相得益彰。高跟皮鞋已经是时髦女子的必备品，在裙或大衣下露出的修长小腿，穿着透明高筒丝袜，蹬一双新款高跟凉鞋或皮鞋，就是典型的“城市时髦女郎”[1]。

图 10-9　系带放脚皮鞋

西风吹来开洋荤，现代皮鞋的流行，让那些刚松开封建裹脚布的小脚女人们也着实时髦了一番。鞋匠们开始为她们制作现代金莲皮鞋、放脚皮鞋。虽然图 10-9 中的这款皮鞋采用现代分节式工艺制作，但却保留了传统金莲鞋尖鞋头，宽后跟的特征，深受小脚女人们的喜欢，成为民国时期较为流行的金莲鞋。与此同时，那些都市放脚的女人也不甘落后，大多拥有一双油擦光亮如镜的放脚皮鞋，一点不亚于时髦女郎的足装。对于中老年妇女来说，穿用传统款式的皮面放脚鞋（图 10-10），也不会落伍，甚至可以防雨防湿。

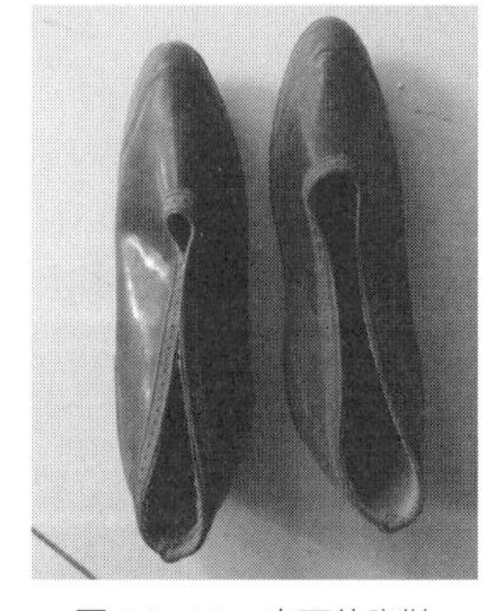

图 10-10　皮面放脚鞋

[1] 冯泽民，刘青海．中西服装发展史［M］．北京：中国纺织出版社，2015：230.

三、其他鞋履

除了皮鞋，妇女穿着的布鞋样式颇多，有浅口、圆古、系带和蚌壳式等。鞋面多用各种布料、呢绒和丝绸等。传统的千层纳底布鞋，一直受百姓的欢迎。上海青年女性脚着搭襻黑布鞋，身着布旗袍，文雅清秀的形象，引人瞩目，群起仿之。后又出现皮底或橡胶底的布鞋和棉鞋等，布胶鞋是以橡胶为底、帆布为面制成的鞋子，是当时女性常穿的鞋饰之一。青年女学生穿着帆布面橡胶底的运动鞋，平底低帮式，系带有鞋舌。色彩以白、蓝为主，鞋帮常饰以各种色带。这种鞋结实耐穿，富有青春气息，一直为都市女学生及青年人所喜爱。

第三节　百年老店的发展

一、内联升

辛亥革命推翻清王朝后，内联升鞋店（图 10-11）开始生产经营礼服呢鞋和缎子面鞋，其服务对象仍然是社会上层——新的坐轿人。既而小牛皮底礼服呢圆口鞋问世，受到文艺界、知识界人士的喜好。因其销售对象数量狭窄，生产力水平一直处于低下，但品质至上的理念始终渗透到员工培训与激励中，既制造向心力，又促进生产经营。

由于其制作程序严格，工艺独特，选料考究，做工精细，技艺高深，难度大，耗时长，学徒需要三年零一个月才能出师，如今学习此项技艺的人已经越来越少，内联升手工制鞋工艺已被列入《国家级非物质文化遗产名录》。

图 10-11　1958 年内联升老店原址照片

（一）时尚转型

内联升客户群仍以中老年居多，但也有些年轻人开始喜欢上透气性好又吸汗的布鞋。前几年兴起过一股穿千层底布鞋的热潮，连出入正式场合，都穿着粗布衣裤、千层底布鞋。国货复兴更是让越来越多的年轻人开始将混搭千层底布鞋作为一种时尚潮流。时尚教父韩火火更是内联升的死忠，每看到纽约、伦敦、巴黎、香港这些时尚之都的街头出现内联升的身影，我们都不得不感慨世界变化之快。正所谓，民族的，才是世界的！

其实，内联升还是很难放低它高傲的姿态。当蔻依（Chloé）、托德斯（Tod's）这些国际知名品牌开始设计模仿内联升经典款式圆口和松紧口布鞋时，内联升始终以低调的姿态不随波逐流，不特立独行，坚守自己的品质，永续创新。内联升始终相信迟早有一天中国会缔造出自己的奢侈品品牌，那一天即是内联升顾客定位的回归。

2013 年内联升品牌创立 160 周年之际，在北京恭王府举行的内联升 2014 春夏鞋款发布会上（图 10-12），我们同样看到了传统与现代的巧妙结合。脸谱、民族、水墨、大秦与青花，这五大系列是旧瓶装新酒，以传统元素为主，再结合设计简洁、线条流畅的现代鞋型，即便是走惯了洋 T 台的时尚大模，驾驭起来也毫无隔离感。多彩、狂野和丛林这三个系列更让人眼界大开，时下流行的撞色与拼接已经巧妙地被设计师从服饰移植到布鞋上，潮流经典图样中的豹纹与蛇皮成为主打，蕾丝与皮革的材质创新似乎在宣告另一种可能：立足于中国本土的百年老字号，其品牌精神其实从未老过，它同那些属于欧美的经典奢侈品一样，历久弥新，可以成为当代人追逐热捧的潮流对象。

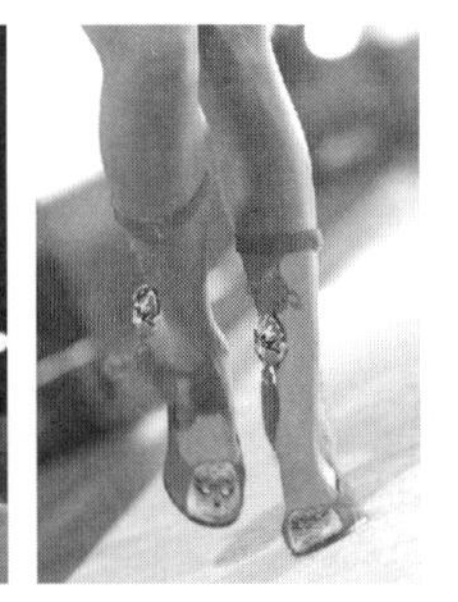

图 10-12　内联升 2014 春夏系列

（二）制作技艺

内联升的千层底布鞋制作工艺继承了传统民间的工艺，精选纯棉、纯麻、纯毛礼服呢等天然材料，并在此基础上进行了自己的发展与创新，是名副其实的“工精料实”。主要特点可以归纳为“一高四多”，即：工艺要求高；制作工序多、纳底的花样多、绱鞋的绱法多和样式多。

千层底布鞋制作工艺历史悠久，它的产生是中国制鞋史上一件了不起的伟大成就。它凝聚民族手工技艺的精华，具有独特特色和优势，反映了中华儿女优秀勤劳的品质，是中国鞋文化的代表作，也是中华民族的宝贵财富和珍贵遗产，具有极高的历史文化价值、经济价值和工艺价值。

千层底布鞋制作工艺的传承方式是师传徒的老模式。由技艺高超的老师傅带领徒弟，师傅通过口传心授，将自己的制鞋经验、窍门教给徒弟，徒弟通过体会、理解，在实践中继承师傅的技艺，从而一代一代传承下来。

制鞋手艺通过口传心授传承，难度很大。千层底布鞋的制作工艺，一直沿用传统手工制作方式，工序复杂繁多，大的工序有三十多道，总工序要上百道。每道工序都有严格明确的标准，讲究尺寸、手法、力度，要求干净、利落、准确，严格明确的工序标准甚至深入到了工人的每个动作。这方面技术的掌握，师傅领进门，修行则全靠个人反复练习、揣摩。产品用料选用纯天然材料——棉、麻等原材料，鞋底选用上等麻绳，鞋面织锦缎等制作。

二、同升和

同升和在经营上不断发扬优良传统，注重产品的质量和服务。同升和生产的手工缝绱精品皮鞋和传统工艺精品布鞋全部使用天然材料。为弘扬老字号文化，还增加了现场手工制作皮鞋。从同升和印制的宣传册上（图 10-13）可以一窥当时鞋帽的种类和样式。在店里如果顾客选不到合适的鞋，可以按脚型为其量脚定做。党和国家领导人，文艺界和体育界人士及外国友人都曾到同升和定做过皮鞋和布鞋，并对其给予高度赞扬。

近百年来，同升和先后被国内贸易部命名为中华老字号企业和中华老字号会员单位，曾多次被评为著名商标、北京市优秀特色店、窗口行业达标单位、文

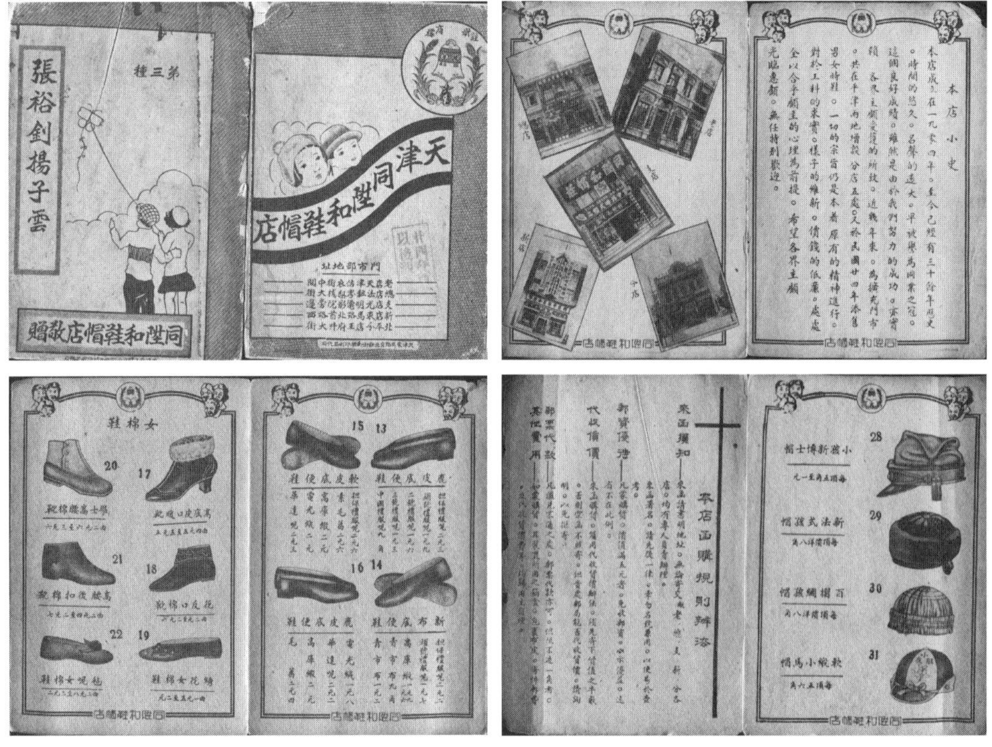

图 10-13　1935 年同升和鞋帽店印制的宣传册

明经营示范店、北京市名优品牌、物价计量信得过单位、重合同守信誉单位等称号。其产品在商业部和行业评比中多次荣获优质产品奖和设计奖。

在产品上以精品鞋和中老年鞋为主，继承和发扬老字号选料考究、做工精细的传统，在有限的营业面积中划出30平方米作为同升和传统手工工艺的演示台，推出了制鞋巧匠张庆军加工订活的服务品牌，使一些有特殊要求的顾客穿上了合适的皮鞋。在营销上打破了过去自产自销的传统，在复兴商业城、西单购物中心等十几家商场设立了销售网点，扩大了知名度，提高了经济效益。

同升和鞋店经历了百年沧桑，如今正以它丰实的文化内涵、热情周到的服务特色、做工考究质量上乘的产品，迎接着南来北往的顾客，百年老店以蓬勃的生机迎来了新世纪。

鞋帽的样式新、品种多、号码齐全是这家老字号深受群众欢迎的原因之一（图10-14）。从20世纪20年代开始，国内市场日益繁荣，人们在着装方面开始追求时新。为在经营新产品上保持领先地位，店里经常组织人员出去调查、采样，比如在各繁华地区观察人们的穿戴，一旦发现样式美观的新式鞋帽，立即绘下草图，回来后便开始研制。不出三天，新产品就陈列在玻璃橱窗里。有一次，一位顾客拿着礼服呢的面料来店里定做布鞋。后来发现，用这种面料做出的鞋雅致大方、经久耐穿，于是开始设计和推广。这种鞋既有布鞋舒适吸汗的优点，又有皮鞋硬实柔韧的长处，而价格只在布鞋和皮鞋之间。20世纪三四十年代，这种礼服呢布鞋盛行全国。同升和不仅注意增添新的产品样式，还做到不缺货、不断号，为市场补缺。

同升和把“货真价实，言无二价，包管退换，童叟无欺”的经营宗旨制成牌匾挂在店堂里，印在鞋盒和包装纸上，广为宣传。为确保商品质量，从原材料的进货上就严格把关。当年我国的毛纺织工业不发达，生产的呢料不适合做帽子。为此，同升和不惜增加成本，专门从洋行进货。不论制帽还是制鞋，同

图10-14　同升和皮鞋

升和都遵循自家独创的一套工艺程序，例如，做皮鞋时选料严格，皮料必须精心挑选，再处理和加工；就是绱鞋用的麻绳也要经过专门加工，用松香、石蜡处理后再使用，这样制出的皮鞋即使漂在水上也不漏水、不变形。穿的时间长了，鞋底露出的麻绳磨断了，鞋底里面的麻绳依旧像铆钉一样牢固，使皮鞋不会开缝掉底。

下篇 西方鞋履文化

第十一章　西方原始社会时期鞋履文化

第一节　西方鞋履文化的起源

西方一直流传着一个关于发明鞋子的故事，很久以前，当人们都还是光着脚行走的时候，有一位国王首开穿上了鞋。因为他们在偏僻乡间旅行中，路途崎岖不平，地上的碎石子扎得他两脚疼痛难忍。回来之后，国王立刻下了一道指令，命令全国所有的道路都必须铺上一层牛皮，这样，他和他的子民们就不用再受刺痛之苦。可是，即便杀光国内所有的牛，得到的牛皮也不足以铺路！弑牛铺路的天真构想又怎能实现呢？就在此时，国王身边的一位仆人大胆地向他提出了建议："亲爱的国王，宰杀那么多头牛，花费那么多金钱还是不能解决问题，您又何必苦思冥想，我倒有个好办法，您只需要用一小片牛皮包住您的脚，不就能免受刺痛了吗？"国王听闻后，恍然大悟，立刻收回之前的命令，并请人制作了世界上第一双包脚的"皮鞋"。于是，这位国王也就成为了第一个穿皮子制成的所谓鞋子的人。

虽然这个故事只是一种戏说，但却从侧面道出了两个道理。第一，鞋子与身份地位的关系。国王拥有尊贵的身份，使他的着装有别于普通百姓，包括穿鞋。第二，鞋子的出现与人们的生活需求休戚相关，是人类文明进步的标志。

鞋虽是人的足下之物，却也凝结着人类的文明，世界各地根据当地人的年龄、生活习惯、性别、地理气候、自然资源、审美观点、政治制度等因素形成和发展起来的风格迥异的鞋子，像一面镜子，折射出不同时代的地域或文化的特色。人类的祖先在原始时期的生产劳动中，在与大自然搏斗中逐步掌握和发明了生产劳动工具，认识到生产工具在劳动中的作用，鞋的发明和使用是人类文明的一大进步，它给史前人们的生活与生产劳动带来了极大的方便，也促进了原始人的狩猎和采集劳动的发展。

原始社会的人赤足而行，在更多的情况下，鞋子作为一种观念而存在，在有些国家，现在仍能见到农民赤足跋涉，只在进村前才穿上鞋的情形。目前，非洲仍有不少游牧民族赤足而行，这与生产力的发展和气候密切相关。

第二节　西方原始社会时期鞋履的种类

一、凉鞋

在最早的人类文明时期，“凉鞋”是最早出现的鞋，也是最普通的护脚鞋具。长期的活动经验表明，想要适应恶劣的自然环境而生存，人类就必须想办法抵御外界的各种伤害。于是，早期人类开始穿起了衣服，这些衣服大多是用树叶、动物皮革制成的遮体物。相形之下，对于每日行走于山间洞穴的脚底板更需要保护，最简单方便的做法就是就地取材，用手边的大块树皮或树叶，甚至是将野草垫在脚下，再用植物的枝条藤茎将其捆绑固定，凉鞋的雏形由此形成。有些凉鞋在脚趾上套有棕榈、野草编结，并用植物纤维做成的环，虽然并不美观，但已经能模模糊糊地辨出“夹趾凉鞋”的影子。历史记载的最早凉鞋大约出现于公元前8000~公元前7000年，于1938年在美国俄勒冈州发现。

原始草鞋发明之后，聪明的人类又利用编结工艺，将野草、树叶、植物纤维编结，使鞋底更结实耐穿。此后，豪华耐穿的动物皮革凉鞋也在美索不达米亚应运而生，虽然并非传说中的国王所发明。美索不达米亚被认为是皮鞋的摇篮。

二、动物皮鞋

大约从公元前3000多年前开始，“居住于伊朗边境的岩居人开始穿一种动物皮做成的鞋，首先他们将柔软的动物皮经过特殊腌制处理，使皮革更易保存，且更坚实耐磨，然后将其裁切成小块，并在边缘打孔穿绳，用动物皮制成的绳比普通的藤条纤维更牢固，皮绳起到拉紧固定的作用，相当于我们现在的鞋带或搭扣。由于是用几块皮革和皮绳直接包裹于脚上，原始的鞋都不分左右脚”[1]。甚至直到1800年左右，鞋还是左右脚不分，正如鞋匠们统一将鞋做成“直板型”，可以想象，这些完全不符合人体工学的鞋穿着是有多么不合脚。渐渐地，由于人们穿着要求的不断提高，鞋子逐步演变成现在左右有别的标准鞋型。诸如此类的

[1] 陈琦．鞋履正传［M］．北京：商务印书馆，2013：3.

细节改进，让鞋越做越精致，特别是鞋底，由于它是最容易磨损的部位，在长期的实践经验中，鞋底得到了更完美的进化。

图　北欧青铜时代的原始衣服
（丹麦出土的衣服实物和着装复原图）

19 世纪中叶出土于丹麦的泥炭层坟墓的衣服被推定为属于公元前 1500 年前后，是欧洲最古老的衣服实物。其中的男子服是一件皮革做的丘尼克（Tunic），吊带式的，在这件衣服外面披着一件斗篷。头戴半球形的帽子，脚穿皮革或编织的鞋履（右图）。

从原始的草鞋与动物皮鞋开始，人类的文明进步促使鞋履不断变化，鞋履的制造工艺、细部特征、款型种类等，都逐步向现代文明靠近。“在时代变更长河中的西方鞋履，经历了古希腊的神话时期，告别了中世纪的黑暗时期，走过了文艺复兴的辉煌时期，渲染了 17 世纪路易十四的华丽，傲视了 18 世纪奢靡的洛可可风，承载了 19 世纪的工业化，终于来到百花齐放的 20 世纪”[1]。鞋履的变革可谓是翻天覆地。

[1] 陈琦．鞋履正传［M］．北京：商务印书馆，2013：27.

第十二章　古埃及时期与古代西亚时期鞋履文化

“在西洋服装史上所讨论的‘古代’是指人类进入有史时代后，以地中海为中心的西方文明，在那里文明可被分割为两块：一是古代东方世界；二是作为西方古典的南欧地区，位于古希腊和古罗马的地中海北岸”[1]。古代东方诸国又可分为地中海南岸、非洲北部的古埃及以及地中海东岸的古代西亚地区，尽管从地理区分，古代东方诸国不属于西方，只有希腊、罗马才是西方人真正的“故乡”。但是，希腊和罗马这个“西方文化之母”吮吸着古代东方诸国的文化乳汁培育而成长，从这个意义上说，古代东方诸国文明相当于西方文化的“祖母辈”，与西方文化有着深厚的历史渊源关系。因此，在西洋服装史的“古代”部分，一定要从古代东方开始讲起。

第一节　古埃及时期鞋履文化

处于地中海南岸的古埃及文明是以河流为中心发展起来的以农业为基础的古代文明，是现代西方社会艺术、宗教、哲学、政治等一系列文明形成的基础。古埃及地处非洲东北角，北临地中海，东临红海，世界第一长河尼罗河自南向北贯穿全境。河水每年定期泛滥带来肥沃的淤泥，成为农作物生长得天独厚的条件，形成哺育古埃及文明的“黑土地”，环绕黑土地周围的是广袤的红色沙漠。古埃及人对母亲之河——尼罗河感情深厚，自称“黑土之民”，以与周边沙漠的“红

[1] 李当岐．西洋服装史［M］．北京：高等教育出版社，2011：9.

土”相区别[1]。得益于大海和沙漠环绕的天然屏障保护，古埃及很长时间以来都少有外敌入侵的困扰。

古埃及的历史大体可分为三个兴盛期和三个衰退期，埃及几乎所有的文化都集中表现在三个兴盛期当中。历史学家把古埃及历史分为以下几个阶段：

早期王朝（第 1 ~ 第 2 王朝）——公元前 3100 ~ 公元前 2686 年

古王国时代（第 3 ~ 第 10 王朝）——公元前 2686 ~ 公元前 2181 年

第一中间期——公元前 2181 ~ 公元前 2040 年

中王国时代（第 11 ~ 第 17 王朝）——公元前 2040 ~ 公元前 1786 年

第二中间期——公元前 1786 年 ~ 公元前 1567 年

新王国时代（第 18 ~ 第 20 王朝）——公元前 1567 ~ 公元前 1085 年

后期王朝时代（第 21 ~ 第 30 王朝）——公元前 1085 ~ 公元前 332 年

一般认为古埃及人是哈姆族，初期有来自西部的利比亚和南部的奴比亚，后有来自东南部西亚方面的民族入侵，与原住民族混合。埃及人较多地保存了利比亚人的特征。埃及人的皮肤，从亮黄褐色到巧克力褐色都有，而且奴比亚系更加接近黑褐色，在其南部居住着黑人。体形一般较瘦长，长头型。由于埃及人习惯赤脚行走，因此从木乃伊看大多都呈扁平足。

古代埃及社会，大体上由三个阶层构成：国王作为神的化身具有绝对的权力，官吏、贵族和僧侣仅次于国王，过着上层阶级的富裕生活；居住在都市的商人、书吏和工匠们居于中层阶级；大多数的农民和奴隶作为最下层阶级为上述两个阶层的人服务。由于这种层级制不是世袭等级的种姓制，所以，所有的人都有通往成功的道路。尽管如此，民众与贵族的生活仍然有很大的差距。

一、凉鞋的款式

凉鞋是惠顾人脚的第一款鞋履形式，并由此演变出其他鞋款。“凉鞋”一词最初是用来描述完全成型的鞋底，利用简单的皮革、灯芯草杆或纸莎草编织带把脚固定。凉鞋的历史可追溯到冰河时代，但该鞋型主要发源于炎热气候为基础的文明地域，如古埃及和地中海地区。

古埃及人在鞋的穿着上没有性别之分，但是只有上层阶级的人才能穿用（图 12-1~图 12-3），普通的埃及人一般都赤足（图 12-4、图 12-5），军人作战时，常把战败一方的鞋子作为战利品。

❶ 袁仄．外国服装史［M］．重庆：西南师范大学出版社，2009：9.

古埃及的鞋是用麻和纸莎草等植物纤维或皮革编制而成（图 12-6、图 12-7）。用皮条编制的凉鞋在古埃及很早就出现：鞋带穿过大脚趾与二脚趾之间的空隙，与另一根越过脚弓的带子相接，使双脚免于沙漠中热沙的烫伤，同时又让脚保持通风和凉快。鞋的造型较为单纯，鞋尖还常常向上反卷。神职人员的凉鞋用纸莎草编成。国王和贵族拥有用金子做的鞋。古埃及鞋匠还会用硬牛皮做成凉鞋或短靴，用厚牛皮做鞋底。在古埃及一位肉商的坟墓中，还出土了一双带鞋跟的靴子。另外，古埃及鞋匠已经掌握了皮子染色技术，因为一些考古出的土木乃伊脚上的鞋子还保持着鲜艳的颜色。

图 12-6 中的鞋是维多利亚和阿尔伯特博物馆馆藏中现存最早的鞋子，是公元前 1550 年的鞋子，这款草鞋将足部包裹成“罩鞋”样式，满足了当时人们步行的基本需要。

图 12-1　穿凉鞋的第 12 王朝王子

图 12-2　穿凉鞋的第 18 王朝法老

图 12-3　穿凉鞋的第 17 王朝王妃

图 12-4　赤足劳作的第 11 王朝女性

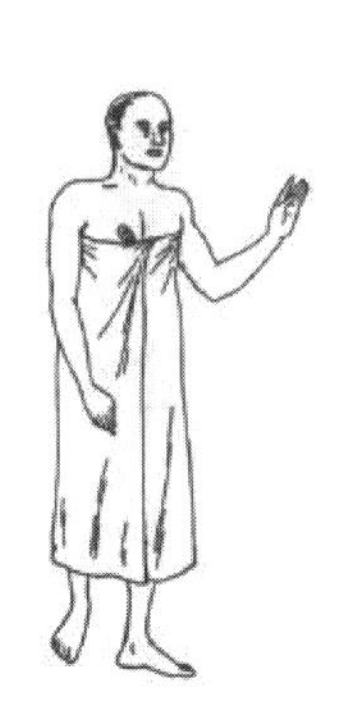

图 12-5　赤脚的第 18 王朝法老监护人

图 12-6　古埃及芦苇草鞋

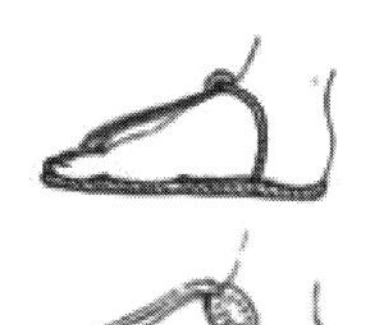

图 12-7　古埃及的凉鞋

二、墓葬中的凉鞋

“远在地中海南岸的古埃及王国的第 18 王朝王妃下葬时，人们将一双金质凉鞋（仿制凉鞋）放进她的墓室，鞋底采用三排五孔形式。因为她的臣民相信，这双金凉鞋能帮助王妃继续来世的旅途”❶。另外，在古埃及遗址考古中，甚至有錾刻漂亮图案的黄金鞋出土，这应该是法老、贵族们等上层社会人物的用品。

1939~1946 年，考古学家发现了苏萨内斯一世的陵墓，并在这一陵墓的墓室中发现了一皇家墓群，那里埋葬着其他一些统治过埃及的第 21 王朝和第 22 王朝的法老们。苏萨内斯一世是埃及第 21 王朝中的法老之一。在位期间，苏萨内斯一世在距今天的开罗西北约 130 公里的塔尼斯建立一座神庙并将该神庙献给了主神阿蒙。之后，他又在神庙内的神圣区域为他和他的妻子建了陵墓。可惜由于当地湿气十分严重，加速了墓室有机材料的腐化。但是，那些侥幸保留下来的墓葬品仍然能够反映当时葬礼的隆重，一切都非常豪华，充满着宗教意义色彩，与平常百姓的生活截然不同。墓葬出土物品的种类繁多，诸如面具、宝石、护身符、木乃伊的手套护套、脚趾套、银棺等与木乃伊有关的文物。

作为木乃伊“服饰”的一部分，凉鞋有着重要意义，因为死者灵魂的再生将依靠凉鞋行走。有些与葬礼有关的文献当时规定，举行葬礼必须为死者的木乃伊穿上凉鞋。法老苏萨内斯一世的这双凉鞋（图 12-8）堪称是打造最为精致的，凉鞋的底部由一个雕有水平条纹的薄片构成，鞋跟上雕有玫瑰形装饰物。鞋底的头部向后卷起，并且连接一条皮带。鞋两侧的皮带在脚踝处相连，并与鞋尖的皮带相接。这双鞋在实际生活中虽然没有被穿用，但是，它的精致和巧妙令人赞叹。

图 12-8　苏萨内斯一世的凉鞋

人们在图坦卡蒙（Tutankhamun，古埃及新王国时期第 18 王朝法老）的陵墓里发现了许多凉鞋（图 12-9、图 12-10），其中有一双缀着珠宝，看起来很漂亮，图坦卡蒙可能当时曾穿着这双凉鞋参加过各种仪式；另有一双由动物皮制成，镶嵌有金丝装饰（图 12-11）；“还有一双鞋的鞋帮上画着他的敌人，这样走路时，他就可以象征性地把他们践踏在脚下。”❷“在底比斯墓室壁画上，有一幅图

❶ 贾玺增. 中外服装史［M］. 上海：东华大学出版社，2016：66.

❷ 科斯格拉芙. 时装生活史［M］. 龙靖遥，张莹，郑晓利，译. 上海：东方出版社，2004：25.

是奴隶提着鞋子跟在主人身后。它证实了关于古埃及人有珍惜鞋子习惯的说法，因为古埃及人为了不使鞋子磨损，在远足时宁愿手提着鞋子赤脚走路，到目的地后才穿上它”[1]。

图 12-9　图坦卡蒙纯金立人像
（埃及国家博物馆藏）

三、袜子

在西方，袜子的历史也很悠久。由于服饰的形式与穿着习惯与我国不同，袜子的造型与设计更为人们所重视。早在 4000 多年前的古埃及服饰中，就已出现袜子的记载，当时的袜子很简陋，很可能是用削薄的山羊皮制成。

图 12-10　图坦卡蒙与其王后
王后正在给法老涂抹香脂。埃及气候炎热，在身体上涂些香脂（清凉油）可以起到防蚊降暑的功效。

第二节　古代西亚时期鞋履文化

古代西亚的历史与古埃及不同，古埃及是同一个民族在同一个地域中经营一个相对固定的国家，是一个相对“静”的历史。西亚则是由许多民族形成的许多城邦国家，它不像古埃及那样时而分裂，时而统一，而是不断地进行着战争，不断地更换主角。因此，其过程极为复杂。

西亚从地域上大体分为四大块：其一是“美索不达米亚”地区——今天的伊拉克一带；其二是腓尼基、希伯来地区——现在的叙利亚、黎巴嫩和巴勒斯坦；其三是小亚细亚地区——现在的土耳其；其四是波斯地区——现在的伊朗。古代西亚四周被里海、黑海、地中海和波斯湾所包围，这些海湾也就构成了天然界限，西方人习惯把这个地区称为古代东方或古代近东（这个概念还包括古埃及）。

图 12-11　图坦卡蒙皮质凉鞋
（埃及国家博物馆藏）

[1] 郑巨欣．世界服装史［M］．杭州：浙江摄影出版社，2000：33.

一、美索不达米亚

美索不达米亚的历史大体可分为三期：第一期是初期王朝时代，即苏美尔时代，大约到公元前 2500 年；第二期是巴比伦时代，大约到公元前 1000 年；第三期是亚述帝国及其之后的新巴比伦王朝，大约到公元前 600 年。再后来美索不达米亚就被并入波斯帝国的版图。

（一）苏美尔时代

苏美尔人常常赤脚，但在脚腕和腿上经常装饰有琉璃、红玉髓、条纹玛瑙或玛瑙做的串珠，还常戴着黄金或青铜的手镯。考古学家从苏美尔人墓葬中发现了黏土凉鞋模型以及相关图案印章的描绘。这种凉鞋一般是国王在重要祭祀场合穿用，可能由高原山区民族流传而来。

（二）巴比伦时代

巴比伦时代的男性大多留着闪米特族的浓发和长髯，但也有人不留胡须，多数男子赤脚，也有人穿凉鞋（图 12-12），其鞋子由皮革制作，款式和现在的凉鞋区别不大。鞋带在脚拇指上绕一圈，脚腕上绕着鞋带并用扣子扣住，保护双腿在林中骑马奔跑或在激烈的战斗中不受伤害，士兵们一般从脚尖到膝部都用皮革制成护腿。

图 12-12　着凉鞋的巴比伦高官

（三）亚述时代

在亚述时代，只有国王才穿有后跟的凉鞋（图 12-13），士兵穿用柔软的皮革制作的短靴，凉鞋上还有串珠和玫瑰花形的装饰，下层人一般都赤脚。这一时期，“除了常规的凉鞋之外，还有带后跟的凉鞋和由山地民族引入的不露脚趾的鞋和靴子等款式”❶。

亚述时代女装的资料也很少，在英国博物馆收藏的公元前 7 世纪的浮雕“阿普利国王和王妃的庆祝宴会”中较为清晰地展示了王妃的形象，王妃头戴王冠，身着丘尼克，在丘尼克外披裹着有流苏边饰的卷衣，脚穿凉鞋（图 12-14）。

图 12-13　亚述国王穿的凉鞋

图 12-14　阿普利王妃浮雕及其着装复原图

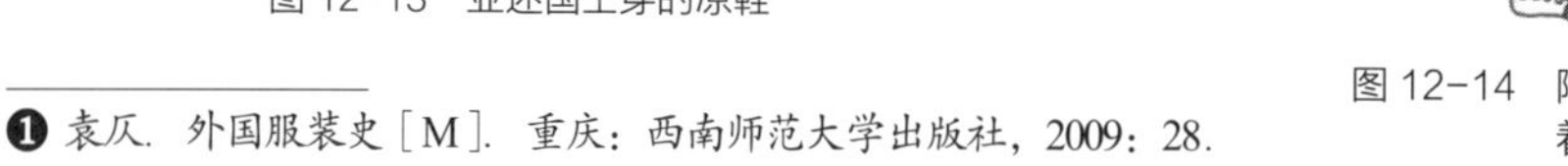

❶ 袁仄. 外国服装史［M］. 重庆：西南师范大学出版社，2009：28.

二、腓尼基、希伯来地区

叙利亚和巴勒斯坦一带，在西亚史上一直是一个问题多发、错综复杂的地区，其最大的原因就在于这里是东方诸国相互连接的唯一的“桥”，同时，也是面向地中海的一个“门户”。“桥”和“门户”的优越条件也给这里带来了许多灾难，它们始终承受着来自周边各强国的威胁。

大约在公元前 3000~ 公元前 2500 年，居住着叙利亚和巴勒斯坦地区最早的居民，后来闪米特的一支阿摩利人迁入这一地区，逐渐使之闪米特化。

图 12-15 是公元前 2000 年前后古埃及第 12 王朝的墓壁画中对闪米特人的描绘，有穿着短裙型的罗印·克罗斯，有披着类似苏美尔人的披肩或斗篷。在服饰色彩上，闪米特人的服饰与古埃及人以白色为主要色调的服装相反，他们的衣服色彩十分丰富，而且装饰着漂亮的宽条纹、圆点纹和流苏边饰，衣服也较长，衣料显得较为厚重。闪米特人有一头浓黑的头发，胡须也很发达，脚上穿着凉鞋。

图 12-15　古埃及第 12 王朝墓壁画中的闪米特人

三、小亚细亚地区

小亚细亚是连接东方和西方的陆路桥，这里的原住民是北方民族，到公元前 2000 年，雅利安民族入侵，与原住民同化，形成赫梯人。赫梯人的个性和特色在于其独特的头饰和鞋履，其头饰被引入希腊，其尖头鞋被伊特鲁利亚人继承。在赫梯本土之外的叙利亚北部地区，人们穿着长及膝的尖头长靴，戴着样式独特的头盔、丘尼克上装饰有滚边（图 12-16）。

图 12-16　刺杀狮子的猎人

四、波斯地区

“波斯”（Persia）来自希腊语“Persis”，他们自称为“伊朗”（Iran，1935 年以后恢复“伊朗”这个名称）。最初侵入这个地区的雅利安民族是米提亚人，据说他们原来居住在中亚地区，与创建印度文化的民族是同一种族。公元前 1000 年前后，米提亚人进入伊朗高原统治的伊朗西北部，并在哈马丹建都。

古代波斯的鞋（图 12-17、图 12-18）在造型上进步明显，基本是按照脚型来制作。这一时期鞋的款式不同于埃及和希腊早期，甚至更接近公元后世纪大多数地区鞋的样式，其原因：一方面是得益于他们精良的裁剪技术，另一方面也反映了鞋匠高超的手工技艺，制鞋的材料主要选用柔软的黄色皮革。鞋子的款式还包括脚面上开洞的短靴——“克鲁米尔”（Kroumir），以及用皮革和毛毡严严实实把脚包起来的长筒靴。在女子的鞋面上通常用三组纽扣或珍珠宝石作装饰，以显示穿着者的高贵气质。同时期女子所戴的手套上也可以看到这种华贵的装饰，波斯人崇尚精巧的技艺手法和典雅的生活情趣，并将其体现在鞋履风格和装饰方面。

公元前 1500 多年前的古代波斯，长筒袜被普遍穿着。长筒袜的上端同靴子系在一起，牢牢地固定于膝盖之下，这种袜式多为征战者所用。

图 12-17　古代波斯人的鞋履

图 12-18　古代波斯男子的服饰及鞋履

第十三章　古希腊时期与古罗马时期鞋履文化

从西洋史的角度研究，古代东方是通往舞台的通道，希腊和罗马才是真正的舞台。这不仅仅是基于地域的论断，更主要的是文明特色的彰显。

第一节　古希腊时期鞋履文化

“希腊文化圈，就其地域范围而言，主要是指公元前 8 世纪以后的殖民地和亚历山大大帝远征东方以后的广阔地域，东达印度河畔，西抵意大利南部、西西里岛、法国南部的海岸以及西班牙沿岸，北到黑海沿岸，南至埃及。希腊文化圈的历史通常以公元前 1000 年为界，大体上分为爱琴文明和希腊文明两个时代，爱琴文明又分为克里特时代和迈锡尼时代”[1]。

古代东方文明大多产生于大河流域，而希腊文明则源于大海。在亚热带的地中海和爱琴海，形成复杂的怪石林立的海岸线。人类居住的平地仅仅局限于那些众多的小岛和海边一些狭窄的地域，这使希腊人无法充分地经营农业，只好向大海摄取生存所需，大海把这一个个小世界连接起来。这里气候温暖，阳光充沛，雨量不多，很适合栽培葡萄和橄榄。丘陵地带也非常适合饲养绵羊、山羊和猪等牲畜，居民们一般喜欢户外活动，在灿烂的阳光下进行体育竞技。地理环境是赋予文明特色的主要原因，伟大的希腊文化中的现实与理想、精神与肉体之间巧妙的均衡关系，就得益于这独特的自然环境。

[1] 李当岐．西洋服装史［M］．北京：高等教育出版社．2011：71.

一、爱琴文明时期（克里特时代和迈锡尼时代）

爱琴文明时期的男装极为单纯、朴素而富有活力，这是当时尊重女性的母权制度的体现。男子脚上常穿半长靴，可能是皮革制的，后期还出现了凉鞋和绑脚（图 13-1）。凉鞋可能是从埃及传来的。贵族出门要穿皮鞋或凉鞋，但有些考古学家认为他们在家里是打赤脚的。这是因为，“在克诺瑟斯发现的建筑物里，楼梯阶面和门槛两处磨损厉害，而屋内其他地方的地面则保存良好，这表明人们常在楼梯口就把鞋脱了”[1]。在室内一般赤脚不穿鞋，脚踝处常常戴着脚镯。

爱琴文明时期的女装与男装完全不同（图 13-2、图 13-3），极其华丽、复杂，造型程度极高，女性的头饰也非常富于变化。女人可能多在室内活动，因此几乎全都是赤脚，只在一些特殊场合才穿长筒靴。

当时的鞋子样式有拖鞋、鹿皮靴式的短袜、绑在脚踝上面的凉鞋（有些还用珠状的流苏装饰）以及为远行而准备的高帮靴。男子还穿用白色或红色皮革或羚羊皮做成的半高帮靴，而女子则穿高帮靴或高跟鞋。

图 13-1　迈锡尼士兵

图 13-2　斗牛的女人
（克诺索斯壁画复原图）

图 13-3　迈锡尼的女人

二、希腊文明时期

古希腊男子一般在室内赤足，甚至在户外也都赤脚。当穿着凉鞋时，也大多以木或皮革做底，用鞣皮或红色、白色、黑色的牛皮做面。长及脚踝的高靿形鞋面部分大多选用皮带儿编成，不同的编法产生出许多变化。还有一种包着脚踵的有后跟的凉鞋，鞋面部分呈窗格状，也是用皮带儿编成。一般人的鞋底较薄，军人穿的鞋底较厚。如图 13-4 中的这两种平底鞋在古希腊通称为“克莱佩斯（Krepis）”[2]。

---

❶ 科斯格拉芙. 时装生活史［M］. 龙靖遥，张莹，郑晓利，译. 上海：东方出版社，2004：36.
❷ 李当岐. 西洋服装史［M］. 北京：高等教育出版社. 2011：101.

此外，还有把整个脚包起来的袜子状的短靴和长及小腿的半长筒靴（图13-5），半长筒靴一般都是士兵打仗或外出旅行时穿用。在古希腊，称短靴为“恩多罗米斯”（Enduromis），称半长筒靴为“科特尔诺斯”（Kothornos）。前者来自波斯，后者来自腓尼基。鞋的颜色有绿色、金色和茶色，还常常装饰有纹样。

古希腊的上流女子也穿凉鞋，旅行时穿短靴，总体与男子的鞋差不多。但在色彩上要艳丽一些，常用红、白、绿等色。而且除皮革材料外，还常用布料做鞋。女子为了增加高度，还把软木塞在鞋子底部。

在古希腊，虽然鞋子并不能作为一个人地位高低的重要象征，但依然可以从中窥视出部分差异。有些凉鞋外形比较高端，拥有高雅的剪纸图案，配上多层的鞋底，偶尔点缀镀金带，看起来比较昂贵。而另外一些鞋子，粗糙的轮廓和补丁，暗示穿着者贫寒的家境和地位。不过，与古埃及不同，此时古希腊鞋子并不能完全代表地位高低。在雅典，有些人穿破鞋是为了宣言其政治立场，如穿上未经加工的薄底鞋把自己塑造成斯巴达人的形象，以反抗民主政治。大多数的雅典男人，在经济能够承受的范围内，自然会选择质量好的鞋子，但这并不意味着他们就热爱花哨的鞋子，炫富在那个时代显然不仅不合时宜，而且还会被看作与民主政治背道而驰。“很多雅典男人在服装上受到斯巴达人朴素风格的影响，即使是有钱人，也把自己打扮得和普通人无异，即使是奴隶们也有鞋可穿，从这一点上来说，在古希腊的鞋子面前，人人都是平等的”[1]。

图 13-4　古希腊的平底凉鞋

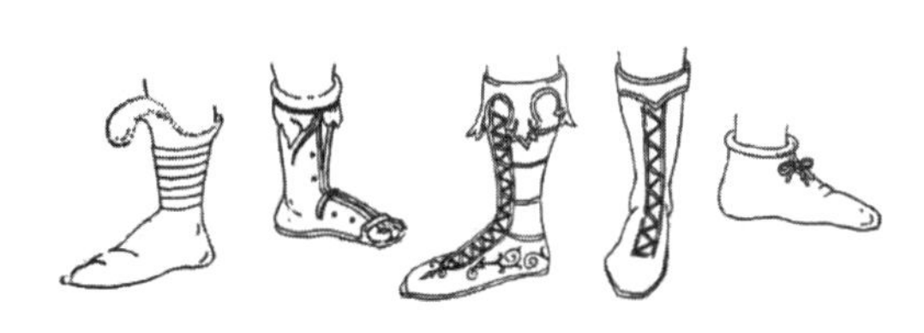

图 13-5　古希腊的平底靴

第二节　古罗马时期鞋履文化

古罗马发源于狭长的三面环海的一个靴形半岛——意大利半岛，这里气候温和，雨水充沛，东部多山，适于畜牧，西部有肥沃的平原，宜于种植橄榄、葡萄

[1] 陈琦. 鞋履正传［M］. 北京：商务印书馆，2013：30.

等水果和农作物。公元前2000年初，一批印欧语系的部落从北方越过阿尔卑斯山陆续进入半岛。其中拉丁人中有一支定居在中部的拉丁平原，发展农业生产，建立起一些城市，罗马城就是其中最主要的城市之一。在进入半岛的部落当中，伊特鲁利亚人（Etrusco，也译作“伊达拉里亚人”）是比较重要的一支。

一、伊特鲁利亚鞋履文化

伊特鲁利亚文化极其独特，造型样式也很复杂，无与类比的写实主义，对人体的准确刻画，初期具有近东风格，后来演变为希腊风格，这对后来的罗马影响很大，特别是在建筑上，通过穹隆显示出独特的才能，成为罗马文化的先驱。在工艺以及服装文化方面，也显示出近东风格和希腊风格。其文化最初受东方影响，后受希腊影响。

在认识罗马鞋履之前，先要了解一下伊特鲁利亚的鞋履，因为伊特鲁利亚的鞋履对于后来的罗马鞋履具有非常重要的影响。总的来讲，伊特鲁利亚的鞋履介于希腊鞋履和罗马鞋履之间。“从陶器和青铜器所显示的雕像当中，可以看出希腊古风时期的影响，而在有些壁画中却显示着很强的东方因素”[1]。可见伊特鲁利亚人可能是世界主义者，对各种文化随心所欲地吸收和学习。如尖头鞋、帽子、大胆的滚边装饰等就是从小亚细亚学来的，女性穿的长长的紧身丘尼克以及螺旋状的装饰也早在巴比伦和亚述时代见过。

早期的伊特鲁利亚人并不穿鞋，后来才开始穿鞋或靴（图13-6），并逐渐发展成为有钱有势的象征。到了公元5世纪，伊特鲁利亚鞋子受到希腊风格的影响越来越明显，尖头鞋取代了更为舒适的凉鞋。鞋尖向上翘的鞋子要么鞋帮剪裁很低，要么鞋带绑得很高。

到公元前6世纪，技术精湛的鞋匠已经能为贵族量身定做各种各样的鞋子（图13-7），其中有皮条编的凉鞋，半长筒靴，很多是尖头鞋，有十分精巧的边饰。这些尖头鞋称作“卡尔凯·莱旁迪”（Calcei Repandi，鞋尖翻卷上来的意思），在希腊和罗马也穿用这种鞋。瑞士斯科勒维尔德的百利博物馆收藏着一双公元前6世纪的伊特鲁利亚木底凉鞋。这双鞋的鞋掌和鞋跟是分开的，用皮带连在一起，再用鞋带绑在脚上，穿起来舒适方便。至于伊特鲁利

图13-6　公元前4世纪末伊特鲁利亚男子

[1] 李当岐．西洋服装史［M］．北京：高等教育出版社，2011：111.

图 13-7　公元前 6 世纪伊特鲁利亚贵族

图 13-8　伊特鲁利亚女人

亚女子，大都穿柔软的鹿皮鞋（图 13-8）。

“鞋子对于伊特鲁里亚人来说十分珍贵，吃饭时他们脱去鞋子，整齐地摆放在矮凳上，而不是随手扔在地上”[1]。

二、古罗马鞋履文化

古罗马人在鞋上也区分出等级。罗马人穿鞋的意义与希腊不同，希腊人把鞋看作衣服的附属品，在室内裸足，外出时才穿鞋。而罗马人则把鞋和其他衣类同等看待，造型和配色都具有一定的社会意义。政府颁布法令，规定了罗马的公民、士兵、议会议员等社会特殊阶层鞋子的款式和颜色。一般市民的鞋是用未鞣制的生牛皮制的凉鞋，称为“卡尔巴缇那”（Carbatina）；另一种男女平时都穿的皮条编的短靴称为“卡尔凯吾斯”（Calceus），禁止奴隶穿用。贵族们穿的鞋称作“卡尔凯吾斯·帕特里基吾斯”（Calceus Patricius），鞋尖有宽皮条的十字形装饰，也有做成绑腿状的，这些鞋一般用茶色皮革制作。还有一种用红色羽毛制作的供贵族穿着的礼仪鞋——“卡尔凯吾斯·米勒斯”（Calceus Mulleus），这也是现代潮拖的原型。潮拖的后空表明鞋子主人过着悠闲的生活而不是身体的需要，因为这种鞋实用价值不大；它还暗示出穿着者在鞋子属于昂贵用品的时代，能买得起不止一双鞋。因而，潮拖成为特权鞋和欧洲宫廷的最爱。“元老院的成员穿的靴是用小牛皮做的，比较柔软；皇帝的鞋是用红色的皮条编成”[2]。士兵们穿一种称为“卡里嘎”（Caliga）的绷带状的鞋，这是一种皮质鞋底的凉鞋，鞋底钉有鞋钉。钉头的排列可以在地面上形成图案，用以辨别每个士兵所属的军团。同样的方式也为高级妓女采用，她们的鞋底在沙地留下“跟我来”的字样。这样，从有形之始，凉鞋便在功能与魅惑间求得平衡——为保护足部，它们是必需

[1] 科斯格拉芙. 时装生活史［M］. 龙靖遥，张莹，郑晓利，译. 上海：东方出版社，2004：60.

[2] 李当岐. 西洋服装史［M］. 北京：高等教育出版社，2011：127.

品；而裸足的展示带来情色的冲动。

艺术史家昆廷·贝尔（Quentin Ball）于1947年在其著作中对此做出了解释，“如果用类似包裹的东西包住物体，眼睛就要推测被包住的东西而不是看到，推测或想象的样子很可能比不包着的时候完美得多。（服装）一定程度上靠暴露身体，但一定程度上也靠精明的判断而提高对性的想象。”[1] 同样的见解也适用于凉鞋，它通过映射脚的赤裸而非完全暴露使足部更加色情，也许这可以解释它在几千年的演变过程中，一些文化对它的看法。

罗马人不仅在室外穿鞋，在室内也穿一种类似现在的拖鞋一样的非常简单的凉鞋——索莱阿（Solea，木底或羊皮底的凉鞋）。而且，鞋对于上流社会的达官贵人是一种十分重要的时髦消费品，贵族们在鞋上装饰宝石，罗马皇帝赫利奥嘎巴鲁斯（Heliogabalus，公元218~222年在位）就曾穿过装饰有钻石的鞋。当时还曾出现过穿红色高跟鞋的“奇装异服”，令保守的元老院十分恼怒。从共和制到帝政时代出现各种着色的皮鞋，如元老院的议员们的鞋是黑色，贵族们的鞋是红色。

罗马人的凉鞋（图13-9、图13-10）在男女款型的设计上几乎一样，软木鞋底、皮质束带或饰带。女性在室内也同样穿索莱阿，在户外穿卡尔凯吾斯。还常穿一种称为“卡尔凯奥鲁斯”（Calceolus）的鞋。女鞋一般用软质的皮革制成，颜色有全红、绿和淡黄色等。有钱人的鞋子装饰丰富，有金边、珍珠刺绣及其他装饰品。

古罗马时期的武士靴是露趾的，上面装饰着精美的花纹和凶悍状兽头，极其精美奢华。另外，这时期还有风格粗犷的角斗士鞋（Gladiator sandals），这是非常重要的一种时尚元素，平底，以漆皮或彩色皮质拼接，并带有精致的交叉绑带设计，沙土色、咖啡色、原皮色等是罗马角斗士鞋的主流色彩。在麦克斯·阿兹利亚（Max Azria）2012春夏高级成衣、普拉巴·高隆（Prabal Gurung）2013

图13-9　古罗马人的鞋履1

图13-10　古罗马人的鞋履2

[1] 考克斯．鞋的时尚史［M］．陈望，译．北京：中国纺织出版社，2015：19.

秋冬高级成衣中都有古罗马武士靴的造型设计，另外在 D 二次方（Dsquared2）2015 春夏系列（图 13-11）、瓦伦蒂诺（Valentino）2015 早春系列（图 13-12），以及尼可拉斯·科克伍德（Nicholas Kirkwood）2015 春夏系列（图 13-13）中都运用到角斗士凉鞋。

角斗士鞋是悠久历史的凉鞋，从竞技场已然漫步到时装表演台，考虑到大多数古罗马角斗士站在竞技场沙地上应该是赤足搏斗，这个名字就会有点讽刺意味。角斗士是从奴隶、罪犯和战俘队伍中挑选出来的最强健的斗士，在被迫去罗马大露天圆形竞技搏斗之前，要经历残酷的训练。尽管没几个人能活到享受经历皮肉之苦后的成果，也没有几个名字流传至今，在人与人的搏斗或与野兽的血腥恶斗中取得的丰功伟绩却能使角斗士跻身于当时的名流之列。在再一次重现的战场上，角斗士扮演士兵时，他们实际上只是穿着一种嵌着平头钉的罗马皮质凉鞋。皮质采用牛皮或鹿皮，经过专业鞣制形成坚韧的皮质鞋底，并有束带可以系在脚上，如果需要，可以一直系到膝盖处。通常穿这种凉鞋会配备保护小腿的金属护腿或护甲，高的也可以到大腿。

让角斗士凉鞋从众多夏季鞋款中脱颖而出的是沿脚面周匝的束带，还连着两侧分叉的一组束带，在脚面形成织网。装饰品可以用另外的束带或饰带再附加上去，以一定的方式缠绕在脚踝或者到腿部。

“关于这款鞋有个奇怪的分歧，它源自阳刚竞技场中最为凶残的一面，却为穿波西米亚式拖地长裙或紧身迷你装的女性所接受，并用添加的流苏和多彩的珠饰改变得差不多像部落或美洲原住民的鞋款”❶。

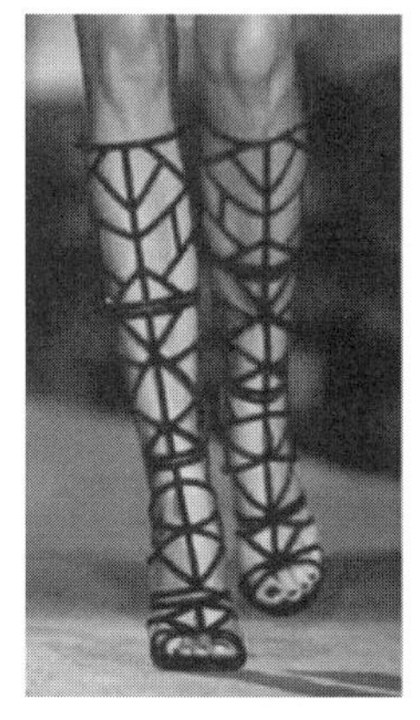

图 13-11　D 二次方 2015 春夏系列

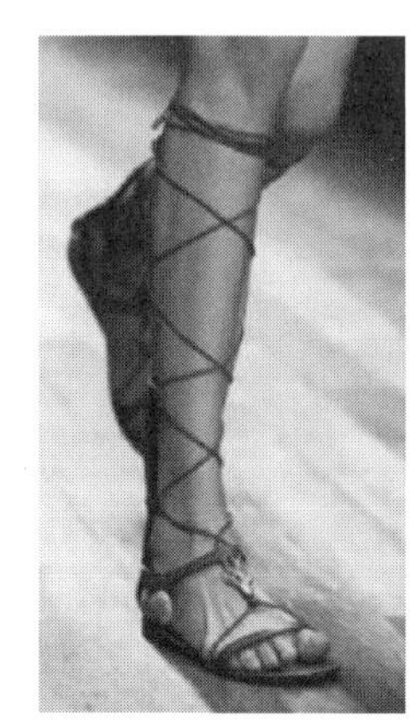

图 13-12　瓦伦蒂诺 2015 早春系列

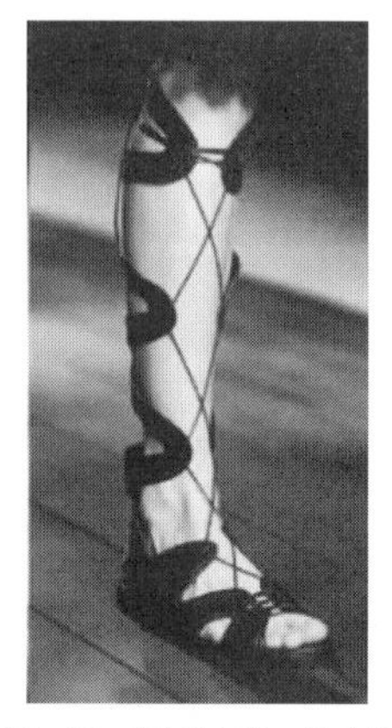

图 13-13　尼可拉斯·科克伍德 2015 春夏系列

❶ 考克斯．鞋的时尚史［M］．陈望，译．北京：中国纺织出版社，2015：32.

第十四章　中世纪时期鞋履文化

"中世纪"一词，最早出现于文艺复兴时代，是15~16世纪意大利人文主义的语言学家和历史学家弗拉特·比昂多（Flatjo Bjondo）等人首先提出。他们崇拜希腊、罗马古典文化，认为在西罗马帝国灭亡和文艺复兴之间的漫长时期，是文化衰落和"野蛮"的时期，并把这段时间称为"中间的世纪"，即"中世纪"。从18世纪起，"中世纪"这一概念被西方学术界长期沿用。中世纪的服装史从地域上分为近东和欧洲，欧洲部分又在时间上分为5~10世纪的"文化黑暗期"、11~12世纪的"罗马式时期"和13~15世纪的"哥特式时期"三个历史阶段。

值得指出的是，虽然中世纪是一个对于时尚文化颇为亵渎的时代，但不可否认，在此期间，鞋子的演变也并非毫无进展。"在工艺的革新下，鞋履的款式开始多样，皮鞋、长筒靴、短靴、便鞋和拖鞋等都陆续出现。细节的改进则表现在鞋腰的高度、扣紧的方式、鞋尖的形状、附带的装饰物等方面，更有一些男鞋的鞋底与长筒袜相连"[1]。

第一节　中世纪时期拜占庭鞋履文化

公元4世纪，罗马帝国分裂为东、西罗马帝国。东罗马帝国即君士坦丁大帝（Constantine the Great）在拜占庭建都，史称"拜占庭帝国"。拜占庭帝国在近千年的时间里稳定昌盛，直到公元1453年被奥斯曼土耳其人占领才灭亡。10世纪以前，西欧各国尚在封建割据和民族混战时，而拜占庭帝国却稳定与繁荣。它自称恺撒和奥古斯都的继承者，延续了古罗马帝国的辉煌文化，同时也吸收大量

[1] 陈琦．鞋履正传［M］．北京：商务印书馆，2013：43.

的中东文明、伊斯兰文明，并通过丝绸之路保持着与我国的贸易往来，文化上更加具有多元性。“自罗马帝国末期基督教被定为国教以来，在东罗马帝国得到稳定发展”❶。

在西方文明的进程中，拜占庭文明从兴起到衰败，对人类服饰的影响不可忽视。拜占庭文化是希腊与罗马的古典理念、东方的神秘主义和新兴基督教文化这三种完全异质文化的混合物。拜占庭鞋履明显受东方文化的影响，无论从色彩还是选料，都反映了浓郁的东方气息。他们以刺绣的丝绸为鞋面，点缀上黄金和宝石，颜色多样，从黑、灰、棕到鲜明的绿、蓝、红、深紫、紫罗兰等色彩。

正是在基督教盛行的文明下，古希腊人穿着凉鞋的习惯被彻底颠覆。拜占庭的首都君士坦丁堡是由首位支持基督教的皇帝所建，自此以后君士坦丁堡一直都是基督教的中心。于是顺理成章地，拜占庭人深信基督教是帝国的立国之本，连普通百姓也十分关注一些深奥的宗教问题。正是在这样浓重的教会氛围下，拜占庭的艺术文化发展受到了宗教的左右，几乎一切都是为宗教而服务。在基督徒的信念中，暴露身体有罪，当时人们的衣着传达着一种强烈的宗教信息，穿衣服是为了包裹和掩藏身体，包括足部。于是传统的穿凉鞋的习惯被彻底颠覆，鞋子的进化就此展开。到了公元 8 世纪，凉鞋被包裹住整只脚的鞋具代替，封闭型鞋履成了大势所趋。贵族女子穿镶嵌着宝石的浅口鞋，男子一般都穿长及腿肚子的长筒靴（图 14-1），紧身的霍兹（Hose）常常塞在这长筒靴里。而劳动者们都穿着低至膝盖的长筒靴。

喜欢绚丽色彩的拜占庭人在宝石领域发挥了卓越的才能，拉韦纳的圣维塔列教堂的壁画中，盛装的狄奥多拉（Teodora）皇后在王冠、耳环、项链、饰针、衣下摆的刺绣中以及鞋上都装饰着各种宝石（图 14-2）。

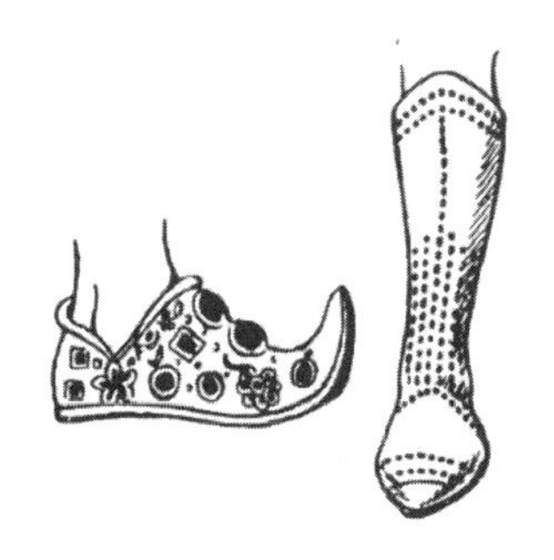

图 14-1　浅口女鞋和长筒男靴

图 14-2　狄奥多拉皇后

❶ 袁仄. 外国服装史［M］. 重庆：西南师范大学出版社，2009：48.

第二节　中世纪时期欧洲鞋履文化

一、文化黑暗期

公元476年，随着北方日耳曼人的入侵，西罗马帝国灭亡。欧洲的公元5~公元15世纪，被称为中世纪时期，这是罗马帝国衰落和欧洲文艺复兴之间的过渡时期：战乱和分裂割断了古典文明的延续，教权与王权的斗争，联结并左右着人们的精神世界，这一时期被称为“欧洲历史的黑暗时期”[1]，中世纪早期（公元5~公元10世纪）欧洲陷入分裂战乱，各部落你来我往，征战不已，导致生产衰败，城市凋落，文明遭到空前破坏。这时期的欧洲从奴隶制度转向了封建制度，欧洲的封建诸国逐步形成，封建诸国又继续着战战和和。

相比于罗马时代的注重礼仪和装饰的南方型服装文化，处于严寒地带的日耳曼人的服装，首先从御寒这个生存目的出发，自然形成封闭式的、窄小紧身的、四肢分别包装的体型样式。为了便于活动，服装通过裁剪自然分成上衣和下衣两部式结构，这与南方型几乎不经裁剪直接用布在身上缠裹和披挂的服装形成鲜明对比。男子上身穿无袖的皮制丘尼克、下穿长裤，膝以下扎着绑腿。

日耳曼人的鞋子（图14-3）很简单，是鹿皮靴或扣襟便鞋，也有木底生皮靴，靴长几乎及膝，饰有美丽的花纹。鞋大多是简单的翻鞋，通常是一个牛皮鞋底和柔软的皮革鞋面，缝在一起，然后再翻出来。

公元8世纪以后，袜子已被人们普遍使用。袜式有长有短，长袜筒往往达到膝盖下边，上部边缘有时可以翻卷过来，呈现出扇形装饰，或在袜边上镶以刺绣图案。有的袜子外形光滑，而有的外形则呈皱褶状。短筒袜高至小腿部位或短至脚踝骨处，略高于鞋帮儿。

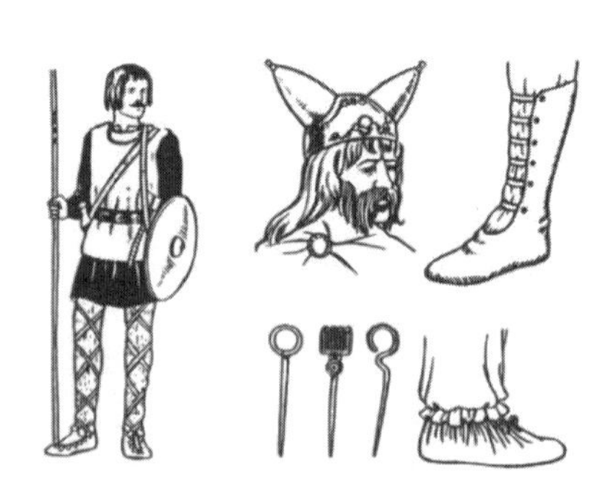

图14-3　日耳曼人的服饰品

[1] 袁仄. 外国服装史［M］. 重庆：西南师范大学出版社，2009：49.

二、罗马式时期

“公元 11~ 公元 12 世纪，北方日耳曼文化和南方的罗马文化逐渐融合兴盛，拜占庭文化和宗教精神的结合，产生了欧洲中世纪的罗马式时代”[1]。这时期欧洲封建主发动的十字军东征，掠夺东方财富并带回拜占庭文化。至此，欧洲新兴城市出现，商贸繁荣，封建势力逐步强大，基督教开始广泛传播并进行精神控制，这是欧洲封建制度形成时期。

这个时期，既是日耳曼人吸收基督教和罗马文化后，逐渐形成独自服装文化的过程，又是西洋服装从古代宽衣向近代窄衣过渡时徘徊于两者之间的一个历史阶段。罗马式时期的服装特征是男女同型（图 14-4），除男子穿裤子外，几乎没有明显的性别差异。其基本品种有内衣鲜兹（Chainse）、外衣布里奥（Bliaut）、斗篷曼特（Mantel）。男子下半身的衣服有裤子“布莱”（Braies）和袜子“肖斯”（Chausses）。这种布莱过去曾是日耳曼人的外衣，但这时被长长的布里奥遮挡在里面，具有内衣性质。裤腿较宽松，无裆，两条腿像穿袜子一样分别穿，上口用绳子系在腰里，用料有麻、毛织物或软皮革。到 14 世纪中叶，因原来的长筒袜“肖斯”越来越长，最后变成紧身长裤，布莱随之变成短裤。女子一般不穿布莱，只穿肖斯。

图 14-4 罗马式时期的服饰

在 12 世纪时，鞋子的轮廓虽然还没有左右脚之分，但鞋子越来越符合人体工学，更加人性化，加以质料更好的皮革制作，舒适度大大提高。12 世纪末 13 世纪初时，进一步的结构变革使得鞋子穿着更舒适——鞋底的形状从直筒形变为“细腰形”。男子的鞋出现了鞋尖很尖的样式，这种尖头鞋在哥特式时期得到了进一步发展。

三、哥特式时期

欧洲中世纪即公元 13~ 公元 15 世纪，渐渐恢复了元气，经济复苏，新城市出现，商业活跃，经济生活令社会产生了深刻的变革，思想、文化和艺术也得到

[1] 袁仄．外国服装史［M］．重庆：西南师范大学出版社，2009：49.

了相应的发展。这段时期的艺术风格，被称为“哥特式”[1]，一大批哥特风格的教堂、城堡在欧洲兴起。

哥特式由罗马式发展而来，就建筑样式而言，一反罗马式厚重阴暗的半圆形拱门建筑，广泛采用线条轻快的尖形拱门、造型挺秀的尖塔、轻盈通透的飞扶壁、修长的立柱或簇柱以及彩色玻璃镶嵌的花窗，造成一种向上升华、天国神秘的幻觉。垂直线和锐角的强调成为其特征。反映了基督教盛行时代的观念和中世纪城市发展的物质文化风貌。

（一）肖斯

14 世纪中叶，男子服饰中出现了来自军服的上衣——普尔波万（Pourpoint）与肖斯组合的两部式。从此，这种富有机能性的上重下轻型两部式取代了传统的一体式筒形样式，使男服与女服在穿着形式上分离，衣服的性别区分随之在造型上逐步明确。

普尔波万与下半身衣服肖斯（图 14–5）组合穿用，被称为霍兹，在中世纪初期是男女皆用的袜子，这时随着男子上衣的缩短与向上伸长到腰部，肖斯依然左右分开，无裆，各自用绳子与普尔波万的下摆或内衣的下摆连接。从着装外形上看，很像紧身裤（实际是长筒袜）。过去男子穿的裤子布莱随之变成短内裤，穿在肖斯里面。肖斯在脚部的形状有的保持了袜子状，把脚包起来，脚底部还有皮革底；有的已进化为裤子状，长及脚踝或脚跟。其用料有丝绸、薄毛织物、细棉布等，常常左右不同色。由于哥特式文化的影响，这时普尔波万与左右不同色的肖斯的配色和装饰，在衣服及其他用具上的家徽图案的配色，都像哥特式建筑的彩色玻璃画一样华丽多彩。

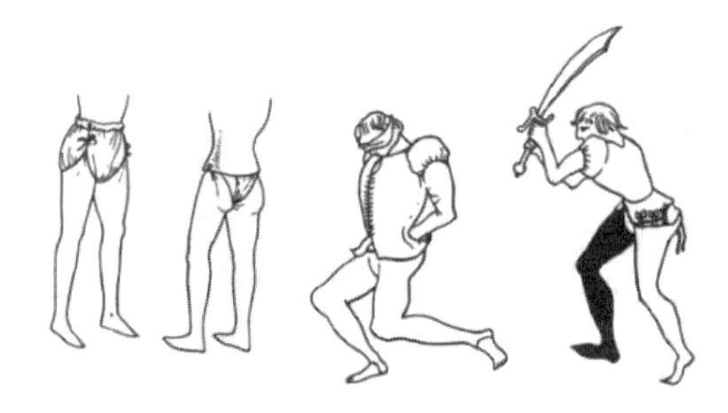

图 14–5　肖斯与普尔波万

14 世纪时长筒袜的装饰性更强，人们也更关心它的外形变化，斜向裁剪使袜筒伸展自如，又使袜筒表面平展，袜的长度有的可达腰部，便于系牢在夹衣[2]内或固定在裤带上。此时，制袜的技巧已逐渐被人们掌握，利用精美合适的布料进行制作。有时还在长筒袜的底部缝上皮革，穿起来更为耐用。

[1] 袁仄．外国服装史［M］．重庆：西南师范大学出版社，2009：49.

[2] 夹衣是 14 世纪的男士服装，非常流行，在夹衣之外还要穿外衣。

15 世纪的长筒袜特征为尖头、细筒，有的袜底缝有皮革，有时袜子又可当鞋使用。长筒袜以中长为多，中长筒袜的袜边上端形成翻折状，有时在袜边上还镶有精美的宝石缎带。做农活的人常常要把袜筒上部翻折至膝盖处以保护腿部。

（二）波兰那

尖头鞋波兰那（Poulaine）（图 14-6）和圆锥状的尖顶帽子汉宁（Hennin）与哥特式建筑的尖塔造型相呼应。波兰那是男子的鞋，流行于 14~15 世纪，据说这种尖头鞋始于当时波兰首都克拉科夫城，因此，法国人称波兰那，英国人称克拉科夫（Crakows）。早在 13 世纪，鞋头就开始变尖（图 14-7），到 14 世纪 50 年代，鞋尖向长发展，14 世纪末达到高峰，最长可达 1 米左右，而且鞋尖的长短依身份高低来定，王族可长到脚长的 2.5 倍，高级贵族可长到脚长的 2 倍，骑士则为 1.5 倍，有钱的商人为 1 倍，庶民只能长到脚长的一半。鞋很窄，紧紧捆着脚，材料为柔软的皮革，鞋尖部分用鲸须和其他填充物支撑。因过长而妨碍行走，所以，当时流行把鞋尖向上弯曲，用金属链把鞋尖拴回到膝下或脚踝处。这些都使人在穿了鞋子之后，走路很不自然，令人发笑。有时为了保护柔软的鞋底，在户外活动时还要再套上特制的鞋套。图 14-8 中的这种“套在鞋子外面的鞋”被称为鞋套，由于当年欧洲的城市街道潮湿而泥泞，人们为此设计出了这种鞋子。鞋套被要求与鞋子本身的形状保持一致，当年欧洲风靡一时的便是这种喙形尖头鞋。贵族们越来越讲究，有时是绒布上绣珍珠，有时是珍珠镶金，有时甚至两脚选不同颜色。

尖头鞋的发展越来越背离了教会的要求，1360 年，厄班诺五世（Eritrea Banon Ⅴ）为教皇时，禁止在教会中穿这种鞋。1365 年，查理五世（Charles）曾颁布禁令，但仍未能阻挡这种时髦，一直持续到路易十一世（Louis Ⅺ）时期。

“14 世纪后期，镂空装饰雕刻花纹均被运用于鞋子设计，鞋跟的高度也有了变化，材料也多样化起来，最普遍的有布料、皮革和木材，这些都是为了适应当

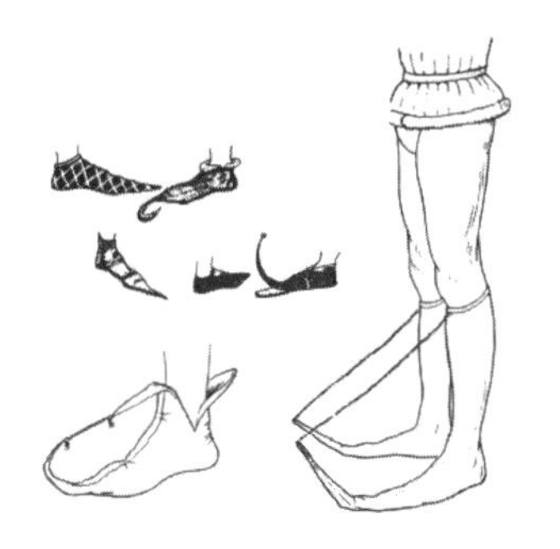
图 14-6　尖头鞋波兰那

图 14-7　哥特式时期鞋履

图 14-8　1350 年鞋套

时人们不同身份、不同场合的需要”❶。例如，中世纪后期平民阶层的男女，一般会穿由木头或者软木塞制成的木底鞋，这可谓是当时最流行的鞋子。这种鞋在农民中备受欢迎，不过，有钱人有时也会穿这种鞋子，因为外面有泥泞难走的道路时，穿上木底鞋，就可以防止袜子被泥土弄脏，或被粗糙的路面弄坏。对于有些人来说，穿木底鞋是一种强制性的规定。例如，在意大利1464年出台的禁止奢侈的法令中，曾严格规定来自佛罗伦萨的农民不能穿高筒袜，而只能穿样式简单的木底鞋，并用黑色的皮带固定于木头两端。

中世纪鞋匠生产大量不同种类的鞋履，其中最优雅高贵的当属用天鹅绒或者缎面制成的鞋，普通出行的鞋子则是用皮革制成。有时厚底鞋也会选择皮革面料，小公牛皮、山羊皮、小山羊皮是最常用的材料，普通的鞋子用廉价的牛皮，上等的鞋子用马皮。中世纪鞋子制造过程分为五个阶段，制作鞋面、鞋面定型、缝制鞋面、置入鞋垫和缝上鞋底，缝制用的线必须要用牢固的麻绳。皮革的染色是另一个不容忽视的过程，用菘蓝和漆树等植物染色法将生皮染成紫罗兰色和红色，槲果壳橡木和漆树通常用来制作黑色皮革。

“相对于风光无限好的古希腊时代的言论自由，中世纪的鞋履文化显得既乏味又黑暗。女性没有选择鞋子的自主权，连打扮自己都要受到法律和教会的双重打压；男性虽然受到的苛刻待遇较少，但与文艺复兴时期的奢侈华丽相比，其穿着也显得不值一提。好在这样的日子不算太长，伟大的文艺复兴时代即将到来”❷。

❶ 陈琦. 鞋履正传［M］. 北京：商务印书馆，2013：43.

❷ 同❶ 61.

第十五章　文艺复兴时期鞋履文化

从 14~17 世纪，西欧国家先后发生了资产阶级文化运动，这就是人类文明史上的伟大变革——文艺复兴运动（Renaissance）。“文艺复兴”一词的原意是“再生”，即希腊、罗马古典文化的再生、复活，但实际上包含着远为丰富的内容。

这个时期造就了一大批对当时和后世都有很大影响的思想家、科学家和艺术家，诗人但丁（Dante）的《神曲》揭开了文艺复兴的序幕，列奥纳多·达·芬奇（Leonardo Da Vinci）、米开朗琪罗（Michelangelo）、拉斐尔（Raphael）和莎士比亚（Shakespeare）等天才的艺术家都为世人留下了不朽之作。总之，艺术和文化在各方面都有一个新的突破和发展，一切都从中世纪神秘的世界一跃进入明朗的人的现实生活，特别是那些商业城市，相当繁荣，人们尽情享乐，过着奢华的生活。

“文艺复兴时期的服装，展示出与中世纪传统的彻底决裂。现实生活的影响超越了宗教成见的阴霾，服装成为社会身份和地位的象征。新兴中产阶级出现，并且渴望像贵族一样炫耀他们自身的财富”[1]。便捷的交通，大大提高了时尚的传播速度，特别是国际贸易往来的增多，大量奢侈的服饰配件流入欧洲，欧洲服饰也因此而受到东方文明的影响，质地上乘的纺织品和高品质的皮革都被运用到鞋子的制作中，鞋子的格调变得高雅起来。宝石、链条、翡翠、珍珠、玛瑙等装饰物开始兴起，时尚诞生了。

受欧洲各国国力消长和文化重心移动等因素的影响，文艺复兴时期的鞋履文化，大体可分为三个阶段：意大利风时期（1450~1510 年）、德意志风时期（1510~1550 年）和西班牙风时期（1550~1620 年）。

[1] 陈琦．鞋履正传［M］．北京：商务印书馆，2013：62.

第一节 意大利风时期鞋履文化

意大利是文艺复兴的发祥地，早在14世纪就开始了文艺复兴运动。正当哥特式服装在西欧各国盛行期间，佛罗伦萨的艺术家们就在实力雄厚的美第奇家族（Medici）的支持和庇护下，开始研究罗马艺术，开创了注重人性的新艺术。与此相对应的是，这里的服装也与同期的西欧各国完全不同，具有开放、明朗、优雅的风格。15世纪中叶还延续细长的造型，到16世纪，男女装都开始向横宽方向发展，男装变得雄大，女装变得浑圆。

男装（图15-1）“一般仍为普尔波万和肖斯的组合，肖斯很紧身，有时穿半长靴，重心放在上体”[1]。意大利男人既不喜欢15世纪中期长长的尖头鞋，也不喜欢15世纪末德国人流行的宽头鞋。他们最乐于穿的鞋子是长宽适中的样式（图15-2），是上述两种样式的折中。

女服是在腰部有接缝的连衣裙，称作罗布（Robe），高腰身，衣长及地。女子的外衣是有华丽刺绣的曼特。女服的整体造型重心放在下半身，上轻下重，与之呼应，头饰也小巧玲珑。

由于裙子越来越宽敞肥大，为了在视觉上取得谐调的比例感觉，女士们很想增加身高。于是，在威尼斯开始流行穿高底鞋——乔品（Chopin）（图15-3、图15-4）。据说这种鞋原本只有土耳其人穿，16世纪传入威尼斯，后又传到法国、英国、德国、意大利和西班牙等国（图15-5、图15-6）。乔品属于木制底，鞋面是皮革或漆皮，一般做成无后踵部分的拖鞋状。因穿在大裙子里面，故鞋面上装饰并不多，但鞋上都刺绣了精美的花卉纹样。鞋底的高度一般达20~25厘米，

图15-1 意大利文艺复兴时期的男装

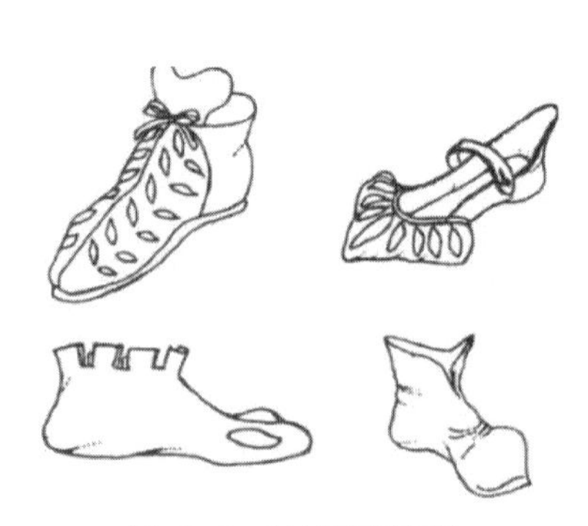

图15-2 意大利风格男鞋

[1] 贾玺增. 中外服装史［M］. 上海：东华大学出版社，2016：220.

图 15-3　高跟鞋乔品

图 15-4　威尼斯高底鞋

图 15-5　米兰的高底鞋

图 15-6　着高底鞋的西班牙女性

最高可达 30 厘米。据说当时的贵夫人穿上高高的乔品，一个个像踩高跷似的，如果没有侍女在旁搀扶则很难行走。这种鞋式与中国清代满族女子的花盆底女鞋有异曲同工之妙。高底鞋在文艺复兴时期流行的原因在于当时人们对希腊文化再次兴起兴趣浓厚，便开始效仿希腊人过去的穿着。意大利和西班牙妇女对其最为钟情，高底鞋成为优裕妇人的象征。另直到 16 世纪后半叶，乔品才逐渐被高跟鞋取代。另外，那些爱骑马兜风的时髦女郎，还常在大裙子里面穿宽马裤，该裤被称作德罗瓦兹（Drawers）。

第二节　德意志风时期鞋履文化

德意志风的主要特色是斯拉修（Slash）装饰，是指流行于 15~17 世纪的衣服上的裂口装饰，斯拉修是裂口、剪口的意思，是男女服装上很具时代特色的一种装饰（图 15-7、图 15-8）。斯拉修有横方向的、竖方向的，还有斜方向的，不仅用在上衣的胸部和袖子上，极盛期连裤子、鞋、手套和帽子（图 15-9）等到

图 15-7　斯拉修装饰

图 15-8　奥地利蒂罗尔的斐迪南大公

图 15-9　德国风时期的帽饰和鞋

图 15-10　方头鞋鞋头部分

处都有这种装饰，满身的裂口还错落有致地形成纹样。甚至出现了专门从事制作这种装饰的职业。斯拉修也不只是从裂口处显露里面的异色里子和白色内衣，在裂口两端还缀饰有各色宝石和珍珠。

这时的鞋头呈方形（图 15-10），正好与哥特式时期相反。鞋头向横宽发展，比脚的实际宽度宽得多，上面也装饰有斯拉修。

扩展阅读与分析

《外国服装史》中有对裂口装饰起源的分析：

有关裂口装饰的起源有两种说法：一是传说在 1477 年，瑞士军队远征打仗，幽默的瑞士人把战败国的帐篷、旗帜、军服撕成条状来填补自己破损的军服，不料却得到了服装材料上的特殊的对比效果。德国人觉得瑞士军人这种装饰手法非常有趣，也刻意在自己的衣服上剪开口子，有意将内衣的里子或白色的衬衫显露出来，于是形成了后来风靡欧洲的裂口装饰。二是德国士兵认为在战服上留下刀剑的划痕，是一种现实作战威猛勇武的炫耀方式，因此常在军服上刻意留下撕裂口子的装饰，后来这种裂口的开缝装饰从军队慢慢传到了宫廷和民间[1]。

[1] 袁仄. 外国服装史［M］. 重庆：西南师范大学出版社，2009：79.

第三节　西班牙风时期鞋履文化

16 世纪是西班牙的世纪，当时在欧洲，从意大利到奥地利，再到尼德兰，都是属于西班牙的领地。由于哥伦布（Columbus）探险的新发现，大西洋彼岸美洲大陆的主要部分都成为西班牙殖民地，甚至远涉太平洋，控制菲律宾。西班牙拥有举世闻名的无敌舰队，国力强大，正如曾经是欧洲的流行中心的拜占庭一样，西班牙是当时欧洲的流行中心。

西班牙男子服装的最大特点之一就是大量使用填充物，填充物不仅用于上衣，还用于那像南瓜似的凸起的短裤布里齐兹（Breeches）上，过去男子使用的肖斯，到 16 世纪被分成上下两段，上部称作奥·德·肖斯（Haut de Ehausses，半截裤），下部称作巴·德·肖斯（Bas de Chausses，长筒袜）（图 15-11）。英语把上部称作托朗克·霍兹（Trunk Hose）或拉翁多·霍兹（Round Hose）或阿帕·斯托克斯（Upper Stocks），下部称耐扎·斯托克斯（Nether Stocks）。下部的巴·德·肖斯是紧身的。与此相对，上部的奥·德·肖斯则是离体形的，各国造型相似，但不尽相同。西班牙、法国的横宽，英国的也很膨大，德国的虽然也很宽松，但没有填充物，意大利的比较长，及膝下。除宽松的、膨膝的造型以外，还有紧身形的，长及膝的紧身半截裤称为卡尼昂（Canions），长及膝下的细长裤子称为葛莱古（Grègues），侧缝装饰有缎带或丝绒细条。

男女的鞋为扁宽的方头（图 15-12），上面装饰着斯拉修，后来方头逐渐变得自然合脚。西班牙风时期，女子穿高底鞋（图 15-13），到了 16 世纪后半叶，高跟鞋取代了女子的高底鞋“乔品”（图 15-14）。

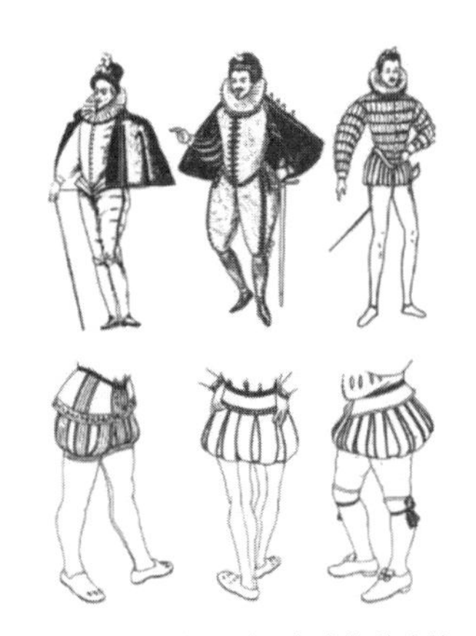

图 15-11　普尔波万与肖斯的变换

图 15-12　文艺复兴时期的男鞋

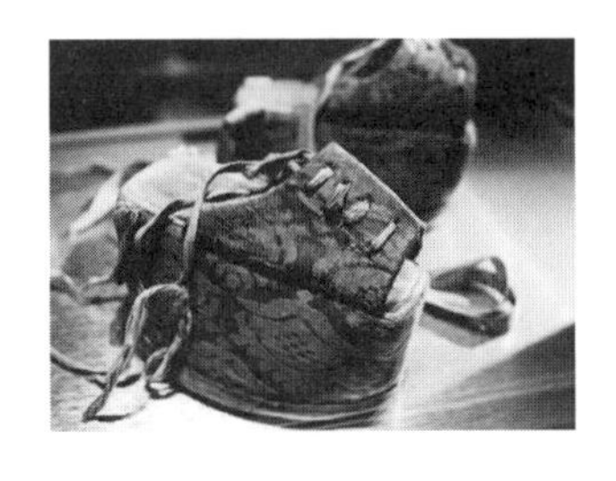

图 15-13　西班牙风时代流行的高底鞋

图 15-14　文艺复兴时期的女鞋

16 世纪的长筒袜比以前更为合体，色彩艳丽、样式美观。袜子有时左右不同，出现了条纹装饰。瑞士人首先设计出袜筒的开口和切口，使袜饰更加别致。此时长筒袜开始产生变化，一部分袜子被改为上下两段，上端为裤子的形状，而下端仍为袜子造型，为了方便穿着，两种袜式同时在社会上流行。到了 16 世纪中叶，长筒袜的外观与以往大不相同，有了新的装饰方法，如镶上几块布条，刺出小孔或加以刺绣；袜子上端平整光洁，中部适当加宽，下端贴身。因是以手工编织的方法制成，所以可加点缀物。当时，意大利和西班牙都在生产这种由手工编织的丝线长筒袜，并很快在欧洲各国普及。

第十六章 巴洛克时期鞋履文化

17世纪的欧洲进入了一个重要的历史变革时期。新兴资产阶级与封建贵族、新旧宗教教派之间展开激烈的争斗，政治、经济和意识形态都面临新的变革。"巴洛克"作为当时繁荣于欧洲17世纪的一种艺术风格，涉及建筑、绘画、文学、音乐等多个领域，对欧洲社会有着巨大影响。同样，这时其服装反映了当时社会的审美情趣。"气势宏伟、线条优美、富丽豪华的巴洛克风格，使这一时期的服装样式呈现出一种优美而奇艺的特性——奢华、夸张、繁复。浪漫的蕾丝、花边、羽毛都成为打造温情脉脉的绅士的重要装饰物。然而男子服装三件套在此时出现，奠定了法国在欧洲艺术与时尚的中心地位"[1]。

巴洛克（Baroque）一词，一般认为源于葡萄牙语Barroco（或西班牙语Barrueco），意为不合常规，特指各种外形有瑕疵的珍珠。17世纪末叶以前，用于艺术批评，泛指各种不合常规的、稀奇古怪的、离经叛道的事物。到18世纪用作贬义，一般指违反自然规律和古典艺术标准的做法，直到1888年海因里希·韦耳夫林（Heinrich Wofflin）出版《文艺复兴与巴洛克》一书，才对巴洛克风格给以系统的表述，在使其成为一种艺术风格名称的同时，也代表着西方艺术史上一个时代的到来。其特点是气势雄伟，生机勃勃，有动态感，注重不同光线交错融合的效果，擅长表现各种强烈的感情色彩和无穷感，颇有打破各种艺术界限的趋势。

由于高度崇尚华丽主义，这个时期的鞋子大多采用优质的材料，以皮革、锦缎等面料，配以奢侈豪华的装饰，如丝绸带、大扣子、刺绣宝等。鞋面上镂刻着各式花纹装饰，鞋口上有饰带和花结，相当的玲珑华美。此时的鞋子已经不再是单纯的行走工具，它的装饰性功能在这一时期得到了充分的显示，甚至可以说开

[1] 袁仄. 外国服装史［M］. 重庆：西南师范大学出版社，2009：84.

发过度。“比如当时身处复辟的斯图亚特王朝的查理二世，就喜欢穿用点缀着丝线刺绣玫瑰花的华丽鞋子，这使得朝廷中其他富有的男男女女都纷纷效仿这种奢华精美的风格，只不过这种效仿到了后来就演变成众人在华丽程度和色彩上的竞相攀比”[1]。看看别人的鞋子又用了什么名贵的面料，添加了什么新奇的装饰，如此攀比仿佛成了这些贵族们在政治权利斗争之外的另一种游戏。巴洛克时期的鞋履可大体上分为两个历史阶段，即荷兰风时期（1620~1650 年）和法国风时期（1650~1715 年）。

第一节　荷兰风时期鞋履文化

16 世纪末期，随着西班牙因殖民地政策的失败和无敌舰队的覆灭，导致其国力渐衰，原属西班牙领地的尼德兰经过长期的革命战争，终于在 17 世纪初（1609 年）摆脱西班牙的统治，建立了欧洲第一个资本主义国家——荷兰共和国。独立后的荷兰，资本主义经济发展很快，制造工业的发达和对外贸易的繁盛给荷兰带来巨大财富，使它成为 17 世纪前半叶欧洲的强国，取代西班牙掌握了服装流行的领导权。

荷兰风时期也被称为“三 L”时代，即 Longlook（长发）、Lace（蕾丝）、Leather（皮革）。受 30 年战争的影响，便于活动的骑士服装成为一种时髦，男服的另一特色是那水桶形的长筒靴。在 17 世纪前半叶，男子以穿靴为主，不仅在骑马或外出的时候会穿着，甚至在相当正式的场合也同样会穿着。为了保暖，有时长过膝盖，但因裤子逐渐加长，靴子也就变短了，短到了小腿肚（图 16-1）。靴口敞得很大，像一个宽大的杯子，装饰有蕾丝边，向外翻着或口朝上“蹲”着，很富有装饰性，常在翻折上用各种方法加以装饰，如在皮革上雕刻花边或在衬里上装饰花边等，有时花边向上耸起，制作得非常奇俏。靴头有圆、有方，高舌，在英武中流露出温情脉脉的柔美。靴尾装有踢马刺（图 16-2），不仅在骑马靴上有，在跳舞靴上也有，似乎是一种男性魅力的象征。据说当时贵族还做了规定，只有贵族的鞋上才允许用踢马刺，连当时属平民的资产阶级也不许用。

除靴子外，还有鞋身很瘦的方头浅腰皮鞋。此时的鞋跟都喜欢做成红色，且被认为是贵族的标志。

[1] 陈琦．鞋履正传［M］．北京：商务印书馆，2013：67，68.

图 16-1　荷兰风时期的各种靴子

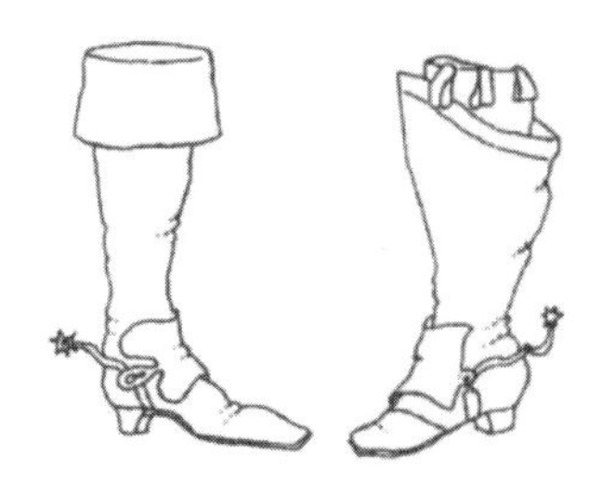

图 16-2　带踢马刺的高筒靴

第二节　法国风时期鞋履文化

从 16 世纪以来就打下稳固的政治、经济基础的法国波旁王朝，在 17 世纪后半叶，由于“太阳王”路易十四推行绝对主义的中央集权制和重商主义经济政策，使法国国力得以发展，并成为欧洲新的时装中心，从此，法国时装与法语、法国菜一起，成为人们追求的一种时髦。

路易十四亲政以后（1661~1715 年），他独断专行，号称“朕即国家”，在进一步加强专制政体的同时，采取措施积极发展工业，把蕾丝、哥白林双面挂毯及其他织物产业作为国家企业加以保护和奖励，形成了法国服装产业的基础。与此同时，路易十四自称“太阳王”，挥霍无度，大兴土木，修造凡尔赛宫，开辟巨大的园林。同时，他鼓励艺术创作，大批建筑家、雕刻家、园艺家和工艺家汇集巴黎。他指导人们如何吃、穿、住，以穷奢极欲来显示他的无限权威。无尽无休的饮宴，豪华的舞会，场面壮观的猎狩，随心所欲的赏赐，使凡尔赛宫变成了一座销金窟，宫殿里到处都装上镜子，镶满花纹，金碧辉煌，仅在一次宴会上，蜡烛就要用掉四万根。承载着巴黎最新时装的“潘多拉”盒子（Pandora）每月从巴黎运往欧洲各大城市，指导人们消费。1672 年创刊的杂志《麦尔克尤拉·戛朗》，把法国宫廷的新闻和时装信息向公众传播。用铜版画绘制的时装画也在这时开始出现并流传。这些都使法国成为新世界的中心，巴黎因此成为欧洲乃至世界时装的发源地。

一、高跟鞋

在路易十四强大的时尚影响力之下，高跟鞋的风潮在欧洲大陆愈演愈烈，这位伟大的国君脱了鞋之后的净身高不到 155 厘米，如此令人尴尬的高度与路易十四那光辉灿烂、战无不胜、风姿绰约且高大威武到让世界瞩目的君主形象，实在是有些矛盾。这也是他经常戴假发的原因，选一顶好的假发，也可以在视觉上提升 10 厘米。好在他还有另一个制胜法宝——高跟鞋。他让鞋匠在脚跟处垫上软木后跟，一到特殊场合，他就会穿上那双高达 5 英寸（约 12.7 厘米）的高跟鞋，鞋面上还装饰着他率领法军取得战争胜利的袖珍画像。有时候，他会将鞋跟处的皮革染成红色，这个颜色后来就变成了象征着贵族成员的颜色。因此这种款式受到了众人的青睐，并传到了英国，詹姆士二世（James Ⅱ）和他的朝臣们都穿这种鞋。

因为路易十四的身体力行，宫中的大臣们也开始纷纷效仿路易十四的装扮，助长了高跟鞋流行的趋势。路易十四并不是开创男人穿高跟鞋的先驱，一些欧洲贵族后裔的男人们在 16 世纪就开始穿这种类型的高跟鞋，起初为的是在骑马的时候能将鞋跟放在脚蹬上。不管是出于什么历史原因，现在这种“令君主满意的高跟鞋”还是很快就在宫廷贵族之间流传开来。加上设计师们不断在鞋面上加缎带、绣花，高跟鞋逐渐成为高贵身份的象征。那时男人对高跟鞋和假发的热衷不亚于现在女性对手包和化妆品的疯狂。

“有关高跟鞋为什么能够成为当时风靡欧洲的时尚，还有这样一种另类的说法，据说欧洲中世纪由于人口越来越稠密，城市街道上的马粪越来越多，于是高跟鞋就体现出它的实用价值，它能让脚掌离地，避免踩到马粪，保持清洁”[1]。

在路易十四一幅非常著名的肖像画中（图 16-3），国王穿着象征法国王室的斗篷——蓝底、金色刺绣，领口和袖口同样是蕾丝花边，一手拿着权杖，一手霸气的叉腰，身上还配着镶嵌满珍珠的宝剑。他穿的是白色紧身袜，膝盖处用白色丝绸系带固定，而脚上则是一双非常俏美的白色尖头高跟鞋，鞋跟染成红色，与之互相呼应的是，鞋舌处也有一层红色的翻边，非常抢眼，很有现代雅皮士的感觉。

图 16-3　路易十四肖像画

这时的男鞋（图 16-4、图 16-5）用缎带制作成数量庞大的玫瑰花饰簇拥，还有蕾丝和金属亮片，这使得鞋子造价极为昂贵。图 16-4 中的叉头鞋的特点是稍微拉长的鞋尖，精美的装饰彰显了它作为奢侈品的地位，推测该鞋仅在室内使用。当时在身着时髦

[1] 陈琦. 鞋履正传［M］. 北京：商务印书馆，2013：76.

图 16-4　叉头鞋

图 16-5　17 世纪中期意大利的高跟鞋

服装的同时，脚蹬高跟鞋就显得非常匹配。高跟鞋在彰显时髦的同时，似乎也增强了男子的自信。对于女性而言，鞋子几乎都被长裙遮盖住，因此女士的鞋子要相对简单一些。尖头的高跟鞋成为女性的新宠，鞋子前头弯曲，鞋舌很高，扣带窄，扣结小，扣带上缀有宝石，鞋面和饰物多用缎带、织锦、花布做成蝴蝶结状（图 16-6、图 16-7）。配套的袜子流行红色，在冬天寒冷的天气，欧洲人习惯一层又一层地同时穿上好几双袜子来保暖。

综上所述，高跟鞋并非一双鞋子那么简单，它是巴洛克精神的体现，倾斜的线条改变着人们的身姿体态，同时影响着整个时代的礼仪。我们不妨从莎士比亚的名剧《哈姆雷特》中寻找到高跟鞋那昔日的踪迹："按您高底鞋的高度来说，自上次见您之后，夫人您又显得尊贵了许多。"

图 16-6　路易十四的宠妃芳坦鸠（Fantange）

图 16-7　17 世纪高跟鞋

二、牛津鞋

在 17 世纪的时候，还有一种鞋子在年轻人中很受欢迎，由于长时间穿高跟鞋，男性的足部常感不适应，而且并非所有男士都有增高的需求。于是在 17 世纪中期，一场由牛津大学学生引领的反时尚运动拉开序幕，一种新型的低跟尖头系带的黑色男鞋开始出现，当时人们把这种鞋子称为"Jackboots"，比起高跟鞋来，这种鞋子舒适度很好，而且穿着也极其有范儿。现在这种鞋子依旧走在时尚的前端，而且不管男人女人都喜爱它，而它也有了一个新名词牛津鞋。

牛津鞋（图 16-8、图 16-9）是一款经典的鞋，穿过三四对鞋眼在正面系紧，有鞋舌保护脚免受鞋带的挤压。有弧形侧缝和低矮的堆垛跟，形成理想的实用型散步鞋。牛津鞋的关键特征在于系紧鞋带的方式是要把鞋带儿依次穿过缝合在鞋帮下面的鞋眼衬片。这款鞋有一只高的鞋舌，可以保护穿着者免受未经铺砌的路面上泥土的飞溅。正因为此，牛津鞋得以迅速传播，位于伯明翰的鞋扣厂估计有 2 万名工人，尽管向国王请求禁止系带鞋，但还是受到重创。“到 19 世纪末，牛津鞋在城市取代靴子成为鞋履首选，这个款型稳重、利落，正好符合不希望给人以粗俗印象的新兴中产阶级工商业者的心理需求”[1]。

事实上，托马斯·杰斐逊（Thomas Jefferson）总统不顾纨绔子弟形象的指责，成为穿着牛津鞋的首位美国人之一。演员弗雷德·阿斯泰尔（Fred Astaire）作为 20 世纪好莱坞推出的理想型男人，也是牛津鞋的忠实粉丝，无论是在拍摄还是私底下都会穿着牛津鞋（图 16-10）。此外，牛津鞋也是温莎王朝的第二位国王爱德华八世（Edward Ⅷ）的必备鞋履（图 16-11）。

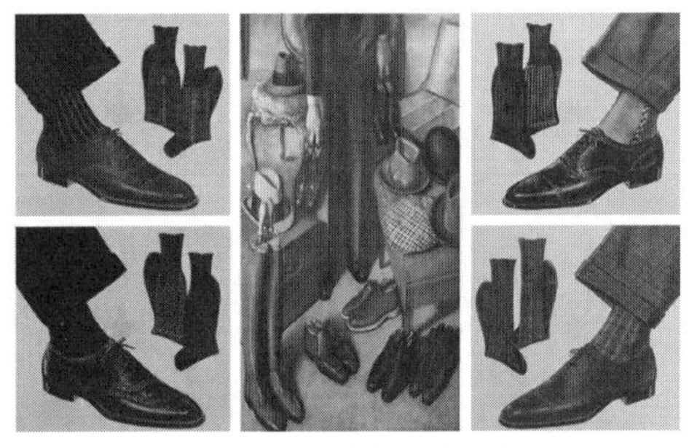

图 16-8　牛津鞋的样式和搭配

图 16-9　现代牛津鞋

图 16-10　着牛津鞋的弗雷德·阿斯泰尔

图 16-11　着牛津鞋的爱德华八世

[1] 考克斯. 鞋的时尚史［M］. 陈望，译. 北京：中国纺织出版社，2015：91.

三、其他鞋履

法国风时期以男装变化最为显著。长筒袜肖斯的膝部和鞋上也都有缎带装饰，缎带是巴洛克样式中很有特色的一种装饰（图16-12）。这是因为法国自1599年以来，不断颁布奢侈禁令，从1625年开始，黎塞留禁止从意大利、西班牙进口织金锦、蕾丝、天鹅绒等高级织物；1633年，禁止使用金银细绳、金银丝织物、缎子、天鹅绒和金线刺绣、绲边等装饰；1644年禁止使用华美的刺绣和金银丝织物，男女服装只允许使用缎带和单纯的丝绸，由此导致这个阶段缎带装饰泛滥。在1661年开始出现了按身份高低来决定缎带具体使用量的规定。

法国风时期，时髦的男士们只有在骑马或者糟糕的天气里才允许穿靴。鞋的种类也很丰富，除长筒靴外，还有短筒靴和皮鞋，男子以黑色为主，有红色高跟，鞋舌也是红色，很长很大，鞋上装饰有缎带或珠宝（图16-13）。女子鞋跟较高，鞋面有小山羊皮、缎子和织锦，还有刺绣的花布等，用嵌珠宝的带扣、缎带和玫瑰花结系扣。

图16-12　法国风时期男装

图16-13　法国风时期男子鞋履

第十七章　洛可可时期鞋履文化

在欧洲服装史上，“流行于18世纪欧洲的洛可可艺术（Rococo Art），发端于路易十四（1643~1715年）时代晚期，盛行于路易十五（1715~1774年）时代，其风格纤巧、精美、浮华、烦琐，又称路易十五式”[1]。当时欧洲弥漫在艺术上的矫揉造作，以及贵族生活的荒淫奢靡，新兴资产阶级与平民阶级同封建贵族的矛盾日益尖锐。虽然这一时期西欧各国自然科学日渐进步，且受到当时各种民主学说的影响，资产阶级启蒙运动兴起，工业逐渐发展，民主思潮兴起，甚至在18世纪末爆发法国大革命，这些都对服饰的变化产生了重要影响。但就整个18世纪而言，在服饰时尚上仍保留原有封建贵族的审美，依然继续追求奢华、烦冗纤细、妩媚的风格，不过服饰的重点则由19世纪的男装转移到了女装，女性装束成为洛可可风格的代表，其中华丽的撑架裙以及女子高发髻都是该风格的特征。

第一节　洛可可时期的鞋履种类

随着鞋履的发展，到了洛可可时期，女子的鞋子开始逐渐讲究与服饰之间的搭配，具体包括颜色的搭配、面料的搭配、刺绣细节等，这些使得鞋子不但具有功能性和阶级性，也渐渐地走上了美学之路。而18世纪的男鞋（图17-1）也是如此，颜色搭配备受关注，一双光滑的黑色皮鞋搭配红色或粉色的鞋跟，在当时很是流行。

此时，男女鞋的区别也变得非常明显，男鞋显得严肃起来，和现在的鞋子

[1] 袁仄. 外国服装史［M］. 重庆：西南师范大学出版社，2009：99.

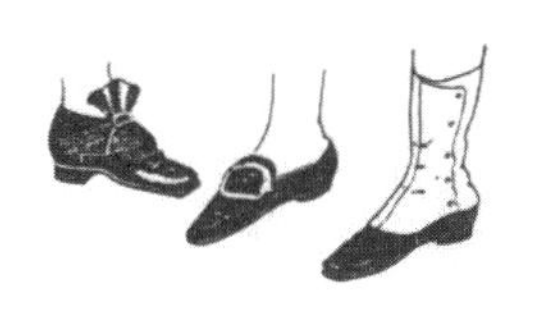

图 17-1　18 世纪的男鞋

区别不大，男鞋基本上整双鞋子都是由皮革制成，防雨、防泥、防滑。18 世纪开始，鞋子的阶级性变得非常明显，贵族男子为使自己区别于普通的少年或者男性，通常会穿上好的皮鞋，搭配丝绸质地的紧身长袜，普通的劳动阶层则是穿皮质的或者布料的长袜子，搭配木鞋。鞋扣在当时也具有社会文化的多重属性，在 18 世纪早期曾作为当时非常成功的一个发明，被认为象征着“有教养，有地位”[1]。

一、红跟鞋与鞋套

17 世纪，在路易十四执政的时候曾立下规定，在法国只有他自己以及他的大臣们才能穿红色的鞋跟。时至 18 世纪中期，红色的鞋跟变得非常普及，甚至在英国也风靡起来了（图 17-2）。1660 年，查理二世登上王座，英国的流行时尚开始发生巨大转变。流行于法国宫廷的红跟鞋在英国男女中逐渐流行，这种风格据传由查理二世本人创造。图 17-2 中制作于 1720 年的这双鞋子，再次证明了该风尚持久的生命力。18 世纪法国还是欧洲的时尚中心，高跟鞋仍然是那个时期的潮流必备，洛可可风在服饰上强调华丽优雅，鞋子的样式也因此发生了系列变化，出现了很多浅帮高跟和半高跟鞋子，这些鞋子的鞋尖秀丽，鞋舌部分变小，鞋面上有精美的刺绣，并配有宝石装饰，而鞋上的扣带装饰则更为突出和宽大。“高跟鞋的材质多为缎子、织锦或羔羊皮，这种高贵的鞋子在外出时还需要在外面套上一层皮质鞋套”[2]（图 17-3）。鞋套是脚和脚踝的一种防护性遮罩，用来保护靴子和腿部免受污泥。18 世纪后半期，鞋式逐渐变化，以圆头鞋为多，鞋舌消失，鞋面的扣

图 17-2　制作于 1720 年的红跟鞋

图 17-3　皮质鞋套

❶ 陈琦．鞋履正传［M］．北京：商务印书馆，2013：90.

❷ 同❶ 89.

状装饰加大并呈弯曲状，更适合脚面的形状。很多鞋上的装饰十分漂亮，有些用银丝制成，有的镶以人造宝石或贵重宝石。女式鞋仍以高跟尖头为时髦，在山羊皮鞋上布满了刺绣花纹，或在锦缎高跟鞋上装饰丝带。

二、路易斯跟鞋

女鞋从 17 世纪初就呈现出今天高跟鞋的式样，但洛可可时期的女鞋几乎都是用丝绸、织锦、缎子或亚麻布作鞋面，通常都不像男鞋那么实用，不防水，也很容易弄脏，对环境因素几乎没有任何抵御能力。女性为了避免把鞋子弄脏，走路时只好经常在鞋下再穿一双拖鞋式的套鞋。但是，即使女鞋使用皮革，也通常伴有刺绣，并且高质量的女士皮鞋通常和木鞋一起穿，因为它们实在太娇贵，太容易损坏。此时的鞋头很尖，鞋面有带结或带扣固定。高跟则不仅垫起脚跟，使鞋子免于弄脏，同时也增加了身高，使脚型变美。因此，鞋跟的形状也注定呈现很美的曲线，著名的“路易斯高跟”的造型就十分优美（图 17–4），有时跟从后边曲线状地被置于脚心位置（即负重点位于脚尖和脚跟的 1/2 处）。

“路易斯跟”是最早的鞋跟款型之一，鞋跟由身材颇为矮小的法国国王路易十四（太阳王）推广，希望借此在凡尔赛宫廷提升他的身高和形象。由此可见，鞋跟高度意义重大，改变了贵族的身高，在折射闲适生活状态的同时，也彰显了社会地位。这种对于宫廷气派奢华的热衷一直持续到穿着“路易斯跟”的路易十五统治时期。路易斯跟用木材造型构成，呈凹形曲线并在鞋跟基部向外张开，其形象优雅，走起路来也相对稳定。18 世纪 50 年代的鞋款多着重鞋跟设计，中间部分较为纤细，当时的设计师偏向用丝质布料及金属装饰造鞋。

“路易斯跟”（图 17–5、图 17–6）的美在于它极其符合人体工效学，鞋跟位于人体脚后跟的正下方，确保重量的平衡和受力的均匀分布，确保背部和腿部线性对齐。有人预言，“路易斯跟”还会东山再起。

无独有偶，路易十五最宠幸的情人蓬巴杜尔侯爵夫人（Madame de Pompadour）使一款更高、更完美的“路易斯跟鞋”流行开来，遂被称为“蓬巴杜尔跟鞋”，如蓬巴杜夫人画像（图 17–7）中所穿的鞋子。该鞋子穿用时需搭配

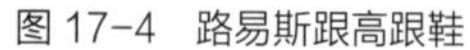
图 17–4　路易斯跟高跟鞋

图 17–5　18 世纪的路易斯跟女鞋

图 17–6　1750 年的路易斯跟鞋

图 17-7 着蓬巴杜尔跟鞋的蓬巴杜夫人

长礼服，包括与长礼服紧身贴合的胸衣，裙撑的每边侧向展开，带撑条的紧身衣裙凸显其精致。昂贵材料的选用成为惯例，凸起的花纹装饰、锦缎以及遍用的金线耀眼夺目。“国王最爱的、有着优雅束腰的蓬帕杜尔鞋跟的纤细鞋子与前方正面大尺度锦缎蝴蝶结或珠宝装饰的鞋扣相映成趣”[1]。

三、潮拖

潮拖称为“Pantable”，18 世纪来自法语“Pantoufle”一词，意思是“拖鞋”（图 17-8、图 17-9），男女都穿。随着优秀工匠为满足凡尔赛宫廷之需在巴黎的大量定居，特别是法国成为时尚中心之后，奢华的服饰一时间成为贵族之间互相争斗的利器。路易十五的情人蓬巴杜尔侯爵夫人在皇宫里创建了奢华的闺房，她常身着低领便装睡袍（Negligee）（由多层宽松、色彩优雅的织品构成），大腿上包裹着平纹布，脚踏天鹅绒潮拖，无一不在传递着无尽的肉欲。

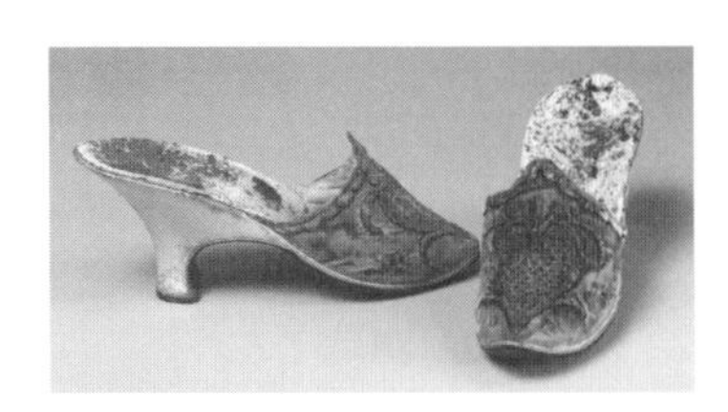

图 17-8 18 世纪 50 年代女式沙龙拖鞋

图 17-9 《秋千》油画

这种丝绒的坡跟拖鞋最初仅限女性在闺房中穿用，后来逐渐在沙龙活动中出现，甚至成为舞会用鞋。因其独特的个性，使法国皇帝路易十五的情妇蓬巴杜尔侯爵夫人对此极为钟情。在

[1] 考克斯. 鞋的时尚史［M］. 陈望，译. 北京：中国纺织出版社，2015：95.

让·奥诺雷·弗拉戈纳尔（Jean Honore Fragonard）的画作《秋千》中，透过画中女性将自己的鞋子踢给了树丛中躲藏的一位男性，鞋子与情色的某种隐喻传神表达。

第二节 “绝代艳后”与鞋履文化

谈及18世纪著名的“鞋控”“断头王后”玛丽·安托瓦内特（Marie Antoinette）则最具代表。在电影《绝代艳后》中，她拥有的鞋子可以让当时天下所有女人眼红尖叫，各种不同颜色华丽复古的鞋款，即使在今天看来也不过时。

从今天可以看到的有关玛丽王后的肖像画中，这位年轻王后洛可可风格的着装总是极尽奢华，其面料的选用多为层叠褶皱的丝绸或薄纱，袖口或领口点缀着漂亮的蕾丝，上半身极其强调女性的身体曲线，在紧身胸衣的衬托下，更显得性感，下半身则是蓬松宽大的裙摆，里面配有夸张的衬裙。在这种收与放的对比之下，玛丽皇后的美，显得如梦如幻。而在这些肖像画上，时常也能看到在她那优雅的丝绸或缎面的鞋上缀有宝石，鞋面上通常都有大的鞋扣。在电影《绝代艳后》中，导演索菲亚·科波拉（Sofia Coppola）花了很大篇幅描绘这位王后的鞋子（图17-10）。

凭着与生俱来的美貌和贵族的优越感，玛丽王后对服装、鞋子和珠宝有一种极高的品位，然而建立在这种品位上的是无节制的铺张浪费。因为从小生活在王宫里，对于民间疾苦一无所知，当时整个国库的钱都供她随便购买各类漂亮衣服和鞋子。据说那时她一天之内都要换数次鞋子，而每一双鞋子都是顶级的工匠为她量脚定做。且不说每双鞋子有多么的精美，光是缝制这些鞋子需要的工序，就细致到令人难以想象，可以说她的每双鞋子都是价值连城。

图17-10 《绝代艳后》电影剧照

图17-11 玛丽王后穿过的鞋

不久前，一双曾经被玛丽王后穿过的丝绸低跟鞋（图17-11）以4.3万欧元的高价被拍卖。这双丝绸鞋以三种不同颜色的白丝带点缀，年代大约在 1790 年，型号为 36.5，王后很可能在 1790 年 7 月 14 日的国庆庆祝活动上穿过这双鞋。

当代时尚设计大师们，显然也从玛丽王后的鞋子中受到启发，获得不少灵感。在 2013 年春夏时装发布会的香奈儿（Chanel）秀场上，老佛爷卡尔·拉格菲尔德（Karl Lagerfeld）设计的主题就是“社会主义法国下的凡尔赛宫”[1]（图 17-12）。他的灵感缪斯就是这位在历史上以奢靡生活作风而名声昭著的王后，精致奢华的 18 世纪复古风格与轻松休闲的 21 世纪度假风格巧妙融合，模特们的彩色短发和奇异妆容，还有那一双双复古华美的高跟鞋，仿佛把人们带回到了那个纸醉金迷的奢华年代。

图 17-12　香奈儿 2013 早春度假系列

❶ 陈琦．鞋履正传［M］．北京：商务印书馆，2013：97.

第十八章　19世纪欧洲鞋履文化

西洋服装史上所说的近代，是指从1789年法国大革命到20世纪初第一次世界大战爆发的1914年为止的这一个多世纪。这一时期，法国的政治、经济，包括各种文化现象都发生了巨大变化。

进入19世纪后，美国和法国的工业革命已经使社会秩序发生了戏剧性变化，中产阶级已经掌握了国家权力，并且为整个社会的品位和礼仪重新设定了标准。旧式的贵族阶级风格不再流行，如那些装饰华丽的带扣子的鞋带、上色的皮革制品、镀金的刺绣，以及丝质的锦缎都逐渐退出了历史舞台。“在18世纪的最后10年，甚至连风靡了整整两个世纪的高跟鞋也不再流行，这体现了一种人人生而平等的民主思想”[1]。

第一节　19世纪欧洲各时期的鞋履文化

19世纪的男鞋以靴为主。靴大致有三种形式：一是黑森式靴，靴口呈心形，饰有缨穗；二是惠灵顿式靴，靴筒高，靴口后缘凹下形成缺口；三是骑手靴，靴口用轻而薄的皮革制成，并向下折回。这一时期的靴是穿在裤子里面，裤腿用带子系在靴上。到了19世纪五六十年代，半高筒靴及高筒靴要用带子缚住，方尖弯形浅口无带皮鞋开始出现，且设计得更加瘦小，鞋跟也更高更细。

女鞋的色彩备受重视，有青绿、浅黄、大红、杏绿、黄色与白色等。鞋面饰有蝴蝶结和系带装饰，鞋头的造型更圆，鞋的发展也更为实用：此时的鞋面采用黑色缎子、白色山羊皮和杂色毛皮制作，装饰也很精致，如有连环针刺绣、铁珠

[1] 陈琦．鞋履正传［M］．北京：商务印书馆，2013：103.

装饰、银扣装饰及精美的饰带。维多利亚（Victoria）女王的一双有松紧饰边的矮鞡靴，成为以后40年中盛行的靴式。19世纪60年代以后，鞋的设计越来越受到重视，鞋帮儿用艳丽的织物作装饰，鞋面系带的方式取代了鞋帮儿系带，鞋扣的形式开始流行。大众式样的鞋多为圆头、半高跟系带式，并饰有缎带和玫瑰花的饰物。“80年代以后鞋的造型为尖头，浅口无带式，选料多与服装的面料相同，以绸缎面料为主，并饰有小羊毛缨穗和镶金装饰物。在隆重的节日中，人们常穿有几条系带的羊皮便鞋和镶有小珍珠扣子的浅口无带皮鞋，还有黑天鹅绒面的马车靴等”[1]。

19世纪的鞋履大致分为五个流行时期：新古典主义和帝政时期（1789~1825年）、浪漫主义时期（1825~1850年）、克里诺林裙撑时期（新洛可可时期）（1850~1870年）、巴斯尔臀垫时期（1870~1890年）和S型时期（1890~1914年）。

一、新古典主义和帝政时期的鞋履

18世纪中叶，意大利发掘了赫库兰尼姆和庞贝两大古代都市，这引发了人们对古代文化的关注。在艺术风格上，“优美但轻薄”的洛可可文化开始向“朴素而高尚、平静而伟大”[2]的古典文化转移，这种倾向被称为古典主义。虽然当时的艺术家希望以重振古希腊、古罗马的艺术为信念，但此时的艺术创作既不是对古希腊和古罗马艺术的简单再现，也不是17世纪法国古典艺术的简单重复，而是对资产阶级革命形势的适应。法国大革命推翻了旧有封建贵族的衣着审美，新政权在推行简朴男装的同时，类似古希腊的女性时尚风起。这一时期的女装采用古典主义的风格，女士们穿着类似古希腊希顿的宽松裙装，头发则像古罗马皇妃一样染成红色。

这一时期，男子的鞋主要有两种：长筒靴搭配七分紧身裤，低跟矮帮皮鞋搭配长裤（图18-1）。女子不仅在衣服上追求古典样式，连发型和鞋也属于古典风格，古希腊式的发型取代了洛可可时代的贵族趣味。用细带捆在脚和腿上的皮带儿凉鞋——桑达尔（Sandal）和低跟的无带鞋“庞普斯”（Pumps）（图18-2）取代了路易斯跟鞋。

法国大革命后，装饰性鞋扣作为虚饰和炫耀的代表，在英国渐渐变得不再流

❶ 许星. 服饰配件艺术［M］. 北京：中国纺织出版社，2005：159.
❷ 袁仄. 外国服装史［M］. 重庆：西南师范大学出版社，2009：115.

图 18-1　男装和男鞋

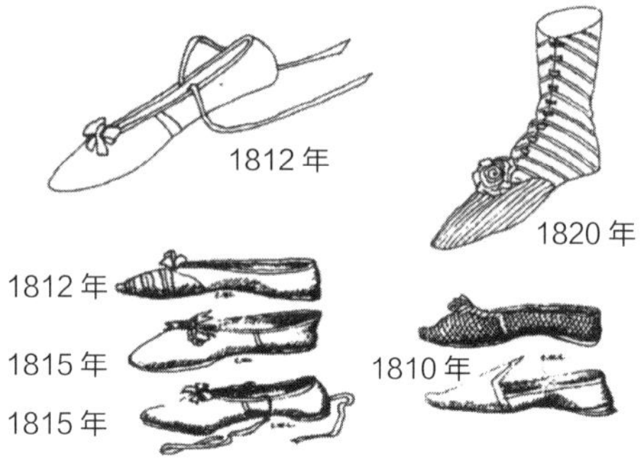

图 18-2　帝政时期女鞋

行，只在宫廷中还继续使用。图 18-3 中的鞋扣较当时其他同类型鞋子的鞋扣更为朴实，这种风格一直延续到 19 世纪 40 年代。

18 世纪的后 10 年，鞋子已再次发生了极大的改变，男鞋开始注重其功能性，注重鞋子健康舒适的穿着感受，男靴或结实耐用的男鞋开始受欢迎。当时医生和科学家们的普遍观点是，鞋子要有益身体健康。基于此，鞋子在面料的选择上也发生了方向性的改变，类似真丝、丝绒这种既不好洗，也不防水的面料，给男子的出行带来不便，羊毛绒面或丝绵开始成为首选。女鞋则变得更具有保护性，更加个性化，最常见的就是那种轻便的新古典主义女鞋，这种女鞋呈现出非常轻盈的姿态，让女性行走更加方便，这与之前贵族阶层的女鞋形成天壤之别。此时的女子还开始选择古希腊式的凉鞋，平底鞋轻巧；女鞋的鞋跟高度也渐渐发生了变化，高跟不再是唯一的选择，越来越多的中低跟鞋开始出现，图 18-4 中皮制的短跟鞋比较结实，也正是在这一时期，一些防水类型的鞋子被推上了市面。这种鞋子的简洁性被认为是对法国大革命前奢华无度的时尚的有力回应。甚至还出现了不少的平跟鞋。

18 世纪的后 10 年可谓是承上启下，因为如果往后看，就会发现 19 世纪初期，高跟鞋大面积退出时尚舞台，新兴的法式女鞋开始出现。鞋身窄，方头，鞋身通常使用黑色或者白色的丝绸或缎面，内里则是很轻薄的皮革，平底，鞋面上

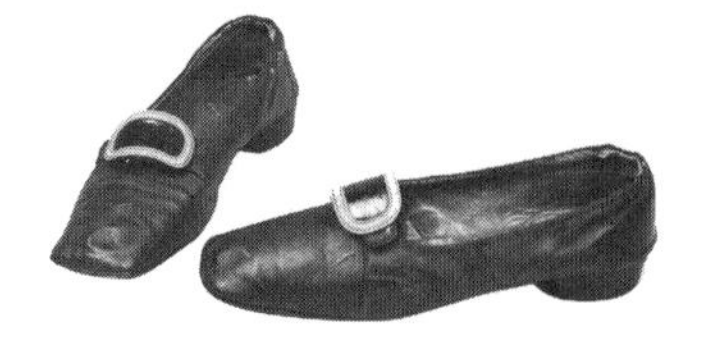

图 18-3　男式带扣鞋

图 18-4　18 世纪八九十年代女鞋

往往有玫瑰花形的装饰，有点像现在芭蕾舞鞋的样子，这是当时全新的一种时尚风潮。因为鞋底轻薄，女子出行很方便，鞋子的使用频繁，鞋子的寿命似乎大大的缩短。因此，当时的女性一次买十双八双的鞋子，绝对不是什么新鲜事，一双鞋子的寿命，有可能只有几个礼拜。

19 世纪早期，平底鞋在欧洲开始流行，平底鞋的崛起其实还得“归功”于当时的一位时装偶像，她就是上一节中提到的玛丽王后。早在 1789 年法国大革命爆发之前，高跟鞋一直被视作权贵的象征，一种庸俗的炫耀形式。而我们骄傲的玛丽皇后则把大众对高跟鞋的厌恶推到了戏剧化的巅峰——当她穿着闪耀夺目的高跟鞋，被革命者送上断头台的刹那间，高跟鞋彻底失宠，并成为腐朽封建的代名词，而平底鞋则再度卷土重来，并在其后的将近 100 年中独占鳌头。“平底鞋的流行在 19 世纪显得顺理成章，因为当时的工业革命要求，除男人外，妇女也要投入到广泛的社会劳作中去，平底便鞋、凉鞋和靴子成为了劳动者最佳的选择，平底鞋凭借其适合人类劳作与行动的天性，以实用主义名义再度回归主流”[1]。

二、浪漫主义时期鞋履

拿破仑（Napoleon）帝国覆灭后，长期的战争让困顿的气氛弥漫了整个欧洲，欧洲所有国家的旧势力卷土重来，权力重新回到旧贵族手中。战争使欧洲各国财政贫乏，人们心底时刻不安，许多人逃避现实，唾弃资产阶级所倡导的自由思想，转而更加重视人的感情。在这种政治风云变幻的历史时期，形成了独特的浪漫主义风格。

“浪漫主义风格反对纯理性和抽象表现，强调情感表达，主张自由、奔放、热情、个性的艺术描绘，突出光和色彩的强烈对比。但是，衣着上的浪漫主义与艺术风格不尽相同，这时期的男装矫揉造作，线条夸张，可以打扮。而女装再一次回到紧身胸衣和撑架裙的夸张年代，仿佛是封建贵族奢华服饰的回光返照”[2]。

浪漫主义时期的靴子流行轻骑兵靴和陆军卫兵长靴，高约 38 厘米（15 英寸）。在 1820 年代末，出现了男女均穿的低跟高帮鞋（图 18-5、图 18-6），鞋帮高出踝关节约 7.62 厘米（3 英寸），鞋面用本色布和皮革制成，在脚内侧用带子系扎，鞋尖细长。19 世纪 40 年代中期以后出现有松紧布的便鞋。此时的裙长多至脚踝部位，所以女子的鞋一般多暴露在外，鞋型多为尖头无跟或矮跟鞋。由

[1] 陈琦．鞋履正传［M］．北京：商务印书馆，2013：103.
[2] 袁仄．外国服装史［M］．重庆：西南师范大学出版社，2009：119.

图 18-5　浪漫主义时期男鞋

图 18-6　浪漫主义时期女鞋

于女子在浪漫主义时期流行骑马兜风，所以长筒马靴也是上流社会女子必备的行头。

三、克里诺林裙撑时期（新洛可可时期）的鞋履

克里诺林裙撑时期（新洛可可时期）是指 19 世纪中叶流行的大撑裙时代，法国仍是欧洲的时尚中心，硕大的撑架裙成为那个时代的符号，拿破仑三世的欧仁妮（Eugenie）皇后执掌起时尚的大旗，大裙撑备受青睐，人们再度复兴了华丽的“洛可可风格”。因此，这一时期的女装风格也被称为“新洛可可风”。

法国街头盛行撑架裙之际，海峡对岸的英国策划了世界上第一次国际博览会，十万余种新产品、科技成果和服装汇集到伦敦，开拓了世界的视野，促进了文化技术的交流。这时，科技的进步也加速了服装业的发展，“1846 年艾萨克·辛格（Isaac Singer）发明缝纫机，随后出现了专业钉扣机、锁扣眼机、熨烫机、编织机……在英国还出现了服装的标准制作样板”[1]。

在否定机械化粗糙样式的前提下，运用花草纹样等自然物装饰，呈现富有生机和运动感，变化丰富的曲线纹样，这又显然与过去的巴洛克、洛可可曲线风格密不可分，甚至对鞋子的造型也产生一定的影响（图 18-7~ 图 18-9）。图 18-8 中的 19 世纪 60 年代非常流行的方头短靴，这时鞋子的系带普遍被移到了鞋子的侧面，使鞋面成为设计师装点鞋子的画布。玫瑰花图案成为当时最受人们喜爱的图案，时人如果没有这样一双靴子，就会被认为是粗俗不堪。图 18-9 是 1867 年加拿大人结婚时所穿的潮流鞋款，柔软的绵质鞋身为新娘带来一整天的舒适，一寸半的鞋跟高度让优雅感爆棚。

19 世纪 60 年代出现的女士高腰靴子，选用漆光皮制作。同时还有各种各样

[1] 袁仄. 外国服装史［M］. 重庆：西南师范大学出版社，2009：124.

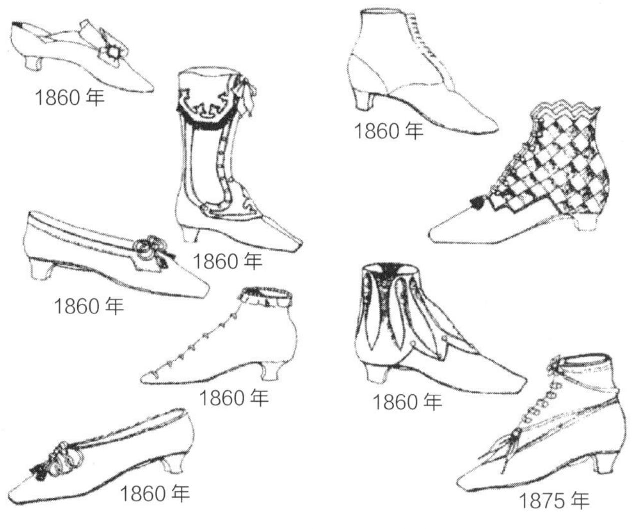

图 18-7　新洛可可时期女鞋

图 18-8　1860 年玫瑰花饰鞋

图 18-9 白色绑带短靴

巧用布料与皮革一起制作的鞋子，包括高跟鞋。19 世纪 60 年代后，随着裙摆的缩短，鞋子时常会露在外面。这样鞋的设计越来越受到人们的重视。鞋后跟也随之显露，鞋帮上边呈现有趣的弧状。鞋面系带代替了鞋帮系带，系扣鞋也随之广为流行。

四、巴斯尔臀垫时期鞋履

1870 年的普法战争敲响了法兰西第二帝国的丧钟。在 1870 年 9 月 2 日的首当一战中，法军惨败，拿破仑三世被俘，欧仁妮皇后逃往英国，豪奢的宫廷生活成为过去。9 月 4 日巴黎爆发革命，人民群众起来推翻了第二帝国，宣布成立共和国，这就是历史上法兰西第三共和国。1871 年，巴黎公社成立，沃斯（Vaus）的高级时装店关闭。时装界一度消沉，第二帝政时代那巨大的克里诺林反省，便于生活的机能性逐渐受到重视，19 世纪 70 年代初取代克里诺林，合体的连衣裙式的普林塞斯·多莱斯（Princess dress）开始出现，据说是受当时发现的非洲西南的霍屯督族（Hottentot）女性凸起的臀部之影响，为把长垂下来的长裙整理好后堆放在后臀部，巴斯尔（Bustle）臀垫又一次复活（该臀垫在 17 世纪末和 18 世纪末两次出现，并在 70~80 年代成为流行）。因此，这一历史时期也被称为巴斯尔时代。

男子服的现代型基础在第二帝政时代确立，是上个时代各种上衣、庞塔龙（Pantalon）和基莱（gilet）组合的三件套形式的延续。男鞋也与现代差别甚微（图 18-10）。

图 18-10　19 世纪后半叶的男鞋

巴斯尔前期，高跟鞋在法国妇女中开始流行，高跟鞋用优质的山羊皮或其他鞋料制成，有镶边和扣子。进入 1880 年以后，窄窄的尖头鞋变得时髦起来，同时还出现了两侧嵌有松紧橡胶的半筒靴，或称为高帮松紧鞋，在美国则称之为国会鞋。“巴斯尔时期妇女穿长筒袜，人们很注意这种长筒袜的色彩、质地与晚礼服、日常装的相互配套，这属于前所未有”[1]。

五、S 型时期鞋履

19 世纪末到 20 世纪初，欧洲资本主义从自由竞争时代向垄断资本主义发展，英、法、德、美等几个发达国家进入帝国主义阶段，这些列强不仅垄断国内市场，而且不断加剧向外扩张，在全世界争夺和分割国际市场，瓜分世界领土，特别是后起的暴发户美、德两国发展迅速，帝国主义之间相互争夺市场和殖民地的矛盾日益尖锐，最终导致第一次世界大战的爆发。但大战前的这二十多年间，欧美各国经济发展很快，一般把这一历史阶段称作“贝尔·埃波克”（Belle époque，意为过去的好时代），人们陶醉在大战前那短暂的和平世界里。

在这个世纪的转换期艺术领域出现了否定传统造型样式的运动潮流，这就是所谓的“新艺术运动”（Art Nouveau）。新艺术约从 1890 年起一直流行到 1910 年，其主要特征是流动的装饰性的曲线造型，S 型、涡状、波状以及藤蔓一样的非对称的自由流畅的连续曲线，线条有的柔美雅致，有的遒劲有力，富有节奏感和韵律美，有的激荡多变，富有幻想色彩。其目标是打破过去的传统，从历史样式中解放出来，创造一种新的艺术样式。受新艺术流动曲线造型样式的影响，这个时期的女装外形从侧面看也呈优美的 S 型，因此，把这一时期称作“S 型时代”。

这个时期的男装基本构成仍是三件套形式（图 18-11）。男性的生活状况直接影响到鞋类的变化。长筒靴在日常生活中消失，遮住脚踝的深帮鞋，造型与 19

[1] 郑巨欣. 世界服装史［M］. 杭州：浙江摄影出版社，2000：154.

世纪出入不大，有的用扣子固定，有的系鞋带，也有的在鞋口插入松紧布。正装鞋是经过漆皮加工处理的黑色薄底浅口漆皮鞋，还装饰着黑色缎带。另外，自19世纪80年代以来，运动鞋在男子中非常普及，有白色皮鞋、牛津鞋、白色帆布与黑色皮革相拼接的运动鞋等，此外还有布面钉满纽扣的鞋子。无论是日常穿用还是外出穿用，鞋跟都比以前低，充分体现鞋子向实用化方向发展。

从1890年起，女装进入一个从古典样式向现代样式过渡的重要转换期。受新艺术运动影响，巴斯尔从女装上消失，整个外形变成纤细和优美且流畅的S型。所谓S型，是指用紧身胸衣在前面把胸高高托起，把腹部压平。把腰勒细，在后面紧贴背部，把丰满的臀部从腰向下摆自然地表现出来。裙子像小号似的自然张开，形成喇叭状波浪裙，从侧面观察，挺胸收腹翘臀宛如"S"字型。

女鞋设计在19世纪末并不受重视，因为她们穿及地长裙，脚基本不外露，直到1910年以后才增加了许多新的款式。[1]

从19世纪末到20世纪初，制鞋业发展很快，由于技术的进步，制鞋使用的缝纫机得到不断的研发与改进，这一切使成品鞋得以不断改良（图18-12），质量日益提高。各种鞋的尺寸号型日益齐全，人们可以满意地选购到合脚的鞋子。美国的制鞋业位居世界前列，其精湛的技术、洗练的造型以及穿着的舒适等，使美国生产的成品鞋名扬四海。

图18-11　1905年燕尾服、小礼服与皮鞋

1905年　1905年　1900年　1910年

图18-12　20世纪初的女鞋

[1] 郑巨欣. 世界服装史［M］. 杭州：浙江摄影出版社，2000：164.

第二节　工业制鞋的发源地

“19 世纪算得上是世界时尚潮流风向标大扭转的一个世纪，法国的时尚老大地位虽然并没有受到威胁，人人都知道巴黎是时尚之都，当时美国的时尚风潮几乎是对巴黎百分之百的复制，然而传统鞋匠的地位却受到了挑战，美国的工业化将原来传统的手工制作推到机器的流水线上”[1]。

整个 19 世纪的美国文化，其实可以分为两个阶段。第一个阶段是从 19 世纪初至 1860 年，如果当时生活在美国的一位中产阶级女子想要买鞋，她会去一个制鞋小屋，通常会买那种成品法式鞋。当时的美国女人非常推崇法国潮流，巴黎的女人穿什么她们就照单全收，丝毫不差，这使当时的美国市场上充斥着不少贴着假的法国制造（Made in France）标签的鞋子。但美国女人并不在乎这些，只要时尚的脚步跟上巴黎女子，那就准没错。第二个阶段是从 1860 年至 19 世纪末期，此时美国的工业制鞋蓬勃发展，水力或者蒸汽设备让制鞋变得既简单又省力，鞋子的款式逐渐变得丰富，鞋商形成了气候，因而市场上可供选择的鞋子也变得琳琅满目。当时美国中产阶级女性穿的鞋子往往价格便宜，而且相比之前的半个多世纪，款式比较时髦。她们不再盲目地追求法国鞋，因为当时美国时尚氛围也愈发浓烈，美国人有了自己的时尚杂志，杂志的编辑大多鼓励本土女性发展自己的时尚品位，形成了独特的美式文化，而不再是追逐巴黎潮流。美国甚至开始在世界各地输出他们自己制造的鞋子，无论是优雅的便鞋、皮靴，还是各种高跟或低跟的丝绸、羊毛鞋款，在美国市场上都能见到。鞋带的种类也逐渐多样化，丝带、皮带和松紧带，一应俱全。鞋面上往往还有珠片和玫瑰花形的装饰，完全不同于以往的单一选择。但是正因为现在的多样选择，也使女性开始纠结，她们在不同场合穿不同的鞋，种类繁多，细节各不相同，令人眼花缭乱。

美国成为工业制鞋的发源地，其标志是当时几乎所有相关设备的专利权，都由精明且极具商业头脑的美国人发明并注册。早在 1812 年，美国马萨诸塞州沙顿的托马斯·布兰查德（Thomas Blanchard）就把一台制枪托用的车床改成了用来雕刻鞋楦的机器；19 世纪 30 年代，美国的鞋匠们不再依靠个人的裁剪技能，而是借助模具来裁剪鞋帮；19 世纪 40 年代美国人开发了辊轧机在皮革压缩方面的应用，便于鞋帮后跟加固成型；1846 年还是在马萨诸塞州的艾丽斯·豪维

[1] 陈琦. 鞋履正传［M］. 北京：商务印书馆，2013：105.

（Elias Howe）把一台缝纫机登记了专利，该机器不仅可以缝合布料，而且可以用蜡线来缝合皮革；1849年，美国发明家伊沙克·M.辛格（Ishaq M. Singh）在波士顿发明了带踏板的缝纫机；1858年，利曼·B.布莱克（Le Mans B. Blake）发明了把鞋底和鞋帮缝合起来的机器；1860年，一位名叫麦克（Mike）的美国人对该机器进行了改进。此后的21年当中，布莱克和麦克强手联合垄断了机器制鞋行业。

“机器化的发展大大降低了制鞋成本，而此时的欧洲人还在依靠手工制鞋，直到19世纪末期才迫于经济的需要转入机器生产”[1]。这时欧洲人发现所有的专利权几乎都属于美国人，他们不得不租用美国人的机器并支付专利权使用费。在这样大规模的机械制鞋的冲击下，欧洲一些传统手工制鞋匠只能在夹缝中求生存。

[1] 陈琦. 鞋履正传［M］. 北京：商务印书馆，2013：107.

第十九章 20世纪欧洲鞋履文化

从1914年到20世纪末，人类的自然科学、人文形态、意识理念、设计创作等都经历了新的变革，其变化发展速度之快，相比前一个历史时期可谓无法比拟。今天的生活越来越依赖于科学技术的发展和创新，特别是电子网络技术的发展使世界人民感到如同生活在同一个地球村。

在20世纪，一方面由于两次全球性战争和持续不断发生的局部战争，以及不可避免的经济危机，不同程度地摧毁了人类已创造的文明和财富；另一方面集团间国际冲突的一次次激化，冷战的态度和对生态问题的关注，又促使人类对自己共同面临的全球性的生存和未来发展问题进行探讨。“矛盾与统一的并存使服装的发展表现出了前所未有的多元和多极特性”[1]。

“第二次世界大战以后，鞋作为服装配件的一部分，款式越来越多，变化的速度也越来越快——人们不断追求着鞋式的轻便、舒适和时髦”[2]。女式鞋款的变化更加快速，鞋尖由长到短、渐圆渐方；鞋跟由低变高、由粗变细，随着社会的发展，鞋的种类、款式越来越多，工艺制作也更加精致、美观。

曾经在很长的一段时间里，鞋子的发展变化主要由上层社会的需求决定，平民百姓需要的只是一双能让他们舒适行走、方便劳作的鞋子，至于有什么样的新花样和装饰，那是贵族们关心的事。19世纪由于制鞋机器的改进，鞋子终于得到大规模的工业生产，这使得人们要穿上一双“能满足基本需要”的鞋，成为一件很简单的事。既然鞋子的制作已经不成问题，那么大众肯定就会有新的需求，于是在20世纪，鞋子的发展向着款式创新这条大道狂奔而去。

20世纪鞋履的发展速度空前，不但各种材料被广泛运用，还出现了一种新兴的职业——时装设计师。在20世纪以前，鞋匠跟其他的手工匠人一样，不过

[1] 郑巨欣. 世界服装史［M］. 杭州：浙江摄影出版社，2000：167.

[2] 许星. 服饰配件艺术［M］. 北京：中国纺织出版社，2005：159.

是靠一门手艺混饭吃，没有什么社会地位，他们所要做的，就是按照客人要求量好尺寸做鞋。当时装设计师出现以后，鞋子的意义再一次发生了重大改变，原本鞋匠一手操办的流程，如今被分成了设计和生产两部分，设计师设计出的鞋子款式，制作出第一双成品鞋，接下来机械化也好，手工化也好，都成为工匠和工人们的分内之事。当电视媒体出现之后，广告效应也随之诞生，比起以前的杂志海报，动态媒体更快捷、更方便地打开了鞋业市场，人们看到穿着某种新款鞋子的明星在电视或电影里气宇轩昂的模样，于是也纷纷效仿，这就是所谓的名人效应。“在这样的大环境下，鞋履市场蓬勃发展，各种不同款式的鞋都在市场上有着各自的受众群体，不同场合穿不同的鞋，不同职业穿不同的鞋，不同品位穿不同的鞋——时至今日，鞋子作为身份阶级象征的功能意义已经变得很小，因为一个中国富商可以和美国总统穿同一款式的鞋，虽然穿出来的效果也可能相去甚远”[1]。

第一节　20 世纪欧洲各时期鞋履文化

一、20 世纪 10 年代

1914~1918 年的第一次世界大战，是一次同盟国集团和协约国集团之间为了重新瓜分殖民地和势力范围或为了争夺世界霸权而进行的一次大规模战争。战争使 19 世纪以来的废除紧身胸衣运动更加深入人心。

（一）高筒靴

第一次世界大战之前，欧洲的一些年轻妇女已经逐渐接受废除紧身胸衣的改革，女装向简洁轻便的方向发展。1914 年战争爆发以后，优雅的服装和装饰很快被适应战时环境需要的服装所取代，裙子的长度变短，露出双脚和踝关节；女裙的长度在 1915 年缩短至小腿部位。这时期的女鞋除了“路易跟鞋”继续流行以外，为适应战时环境的需要又出现了一种用小牛皮制成的前面绑

图 19-1　1915 年得体的女靴

[1] 陈琦．鞋履正传［M］．北京：商务印书馆，2013：123.

带的高筒靴（图 19-1）。高筒靴具有保暖，并在跑动时不易脱落的优点，加之在鞋帮垫有布料，穿起来十分舒适，所以备受人们欢迎。

战争期间由于不断需要年轻男子奔赴战场，越来越多的妇女穿起了工作服，到各工业部门工作。常见的工作服造型为制服式大衣，宽松、有袋、长及小腿肚，有的还穿长裤，与衣服配套的是长筒靴。

（二）帆布鞋

帆布鞋的诞生起始于 1908 年米尔斯·康弗斯（Mills Converse）侯爵在马萨诸塞州梅登创建的匡威橡胶公司（Converse Rubber Corporation），该公司主要生产橡胶套鞋和工作鞋。因为在 20 世纪 10 年代，人们日间的休闲活动基本都是以体育运动为主，所以他们需要有一种更加适合运动的鞋子。该诉求促进了运动鞋的发展。1917 年，匡威公司生产出了一种及踝帆布面、黑色镶边、厚橡胶底的标志性匡威全明星（All Star）帆布鞋（图 19-2）。当时有位名叫查尔斯·泰勒（Charles Hollis Taylor，昵称 Chuck）的年轻运动员，刚加入美国职业篮球联盟，那时他选择了一双全明星帆布鞋作为他的运动鞋。泰勒穿上运动后感觉良好，便开始向各个大学、高中的篮球队推荐这种帆布鞋。其实泰勒那时的动机真的很单纯，他孜孜不倦地推销，并拿不到匡威公司的薪水，只是真心觉得这个帆布鞋很舒适。

图 19-2　1917 年匡威全明星运动鞋

时隔不久，匡威公司了解到这位狂热粉丝的存在，他们惊讶于其推销能力，决定邀请他到匡威来做业务员。于是在 1921 年，泰勒毅然放弃了他曾经热爱的篮球运动，如愿以偿地把推销全明星帆布鞋作为自己的本职，这是匡威历史上具有传奇色彩而又温馨感人的一次合作。泰勒的确没有让匡威失望，在接下来的几年里，他成功地将全明星鞋塑造成了美国篮球第一鞋，简直就是当时篮球鞋的代名词。为了表彰他对于匡威公司的贡献，同时也为了激励后人，匡威在 1923 年，将“Chuck Taylor”的草体铭刻在帆布鞋的脚踝部位，第一双冠名运动鞋就这样诞生，这大概是泰勒这一生中最为光辉荣耀的时刻！

半个多世纪过去以后，全明星系列早已是全世界家喻户晓的帆布鞋。而匡威公司也不断地对其产品进行款式和材料上的改进和创新，让帆布鞋和我们的日常生活更加密不可分。在美国，帆布鞋是一种年轻文化的代表，很多好莱坞年轻的明星对它情有独钟，我们总是能在他们各种街拍造型中看到匡威的踪迹，搭配美式简约造型，简约而不简单，彰显着一种随意放松的青春范儿。

二、20世纪20年代

自20世纪以来，妇女参政运动一直是社会关注的一个热点，经过第一次世界大战以后，妇女的社会工作能力进一步得到了社会的认可。为此，一些妇女为了参政和参加工作，争取与男性平等的权利，对自己的形象也进行了重新设计，从而产生了与男性趋同的倾向。在这种思潮的影响下，许多欧美的女性大胆地走出闺房，并将女性的丰胸、束腰、夸臀等特点掩饰起来，开始追求平胸、松腰、束臀的男性化外观，头发剪短到与男子相似长度，裙子也越来越短，整个外形呈现出一个名副其实的长“管子状”（Tubular Style）。由于这种外形很像未成年的少年体形，所以被称作“男童式”（Boyish），当时穿用橡胶布制成的直线型紧身内衣的勇敢者被称作“轻佻的女人”（Flapper）。轻浮少女款式在20世纪20年代初是一种交际花的形象，在20世纪20年代中期，它指的是剪短发，戴钟形帽，穿女衬衫、短裙及膝高的袜子和高跟鞋的迷茫的年轻一代。美国女人和英国女人为了追求男性化外观而千方百计地使胸部平坦，甚至通过节食减肥和穿高跟鞋而塑造瘦高个子的形象。

（一）牛津鞋

20世纪早期，女性不再局限于家庭事务的忙碌，她们开始从传统观念的束缚中挣脱出来，需要舒适而优雅的鞋子去各大百货商店逛街或欣赏剧院的演出等，牛津鞋无疑成为首选的鞋履（图19-3）。到了20世纪20年代，牛津鞋已经成为女性街头鞋最流行的款式，女性时装缩短的裙长让焦点放在脚上，鞋跟也开始升高，直到有高古巴式鞋跟的低帮牛津鞋满足了日间出行和夜间聚会的需要。鞋上保留了为数不多的传统男子气质特征的参考，比如围成一圈的鞋带和鞋包头，但也增加了其他特征，如翼形包头，其取名缘于鸟的翅膀非常相像，还有拷花。牛津马鞍鞋（Saddle Oxford）带有马鞍形构件缝合在前帮上1/4处，颜色与鞋的其他部分成对比。1925~1927年，牛津鞋上挨着鞋眼处出现凿花孔，鞋包头加长。当时人们普遍穿双色拼接的牛津鞋观看体育比赛，因此被称为观众鞋（图19-4）[1]。

图19-3　女性也穿牛津鞋

图19-4　1920年观众鞋

[1] 考克斯. 鞋的时尚史［M］. 陈望，译. 北京：中国纺织出版社，2015：93.

（二）扣带鞋

1927~1928 年，女性裙长缩短到膝盖附近，设计的重点放在双腿的表现上。双腿的大胆表现也使漂亮的长筒丝袜和鞋的设计更加引人注目。20 世纪 20 年代前半期流行黑色长筒袜，后半期流行肉色长筒袜[1]。当时为跳舞设计的鞋子鞋帮比较高，这使鞋带有了用武之地，即便是当时歌舞红星上台表演也是穿带鞋扣的鞋子（图 19-5）。鞋跟不太高，且仅是微微弯曲，显得非常笨重。这时评价鞋高档程度的标准并不在于鞋子本身，而在于鞋的材料是否和服装的材料一致[2]。

图 19-5　20 世纪 20 年代的扣带鞋

（三）军靴

第一次世界大战之后，军靴成为象征男性狂放不羁、血性刚强的符号，男人穿着军靴炫耀他们的硬汉魅力，这就如同女人们喜欢穿着高跟鞋来展示她们的妩媚娇柔。战争时期的年轻士兵们，即使在进城之后都坚持穿着他们的战靴。历史上第一位将硬朗的长靴引入女装的是法国设计师可可·香奈儿（Coco Chanel），因为在那个年代，女人必须要穿长裙。“但是香奈儿女士，利用了上流社会的影响力，将自己喜爱的长裤长靴骑马的套装打扮（图 19-6）悄然植入高级女装中，或许是当时开明的男性恰好也对女人的长裙审美疲劳了，对所见到穿裤子的女性，大有眼前一亮之感，女裤的出现谱写了时装史上的新篇章”[3]。可可·香奈儿以其独立坚强的个性，执著于过自己想要的生活。一生不羁放纵爱自由，就是可可·香奈儿最好的写照。

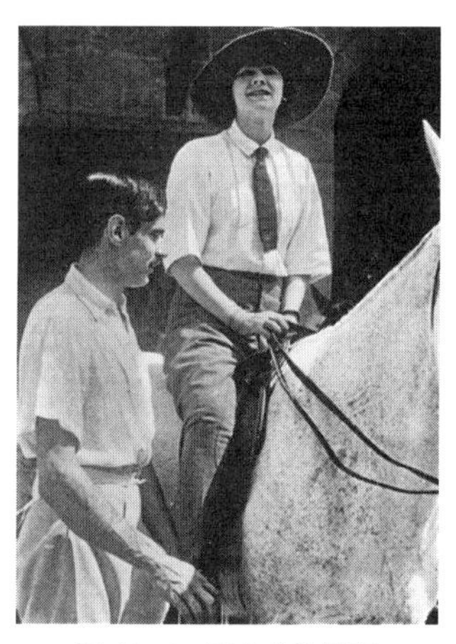

图 19-6　香奈儿骑马照

时至今日，军靴依然受到大众的喜爱（图 19-7），是因为这种中性而硬气的

❶ 李当岐．西洋服装史［M］．北京：高等教育出版社，2011：313.
❷ 王受之．世界时装史［M］．北京：中国青年出版社，2002：54.
❸ 陈琦．鞋履正传［M］．北京：商务印书馆，2013：131.

装束总给人个性出众的直观感受。鞋靴设计师们从军靴中吸取灵感，将军靴元素浑然天成地运用到了现代鞋靴设计中，使得军鞋走出战壕，走上国际时装舞台。军靴在树立和打造个人形象方面具有不可替代的作用，与服装一样，它昭示穿着者的个性与社会阶层，能够帮助穿着者顺利融入各种不同场合，加入军靴元素的鞋子往往给人一种严肃、利落和正直的感觉，从而体现穿着者的个人品位和个性。

图 19-7　2012 迪奥菱形格子军靴

（四）牛仔靴

技艺娴熟、粗犷刚毅的德克萨斯牛仔骑行在格兰德河的小路上，驱赶着长角牛群，这是美国文化积淀形成具有共鸣的牛仔形象。除了军靴，牛仔靴（图 19-8）也为当时男性所喜爱，甚至连女人们也对它着迷。“这主要归因于 20 世纪初好莱坞流行西部牛仔电影，当头戴牛仔帽、身穿格子衬衫、小马甲、修身牛仔裤、脚踩长靴、身骑白马的肌肉帅哥出现在银幕上，他们剑眉星目，每根金色的汗毛上都闪耀着汗水，令年轻女性们浮想联翩”[1]。因此一批牛仔控随之出现，只要看到打扮成牛仔式样的男性，她们就开始春心荡漾。

图 19-8　牛仔靴

美国内战结束时，随着越来越多的畜群开始向外输出，能迎合牛仔需要的一款靴子也逐渐成型：为便于蹬住马镫，它的鞋头削瘦；为能蹬住马镫的镫杆，它有低矮的倒锥形鞋跟，还配有钢制钩心的足弓。厚实的皮革在保护牛仔的脚避免受响尾蛇的咬伤、仙人掌的针刺和马鞍擦伤的同时，升高的侧边还能保护裤子不被灌木丛和豆科荆棘撕破。“最为重要的是，如果牛仔摔下马，宽靴口和平滑的皮革鞋底能让他安全、快速地把脚从靴子里或是将靴子从马镫上抽出来”[2]。随着时间的变化，牛仔靴也有了进一步发展，如鞋跟的高低变化，以及靴筒上装饰图案的变化。

牛仔靴在好莱坞的影棚里飞黄腾达，作为充满幻想的鞋靴，它与在狂野西部世界的本源联系并不大。那些在 20 世纪穿着牛仔靴到处迷惑女性的大多是艺术家和乡村音乐家，跟牛仔没有一点关系。有意思的是，“后来美国白宫里的总

❶ 陈琦．鞋履正传［M］．北京：商务印书馆，2013：127.
❷ 考克斯．鞋的时尚史［M］．陈望，译．北京：中国纺织出版社，2015：153.

统们竟然也对牛仔靴情有独钟，像杜鲁门（Truman）、里根（Regan）、小布什（George Walker Bush）都经常穿牛仔靴出席公众场合，当然这可不是为了假扮牛仔四处卖萌，他们是为了显示自己的美国形象”[1]。

三、20世纪30年代

1929年10月间，美国股票市场的价格在连续几年上升后突然下跌，发生在华尔街的金融崩溃预示着经济大萧条的开始。随之，萧条和失业、贫穷和饥饿在大西洋两岸越来越严重，至1930年底，美国失业人数已超过450万，英国则超过200万。于是世界各大城市反饥饿游行此起彼伏，社会骚乱接连不断。经济危机的同时还导致了一些人对德国纳粹抱有幻想。在以后的近10年中，战争这一怪物犹如密集的乌云悬浮在空中。在远东，日军以极其野蛮的途径入侵中国；非洲、西班牙的政局也动荡不安。在这样的历史背景下，服装表现出了阴郁、沉闷和怀旧的审美倾向。

这个时期的男子服装特别讲究服饰的整洁和穿着的标准得体，特别是在英国，男子穿着大半都有严格的规定。例如，正式夜礼服要求是由未经漂染的精纺毛织物制成的黑色或深蓝色的燕尾服；配套的背心要求单排扣，选用同色斜纹布制作；白衬衫用平纹布制作，要求衬有硬胸；服饰品有蝴蝶结、翼形领以及珍珠领扣、礼帽，鞋子有漆皮鞋、牛津鞋或浅口无带皮鞋。

（一）高跟凉鞋

20世纪30年代，设计师安德烈·佩鲁贾（Andrea Perugia）为晚礼服创作了一系列高跟凉鞋，由此将凉鞋从海滩带回舞池。“凉鞋”一词也已习惯性地用来描述能看到脚部或部分脚部的鞋，襻带也大多非常明显。正是从这个时期，专为明星设计鞋靴的设计师戴维·埃文斯（David Evins），将鞋子的性感特质表现到淋漓尽致，“其最为著名的设计作品是在电影《埃及艳后》（*Cleopatra*）中，克洛代特·科尔贝（Claudette Colbert）穿过的圆管形、带襻带和多彩楔形通底凉鞋”[2]。

20世纪30年代随着西方女权运动的全面爆发，女性追求自由，追求平等，追求全面的解放，当然解放的不仅仅是他们的思想，还有他们的身体。妇女们终于扔掉了让她们纠结很久的紧身内衣，同时还提高他们的裙子，露出了鞋面，她

[1] 陈琦．鞋履正传［M］．北京：商务印书馆，2013：127.
[2] 考克斯．鞋的时尚史［M］．陈望，译．北京：中国纺织出版社，2015：20.

们这才惊觉，日后争奇斗艳又多了一个必备元素。“设计师就是在这个时代诞生，诸如菲拉格慕（Ferragamo）这批意大利的鞋履设计师，在这个时期得到更多的机会，将他们脑子里那些新鲜的想法真正付诸到鞋子的制作上”[1]。

20 世纪 30 年代，设计师们将自古以来就一直存在的凉鞋与高跟鞋结合起来，发明了新时期的高跟凉鞋，一时间风靡西方世界，这个新式设计并没有因为凉鞋的裸露而显得低俗，反而将高跟鞋细长优美的线条诠释地更加到位。当 20 世纪好莱坞电影明星们在银幕上穿着高跟凉鞋之后，晚礼服搭配高跟凉鞋很快成为流行，并成为女性参加高级晚宴时的首选。设计师们还逐渐发现，原来人体不只是依靠脚趾和鞋跟来支撑，拱形的足弓同样也对人体的支撑起着很大的作用，于是他们改良了高跟鞋的制鞋方法，在鞋子足弓的部分加入了钢条，使人们行走时更为舒适安全。

虽然高跟凉鞋已经解放了妇女们的脚趾，可是被禁锢了几个世纪的她们并不满足于此，于是市面上很快又出现一种连脚后跟也裸露出来的高跟凉鞋，这就是拉带露跟凉鞋。这种凉鞋的出现，马上就受到女性的追捧，设计师和主流制鞋商们很快就发现这种鞋子不但可以节省很多鞋面材料，大大降低鞋子的成本，而且不会影响鞋子本身的价格。而女人们也爱上了它的方便穿脱，不需要弯下腰来系鞋带或者搭鞋扣，只要翘起脚后跟将后带轻轻一提即可。不论是在休闲还是在正式场合，拉带高跟凉鞋都非常适宜。

不过，尽管高跟鞋在 20 世纪上半叶的发展势头凶猛，但是女人们对高跟凉鞋的热衷也曾遭到过一些人的质疑。潮流杂志就曾经唾弃过这种新款鞋子，认为有修养的女士，不应该在公众场合裸露自己的脚趾和脚后跟。即使是现在，一些欧美公司都会规定员工在正常上班时不能穿露趾的鞋子。然而在当时，面对战后广大女性对思想解放的渴望，这种声音就显得非常渺小，不让女人们穿自己心爱的高跟凉鞋，简直是不可能的事情。

（二）丝袜

1935 年，美国哈佛大学博士卡罗瑟斯（Carothers）在杜邦公司实验室主持一项高分子化学研究时，首先发明并制成了聚酰胺纤维——尼龙 66。虽然卡罗瑟斯本人在发明尼龙两年以后由于长期抑郁而自杀，但他的发明促使人们开始了探索供纺织专用、具有优良性能的合成纤维的历史，并先后研制出涤纶、腈纶、丙纶、维纶等。随着这些纤维的陆续开发和利用，世界纤维的格局开始产生变化，

[1] 陈琦．鞋履正传［M］．北京：商务印书馆，2013：131.

并导致了染色、纺织等相关技术体系的重大调整。世界服装史从此进入了以化学纤维作为主要原料的时代。

在 20 世纪 30 年代末及 20 世纪 40 年代，以锦纶即聚酰胺纤维——尼龙 66 为原料生产的尼龙丝袜风靡美国。1938 年，杜邦公司在美国报纸刊登全版广告推销尼龙纤维，并建议用这种纤维制造牙刷。1939 年，用尼龙线为材料制成的丝袜首次在纽约世界博览会中展示，随即风靡起来。妇女们竞相抢购，因为她们发现穿上尼龙丝袜后双腿的线条和光泽得到增强，尼龙丝袜顿时成为美感和性感的象征（图 19-9、图 19-10）。“当时的尼龙丝袜以每双 2 美元的高价出售，仍供不应求，一家出售丝袜的商店，就曾因群众抢购相互挤压而导致橱窗破碎，造成几位女性当场昏厥，由此可见当时抢购风潮之激烈。据说，1939 年这一年便有 640 万双尼龙袜被美国人抢购一空”[1]。但因生产能力有限，工厂一时无法满足需求，使得当时美国的许多女性为买不到尼龙丝袜而叹息不已。

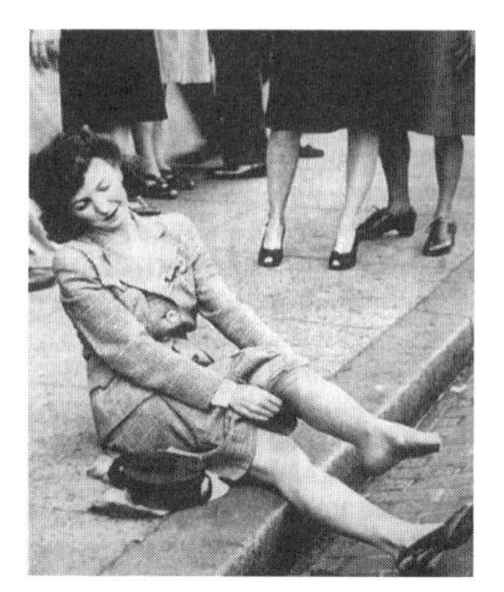

图 19-9　就地在街头穿刚买到的丝袜的妇女

图 19-10　20 世纪 30 年代流行的丝袜

四、20 世纪 40 年代

1939 年，第二次世界大战爆发，在战争影响下，生活中原来琐事都趋向简单化，结婚礼服也变得十分简朴，一些战争中的新婚礼服就是一件普通的连衣裙和军制服。战争使一些常用的货物匮乏，如化纤丝袜等远离了人们生活。于是一些商店匠心独运，在顾客大腿上涂颜色，借以模仿长筒丝袜。

战争使功能化和制服化的服装走俏市场，妇女穿男式制服或衬衫的情况在战时的欧美国家中相当普遍。甚至出现了从军服上得到启示，具有男性特征的军服式女装。

（一）楔跟鞋

战争需要耗费大量的人力和物力资源，因此在战争时期及战后，国家经济容易出现萧条。战争时期，大多数男士需要充军并被派上战场，留在家里的大多

[1] 郑巨欣．世界服装史［M］．杭州：浙江摄影出版社，2000：179.

是老弱病残，且以女性为多。为维持社会的正常运行，女性需要走出家庭走向社会，替代曾经一些男士的工作。相比和平年代，这时着装的重点是舒适实用，浮夸的高跟鞋、奢侈的时髦鞋靴较受冷落，一方面，因为人们没有足够的经济能力支付昂贵的鞋子开支，人们的节约意识比较明确；另一方面，女性要完成其社会分工，就需要较为实用和便于工作的鞋子。

现代楔跟鞋由意大利著名鞋靴设计师萨尔瓦托雷·菲拉格慕（Salvatore Ferragamo）发明于20世纪40年代。1935年，墨索里尼的意大利军队入侵埃塞俄比亚，楔跟鞋成为意埃战争的副产品之一。战后，国际联盟施加给意大利的经济制裁导致制作鞋弓钢材供应的短缺，这使得菲拉格慕陷入了困境，经过一系列努力后，他设计出了集美观与舒适于一体的“节约型”楔跟鞋（图19-11）。

图19-11　菲拉格慕彩虹楔跟鞋

（二）厚底鞋和软木鞋

图19-12　菲拉格慕彩虹厚底鞋

同样由菲拉格慕设计于20世纪40年代的“节约型”鞋款是现代的高台底厚底鞋（图19-12）。虽然古代就有厚底鞋，但发明原因却大不相同，在古希腊剧院里，厚底鞋是为了突出主角，让主角看起来要比配角高；在18世纪的欧洲，人们穿厚底鞋是为了避开路上的泥土。菲拉格慕设计厚底鞋，是因为战后做鞋子的钢片和皮革等原料都紧缺，所以他尝试用红酒的软木塞来做鞋底并大受欢迎，软木厚底鞋由此诞生（图19-13）。到了20世纪90年代，经济危机再次将厚底鞋拉回时尚舞台。如今的厚底鞋已经相当普遍，不同阶层的人们在不同场合选用厚底鞋，使矮个子女生变高，腿部修长，在增加美感的同时，让女性更加自信。

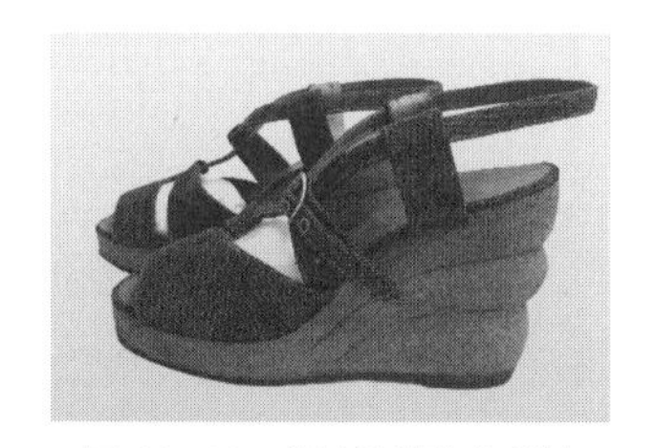

图19-13　菲拉格慕软木凉鞋

五、20世纪50年代

第二次世界大战以后的50年代，是生活比较丰裕的年代，物质资源的富足，使人们不用费很多心思考虑如何获得衣食，有了钱就可以按照自己的意愿挑选适合自己穿着的服装，包括对名牌服装的追逐。同时，个性化服装的需求量大为增加，服装行业的竞争也愈演愈烈。

女鞋的式样变化不大，有高跟鞋、系带平底凉鞋等，一些女大学生特别喜欢穿平底鞋。当时高跟鞋的鞋跟已从“路易跟”变成了现代流行的“匕首跟”[1]。为了保暖，有些匕首跟鞋上还套有鞋套，中间絮有棉花衬里（图 19-14）。

20 世纪 30~50 年代中期，意大利鞋匠师萨尔瓦托雷·菲拉格慕主导了很多极度奢华的实验性凉鞋的创作。20 世纪 40 年代后期和整个 20 世纪 50 年代，菲拉格慕的鞋子成为电影巨星们的挚爱，这种与银幕的缘分一直在延续。

据说玛丽莲·梦露（Marilyn Monroe）最为经典的形象莫过于在《七年之痒》中的表现，她在地铁通风口抚裙的妩媚瞬间，脚上穿的那款鞋子正是菲拉格慕战后得意之作——一双镶金属的 18K 金细高跟凉鞋（图 19-15）。有着 F 型的鞋跟，并以尼龙线穿成隐形的鞋带，非常雍容妖娆，代表了菲拉格慕品牌女鞋性感风格的设计方向。借助梦露的爆棚人气，订单雪片般向菲拉格慕飞来。在当时的美国上流社会，菲拉格慕定制的鞋子成为社交名媛出席宴会的标配。

图 19-14　匕首跟鞋套

图 19-15　着匕首跟高跟鞋的玛丽莲·梦露

细高跟鞋（Stiletto）（图 19-16）一词来自拉丁语 Stilus，原指“钉、针或尖木桩”，在 20 世纪 50 年代由法国设计师罗杰·维威耶（Roger Vivier）设计发明，鞋跟像匕首一样又高又细、宛如长钉子形状。文艺复兴时期，Stiletto 特指一种刀刃很窄很细的匕首，是“身披斗篷、手持匕首”的刺客们所使用的匕首原型。“匕首跟”是具备大无畏精神的女子气质标志，它光洁、尖锐又性感，带有优雅的威吓意味，一如同名的西西里格斗刀那样纤细、锥形且危险。1948 年，人们对这种鞋跟的出现曾有过准确的预告，当时的英国行业杂志《鞋靴》（*Footwear*）曾宣称，“沉重、粗笨的鞋必然要出局”[2]。鞋靴厂商意识到，他们需要对战后富裕的新十年做出快速反应，

图 19-16　尼古拉斯·柯克伍德（Nicholas Kirkwood）设计的露趾匕首跟凉鞋

[1] 王受之. 世界时装史［M］. 北京：中国青年出版社，2002：19.
[2] 考克斯. 鞋的时尚史［M］. 陈望，译. 北京：中国纺织出版社，2015：223.

制作的鞋要在经历战时萧条和无处不在的楔形跟之后能够刺激需求。

图 19-17 细高跟鞋

尽管高跟鞋已经流行了几个世纪，但确实没有一种能像这种匕首型的细高跟鞋一样，用它那匕首一样高雅性感的根深深扎中女人的心。20 世纪 50 年代，为使鞋子的鞋跟更细长、更高、更有力度，维威耶将一根细长的铁棍放置在木制或塑料的鞋跟里，这种钢棍的造型看起来像极了针，因此得名 Stiletto。鞋跟越纤细就越容易塑造女性倾慕的梦幻美腿，把女性对美的想象推到极致（图 19-17）。细高跟在视觉上使女性的小腿看起来更加细长，并能够使臀部和胸部更加紧实挺拔，由此女人也更有魅力，能够轻而易举地俘获男人的心。尽管很多女性穿上它以后都觉得难以平衡，不会走路，可是在男人眼里，女人们小心翼翼摇曳的身姿却比平时更加妩媚性感。“细高跟鞋流传至今，包括今天的贝嫂维多利亚（Victoria）也是它的忠实粉丝，贝嫂的现身时刻从未离开过 6 英寸高的鞋子，好像那高跟鞋已经长在她的脚上，跟她融为一体。有一次维多利亚在美国驾车被要求下车安检，她很不好意思地说：‘真的要下来吗？我没穿高跟鞋。’可能连她自己都觉得不穿高跟鞋就不是自己了”[1]。

六、20 世纪 60 年代

20 世纪 60 年代的世界充满着动荡和骚乱。一方面国际局势趋于紧张，超级大国美苏关系在 20 世纪 60 年代进入了前所未有的紧张状态，这种紧张状态主要与当时两国在许多国际性事务中存在的分歧意见有关，还与表现在太空空间和核武器的竞争有关；另一方面猖獗的国际恐怖组织和激进主义者制造的暗杀、动乱接连不断地发生。在性问题上，由于避孕药的出现而使“放纵主义者”这个词进入了家庭用语的范畴。上述因素都造成了社会动荡，人心惶惶。

20 世纪 60 年代，全世界掀起了一场规模空前的“年轻风暴”，它起源于 20 世纪 50 年代中期美国兴起的避世运动（The Beat Movement），最初属于旧金山市郊的诺斯海岸和洛杉矶市郊威尼斯韦斯特的一个知识阶层中的颓废流派——避世派，这些人大多数经历过朝鲜战争的痛苦，对陷入一成不变、追求物质享乐的

[1] 陈琦. 鞋履正传［M］. 北京：商务印书馆，2013：140.

美国式生活感到失望，因此自称是垮了的一代（Beat Generation）。他们着装邋遢，或模仿现代原始部落人的着装，蓄长发，精神萎靡，男女杂居于远离都市的乡村，沉醉在爵士乐旋律和性放纵中。这种非暴力的反传统行为模式一直延续到20世纪70年代，最终在1966年初的旧金山，发展成型为“嬉皮士”。

20世纪60年代的服装朝着年轻化、无性别化和随意性的方向发展。这种趋势的出现又是从女装的单纯化和轻便化发展而来。当时许多人穿同样一套衣服出入于多种不同场合，如运动时的便装原本只是用于外出度假、郊游或运动时穿着，当时一些人在上下班时也都穿运动装。

（一）披头士短靴

在这个新时代，一支神话般的乐队成为20世纪60年代的超级时尚偶像——披头士乐队。他们的摇滚音乐吐露着新一代年轻人的心声，风靡英国乃至全世界。他们的叛逆造型得到了年轻人的共鸣，从头到脚都被无数的歌迷粉丝模仿。从发型到阔腿裤，这支乐队的影响力穿越了时间和空间，20世纪60年代的年轻人们找到了共同的精神领袖。人们开始效仿偶像修剪自己的发型，穿偶像款式的衣服，精神领袖的力量无法抵挡，甚至乐队成员们脚下的短靴居然也成为永世流传的经典鞋款，它以乐队的名字命名——“披头士短靴”[1]（图19-18）。

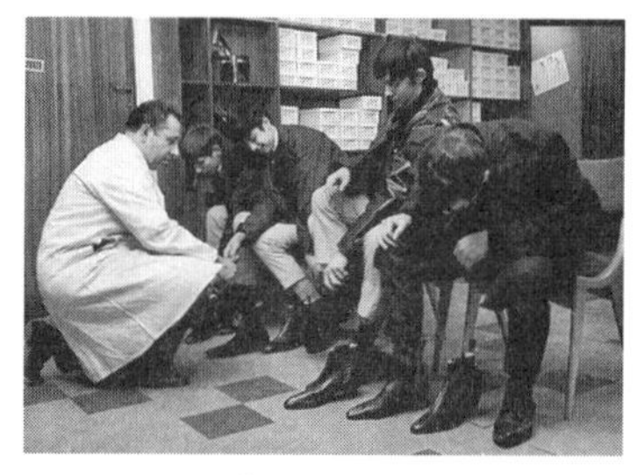

图19-18　着切尔西靴的披头士乐队

披头士短靴又称切尔西靴（图19-19），是偏中性的男士高跟儿靴。“在1837年由维多利亚女王的御用鞋匠，伦敦摄政街的J. 斯帕克斯·霍尔（J. Sparkes Hall）发明，该靴鞋头则较尖，具有显著的功能性，侧面嵌入松紧带，非常合脚。该踝靴的弹力的硫化橡胶，使穿脱靴子都很方便”[2]。

图19-19　切尔西靴

直到20世纪60年代，侧边镶有松紧带的

[1] 陈琦. 鞋履正传［M］. 北京：商务印书馆，2013：141.

[2] 考克斯. 鞋的时尚史［M］. 陈望，译. 北京：中国纺织出版社，2015：141.

靴子才被时尚界接受。英皇道是多姿多彩的伦敦景象的中心，切尔西是适用于任何被当作时尚前沿事物的昵称，比如1965年开业的精品时装屋“切尔西女孩（Chelsea Girl）”。新的街头一族——摩登派穿着侧边有松紧带的靴子，并命名为切尔西靴。

披头士乐队穿上时髦的切尔西靴之后，开始红极一时，被重命名为披头士靴，开始了一直持续到今日的与摇滚乐的联系。披头士短靴的流行，再次掀起了男士高跟鞋的风潮，就像他们的歌至今仍被无数次翻唱一样，这款鞋也得到了同样的“复制”待遇，不仅普通歌迷们开始疯狂搜索市面上的披头士短靴，就连许多知名人士也对该靴深爱不疑，包括音乐领域的名人。滚石乐队（The Rolling Stones）、鲍勃·迪伦（Bob Dylan）和近来的莱昂国王（The Kings of Leon）等摇滚乐巨头都穿过这款靴。

除了得到男士们的喜爱，原本就长相中性的披头士短靴终于走进女士的鞋柜，成为时髦女性的心头爱。现在，越来越多的女鞋设计都有它的影子，如备受年轻人追捧的亚历山大·王（Alexander Wang）近几季都有推出女款的披头士短靴。

（二）马丁靴

作为一款朋克和警察都穿的全球经典款式，马丁靴（图19-20）可谓从大屠杀的战争中发展而来。当时的克劳斯·马丁（Klaus Martens）是“二战”期间的德军医师，由于脚部负伤，他对军靴进行了改良，并与赫伯特·丰克（Herbert Funk）大夫合作，用一些废弃橡胶制作出带缓冲的鞋底，并有着独特黄色线缝的结实的八孔工作靴，后来发展到全国的工人都穿它。

图19-20　经典款马丁靴

该靴首次从时装的角度穿着，突破了鞋子的非功能性，并被20世纪60年代从“硬派摩登（Hard Mods）”发展来的街头帮派团伙光头党穿用。马丁靴在1969年的摇滚乐演出中，由who乐队的主吉他手皮特·汤申德（Pete Townshend）穿着连衫裤工作服和马丁靴首次现身舞台。他说：“我烦透了穿成像圣诞树一样，穿上飘洒的礼服会妨碍我的吉他弹奏，所以我想得改穿实用装。”随着迷幻音乐反传统文化的“和平与爱”的乐观主义开始褪色，光头党在表达迥异于嬉皮时，剃去头发，由此得名光头，穿起吊带裤，卷起牛仔裤裤管，露出马丁靴，并把该鞋作为亚文化的集成。光头党以进取性、对抗性和猛烈性赢得了声望，尤其是随着时光的推移，十年间右翼团体开始渗入光头党的活动，该靴还有另一个名字“街头靴”[1]，因为穿它的人常常是“烦扰”或者“麻烦”的制造者。

马丁靴从出现，发展到现在，在青年男女中已经成为亚文化的象征，是街头流行的鼻祖，更是如今时尚文化不可或缺的符号元素。

（三）牛仔靴

在整个战后的20世纪60年代，及膝长靴、长筒女靴成为女性时尚首选，牛仔靴虽然未触及主流时尚，但仍然是非常美国化。到20世纪60年代晚期，牛仔靴变得鞋跟很低，少有装饰，更加精练，更加结实，传递出更加严肃的传承内容，象征着在嬉皮士反主流文化中所赞美的迷失的美国。因此，包括吉米·亨德里克斯（Jimi Headrix）、弗兰克·扎帕（Frank Zappa）和贾尼斯·乔普林（Janis Joplin）在内，过去很多摇滚乐主要风格的代表人物都穿牛仔靴。

七、20世纪70年代

历史进入到20世纪70年代以后，服饰又出现了许多新的变化。20世纪60年代年轻人中间的那股狂热浪潮渐渐消退，当年举着反叛大旗的年轻人到了20世纪70年代以后进入中年，对事物的看法变得老成持重，而他们的后代对于前辈曾经有过的如火如荼的生活并不感兴趣。20世纪70年代以后西方国家的经济无可挽回地陷入衰退，石油价格上涨，通货膨胀加剧，失业率居高不下，年轻人已不再像他们父辈年轻时那样地崇拜英雄人物和相信权威，服装设计的经典性、主导性削弱，人们不再像以前那样仰望时装，而是把时装看成是更大范围的日常生活的一部分，社会呼吁生活化的服装设计，选择服装或进行服装设计，多半是从有利于个性发挥和适合生活习惯的方面考虑。大多数人在展望20世纪80年代的时候，满怀忧虑和疑惧。于是，世界时装设计越来越趋于多元化和国际化。

20世纪70年代初期，面临经济危机和大量工人失业，朋克音乐在英国诞生。当时英国青年对现实社会产生了强烈的不满，甚至是绝望的情绪，他们愤怒地抨击社会的各个方面，而且通过狂放宣泄的行为来表达他们的思想，朋克乐便是其中一种。朋克乐大多和弦简单，歌词直白，述说着人性的美丑。朋克乐歌手歌颂大麻，也歌颂上帝；崇尚混乱的性生活，也呼喊着社会对单亲家庭的关注；诅咒战争，却在生活中滥用暴力；生活糜烂，同时又对未来充满向往；颠覆旧有的腐化文化，却又在创造新的腐化。

[1] 考克斯．鞋的时尚史［M］．陈望，译．北京：中国纺织出版社，2015：174.

朋克文化从舞台走向生活，这些朋克乐手与他们的追随者们开始在音乐以外的各个方面表现出他们彻底革命的决心，穿故意磨出窟窿或画满骷髅和美女的牛仔装、破烂的圆领衫、廉价的皮衣、马丁靴……凡是在一般人眼里属于低俗艳俗的衣服，都被他们一一拿来穿在身上。

光头党之后，马丁靴的接力棒交到朋克党手中，尽管一开始搞朋克的那些人更喜欢运动鞋，尤其是匡威全明星系列，但是很快马丁靴和朋克就成了不可分割的一体。英国朋克教母薇薇安·韦斯特伍德（Vivienne Westwood）在1976年设计的“躁动”系列是时装设计界的一次朋克狂欢。印花破边的T恤，骨头、皮革、链条等都被用作布料和饰物，这一切都将马丁靴推向鼎盛。作为朋克文化的推动者，薇薇安·韦斯特伍德本人也是马丁靴的超级粉丝，她有许多双马丁靴，与她自己设计的朋克风潮的服装搭配在一起，很是默契。而后来有一次，薇薇安·韦斯特伍德索性还参与了马丁靴的新款设计，将诸如渔网这种另类的朋克元素融入马丁靴。

朋克风潮和马丁靴的完美融合，将滚石乐队、性手枪、涅槃乐队等都发展成了马丁靴的粉丝。同时还在斯卡音乐、新浪潮音乐、哥特摇滚、英伦摇滚等经典文化中大受欢迎。20世纪80年代马丁靴风靡整个足球看台，喜欢在球场闹事的年轻人也开始在自己的马丁靴上喷心爱球队的颜色。英国盛产足球流氓，这些流氓们在看台上争吵打架，有时甚至还脱下笨重的马丁靴相互投掷，非常容易引起受伤事件，因而当局政府不得不颁布了一条怪诞规定：“禁止球迷穿有鞋带的鞋子进入足球场”[1]，马丁靴的“威力”可见一斑。

八、20世纪八九十年代

20世纪80年代至20世纪90年代，服装设计风格出现了恢复1920~1960年的流行现象，并且19世纪的新浪漫主义风格、16世纪文艺复兴式样、15世纪征服者式样、中世纪式样和古希腊式样，甚至像史前风格的服装都成为设计者追溯的对象，设计灵感来源从绘画到建筑、工艺美术，几乎无所不包。图19-21中这双产自1984年的弹簧鞋，看起来很后现代，其避震能力极高，每走一步都让人有飘浮空中的感觉。20世纪末出现的这种回归现象，与人类走

图19-21　1984年弹簧鞋

[1] 陈琦. 鞋履正传［M］. 北京：商务印书馆，2013：270.

进世纪末时自然流露出忧虑心理的怀旧情绪有关，而回顾的真实原因是人们不得不对面临的未来做出选择。古代的或过去的事物之所以令人仰慕，除了因为它的悠久、古老或者英勇辉煌以外，还在于它朴素自然，在于时间距离所产生的美感。所以，历史的回归与回归自然总是紧密相连。

第二节　现代著名鞋履设计师

20 世纪下半叶，诞生了不少才华横溢的鞋履设计师，如莫罗·伯拉尼克（Manolo Blahnik）、周仰杰（Jimmy Choo）、克里斯提·鲁布托（Christian Louboutin）等，这些设计师，他们每一个都特色鲜明，设计的每一款鞋子都堪称是女性的必备款。

一、莫罗·伯拉尼克

莫罗是世界上装束最优雅的男士之一。他的公众形象总是完美无缺，他憎恨所谓的男士时尚。近 20 年来，他的着装一直是双排扣西装。

莫罗·伯拉尼克的鞋是高跟鞋中的“贵族”（图 19-22）。拥有一双莫罗·伯拉尼克鞋是女人的梦想，就连大牌女星们也是它的狂热追求者。如果说阿玛尼（Armani）是奥斯卡颁奖礼的“制服”，那么莫罗·伯拉尼克鞋就是奥斯卡颁奖礼“唯一指定用鞋”。如果用一句话形容莫罗·伯拉尼克鞋，那就是：“莫罗·伯拉尼克高跟鞋会挑起情欲。”

莫罗·伯拉尼克 1943 年出生在西班牙加纳利群岛的香蕉种园，母亲是西班牙人，父亲是捷克人。他和妹妹伊成杰琳（Evangeline）从小受到严格的家教，从他们的言行举止中可以感觉到这种旧式的良好教养。他曾在日内瓦学习语言和艺术，并立志成为一名舞美设计师。1968 年，莫罗·伯拉尼克的父亲把他送到了伦敦学习，在那里开启了他女鞋制作的历程。

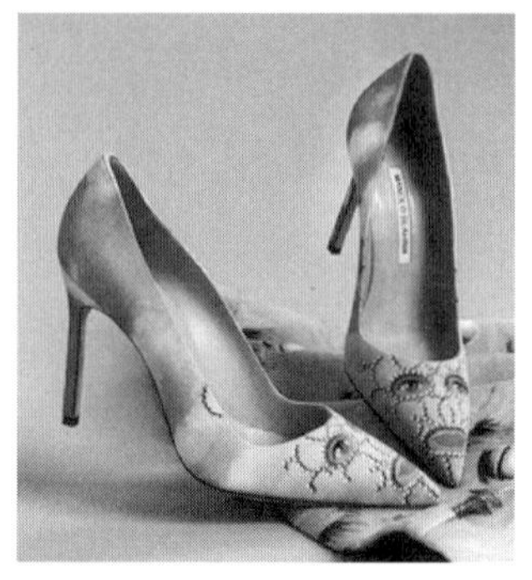

图 19-22　莫罗·伯拉尼克鞋 1

1970 年造访纽约时，他把自己的设计展示给美国《时尚》（*VOGUE*）的主编戴安娜·弗里兰（Diana Vreeland）。黛安娜对他设计的鞋子大加赞赏，并鼓励他在这方面发挥才能并继续深造。莫罗·伯拉尼克开始不断地参观制鞋工厂，并与操作工人相互交流。伦敦当时最著名的设计师奥西尔·克拉克（Ossie Clark）认可他制作的女鞋，并要求他推出自己的设计系列。从此，莫罗·伯拉尼克的事业开始走上了正轨。1973年，他在伦敦开了一家属于自己的鞋店。

图 19-23 莫罗·伯拉尼克鞋 2

随着美剧《欲望都市》的播出，莫罗·伯拉尼克可以说是出尽了风头，图 19-23 中是《欲望都市》中男主角向女主角求婚时女主角穿的鞋。而与此同时，广大白领女性也逐渐把自主、独立、时髦作为现代女性的生存手册。在这部片子中，从一开始女主角凯丽（Kelly）就提到，在纽约城中生活着一群以自我保护和完成交易为最高原则的新时代女性，她们四处旅游纳税，愿意花400美金买一双莫罗·伯拉尼克的细跟系带高跟凉鞋，而且她们还都是单身。虽说在物价飞涨的今天，一双莫罗·伯拉尼克鞋的价格早已飞升到1000多美金，但是对于事业小有成就的单身女性而言，仍然会选择将它视为必备之物。如果说女人的欲望是与它的鞋跟高度成正比的话，那么站在莫罗·伯拉尼克上，你一定就能看到整个世界[1]。

二、周仰杰

Jimmy Choo 是周仰杰以自己英文名命名的鞋子品牌，也是魅力十足、极具自信、风格别树一帜的尊贵时尚品牌。该品牌源于周仰杰先生在1990年初于伦敦东区创立的订鞋业务。当时的顾客以世界各地名人为主，其中包括已故英国王妃黛安娜。1996年周仰杰的品牌公司正式成立。当时仍在英国版《时尚》（*VOGUE*）任时尚配饰编辑的大英帝国官佐勋章（OBE）得主塔玛拉·梅隆（Tamara Mello）先生，发现了周仰杰的才华及高档鞋履市场的无限商机，故决定与周仰杰共同创立 Jimmy Choo 这个经典品牌。同时，周仰杰的侄女也加入了品牌，并成为品牌创意总监。

凭借性感剪裁、时尚设计与卓越的意大利工艺，周仰杰赢得要求极高的顾客的欢心，令品牌推出的首个设计系列获得空前成功，并以成为国际性尊贵时尚生活品牌为目标，周仰杰一方面致力吸引外来投资，另一方面积极扩展产品种类、销售渠道及分店版图。而周仰杰先生及塔玛拉·梅隆则先后于2001年及2011年离开品牌。

[1] 陈琦. 鞋履正传［M］. 北京：商务印书馆，2013：230.

作为名人时尚造型设计的先驱，周仰杰率先将华丽鞋履和手袋引进好莱坞，而星光熠熠的红地毯，无疑是展现品牌璀璨魅力的理想舞台。时至今日，Jimmy Choo已发展成一个从名流到皇室，从音乐人到国家元首，都极力推崇的时尚标志。在2017年7月25日，迈克·柯尔（Michael Kors）宣布将以8.96亿英镑（约12亿美元，78.79亿人民币）现金收购高端鞋履品牌Jimmy Choo，皮埃尔·丹尼斯（Pierre Denis）继续担任Jimmy Choo的首席执行官。

或许是因为少年和青年时代并非一帆风顺的经历，这些磨难打造了周仰杰性格中隐忍和脚踏实地的一面，他不是一个“怪咖”设计师，“鞋跟高过4英寸（10厘米）的鞋我很少做，那种没有后跟的怪鞋我更不会去设计，舒服是第一位的，同时得大方优雅”。面对越来越多设计靠搞怪和牺牲舒适度来博人眼球的今天，周仰杰还是坚持他一贯的原则——舒适和优雅（图19-24）。他设计的鞋子，绝对不是那种嘎嘎小姐（Lady Gaga）等明星舞台表演的首选，但一定是讲究生活品质的女性出行或出席重要场合的必备，自1996年在伦敦创立自己的同名品牌高级定制店（Jimmy Choo Couture）后，20多年来，他就是在这间工作室将“舒适”——这一从来都是高跟鞋宿敌的特质演绎得炉火纯青，凭此打败了众多奢侈品牌[1]。

图 19-24　周仰杰设计的鞋子

周仰杰的鞋曾出现在《欲望都市》《灰姑娘》《穿Prada的女魔头》和《来自星星的你》等多部影视作品中，无数艺人明星也曾穿它参加颁奖典礼或作为婚鞋，美国第一夫人奥巴马·米歇尔（Michelle Obama）也多次穿周仰杰的鞋亮相，周仰杰更是戴安娜王妃生前的御用鞋匠（图19-25）。

图 19-25　周仰杰为戴安娜王妃定做的最后一双还没来得及穿的鞋

三、克里斯提·鲁布托

红底高跟鞋——克里斯提·鲁布托（图19-26）可谓名声不菲，珍妮弗·佩洛兹（Jennifer Lopez）曾经录制过一首关于它的歌；美国当红脱口秀主持人奥普拉·温弗瑞（Oprah Winfrey）称之为“一件艺术品”；维多利亚·贝克汉姆（Victoria Beckham）是它的超级粉丝；更有无数的女明星们穿着它步入婚姻

[1] 陈琦. 鞋履正传［M］. 北京：商务印书馆，2013：247.

殿堂。

图 19-26　克里斯提·鲁布托

该鞋子的创始人克里斯提·鲁布托1963年出生于巴黎的一个工人家庭，所有的辉煌始于他孩提时的特殊经历。有一次他路过巴黎的一家博物馆，在门前看到了一副显著的图标，一个锥形高跟鞋被两行粗线划掉，告诫参观的女性“善待”展馆里面的雕花木地板。看着那双漂亮的高跟鞋，13岁的他痴迷了，仿佛第一次发现鞋子原来也能如此美丽。当时的巴黎正处于经济复苏时期，一派纸醉金迷、歌舞升平的景象。克里斯提·鲁布托抵挡不住花花世界的诱惑，经常会去当时巴黎最著名的夜总会玩乐，那时他只有14岁。在那里他认识到了什么是时尚，并对舞台表演和舞女的热情与日俱增，甚至为此放弃了学业，每天泡在夜总会里，一边干些杂活，一边寻求设计上的发展，而做鞋就是他的突破口。“对于那些跳舞的女孩来说，鞋子是最重要的，既要舒服，还要非常美丽、性感，能让人们一眼就注意到。我那时的想法很简单，就是让这些女孩都穿上我制作的，比她们脚下那双更舒适、美丽的鞋子。”

经过专业培训和长期实践后，凭借天赋、创意和自信，克里斯提·鲁布托很快就在行业中崭露头角。后来他又在香奈儿、伊夫·圣·洛朗（Yves Saint Laurent）和迪奥（Dior）等品牌下工作，经过大师的指点，他的制鞋技巧家喻户晓。羽翼渐丰的克里斯提·鲁布托终于在1992年开创了自己的品牌，他制作的高跟鞋色彩艳丽、充满异国情调，被媒体称为“独立于主流之外的极品”，一经面世就大受关注。

红底鞋是克里斯提·鲁布托的招牌标识，凸显女性的柔媚、美丽和不张扬的成熟性感。最开始他并没有想把鞋底抹成红色，可是每一次设计鞋子的时候，他都为Logo伤脑筋。一次，他看到女助理往脚趾上涂指甲油，大红的色泽一下子刺激了他的灵感，将正红色涂在了鞋底上，没想到，效果出奇的好，至此，令人勾魂夺魄的这抹红色就成为克里斯提·鲁布托的标志（图19-27），让他大红大紫。在采访中他曾如此形容当时的冲动：“红鞋底就像是给鞋子涂上的口红，让人不自觉想去亲吻，再加上露出的脚趾，更是性感无比。”

图 19-27　克里斯提·鲁布托红底鞋

很快，这抹红色红遍了全球，王室贵族特别是大明星们的捧场让克里斯提·鲁布托扬名天下。任何一位穿过他制作的鞋子的女人都会沉浸在舒适奇妙的感觉中，而他在设计中则习惯用鲜明的对比表达自己的想法。细长的高跟、红色的鞋底成为克里斯提·鲁布托高跟鞋的标签，他的实验性艺术设计在皮鞋制造领域也属于绝无仅有。

这个鞋底设计充满智慧，“抓视线”这个卖点让女人心动，性感得很自恋且闷骚，想象一番男人跟随自己火红鞋底的视线后，女人们想必会很愿意掏钱。“火红鞋底”的识别度高，它的另一个好处是让女明星们免费做广告。看到红鞋底就是克里斯提·鲁布托，根本无须找 Logo。

克里斯提·鲁布托曾表示，一个爱美的女孩至少应该有七双鞋，就像七宗罪，一双找乐子，一双来调情，一双工作穿，一双度假用，一双用于春宵时刻，一双从未穿过和一双你不喜欢的，拥有一双不喜欢的鞋，可以提醒自己不用时刻完美着装。

参考文献

[1] 曹雪芹. 红楼梦 [M]. 长春：时代文艺出版社，2016.
[2] 陈琦. 鞋履正传 [M]. 北京：商务印书馆，2013.
[3] 冯泽民，刘青海. 中西服装发展史 [M]. 北京：中国纺织出版社，2015.
[4] 华梅. 服饰与中国文化 [M]. 北京：人民出版社，2001.
[5] 华梅. 中国服装史 [M]. 北京：中国纺织出版社，2007.
[6] 黄能馥，陈娟娟. 中国历代服饰艺术 [M]. 北京：中国旅游出版社，1999.
[7] 贾玺增. 中外服装史 [M]. 上海：东华大学出版社，2016.
[8] 考克斯. 鞋的时尚史 [M]. 陈望，译. 北京：中国纺织出版社，2015.
[9] 兰陵笑笑生. 金瓶梅 [M]. 克莱门特·厄杰顿，译. 北京：人民文学出版社，2008.
[10] 李当岐. 西洋服装史 [M]. 2版. 北京：高等教育出版社，2005.
[11] 李婕. 足下生辉：鞋子图话 [M]. 天津：百花文艺出版社，2001.
[12] 李渔. 闲情偶寄 [M]. 李竹君等，注释. 北京：华夏出版社，2006.
[13] 林明金，霍金根. 简明英美语言与文化辞典 [M]. 上海：上海外语教育出版社，2016.
[14] 骆崇骐. 中国历代鞋履研究与鉴赏 [M]. 上海：东华大学出版社，2007.
[15] 罗贯中. 三国演义 [M]. 长春：时代文艺出版社，2016.
[16] 南希·蔷，蒋蓝. 鞋的风化史 [M]. 成都：四川人民出版社，2004.
[17] 科斯格拉芙. 时装生活史 [M]. 龙靖遥，张莹，郑晓利，译. 上海：东方出版社，2004.
[18] 钱金波，叶大兵. 中国鞋履文化史 [M]. 北京：知识产权出版社，2014.
[19] 秦涵荣. 谚语常用隐喻辞典 [M]. 北京：文化大学出版社，2011.
[20] 施耐庵. 水浒传 [M]. 长春：时代文艺出版社，2016.

［21］王冠琴，丁鼎．绣花鞋制作技艺［M］．北京：文化艺术出版社，2013.
［22］王受之．世界时装史［M］．北京：中国青年出版社，2002.
［23］王熹．明代服饰研究［M］．北京：中国书店，2013.
［24］许星．服饰配件艺术［M］．北京：中国纺织出版社，2005.
［25］叶丽娅．中国历代鞋饰［M］．杭州：中国美术学院出版社，2011.
［26］尹邦彦．中国谚语与格言英译辞典［M］．上海：上海外语教育出版社，2015.
［27］尹邦彦．汉语熟语英译辞典［M］．上海：上海外语教育出版社，2016.
［28］袁仄．外国服装史［M］．重庆：西南师范大学出版社，2009.
［29］袁仄．中国服装史［M］．北京：中国纺织出版社，2010.
［30］张若华．三寸金莲一千年［M］．济南：山东画报出版社，2014.
［31］张慧琴．英汉服饰习语研究［M］．北京：外文出版社，2016.
［32］郑巨欣．世界服装史［M］．杭州：浙江摄影出版社，2000.
［33］钟漫天．中华鞋经［M］．北京：东方出版社，2008.

附录一　中华传统京剧“鞋履”文化及其英译表达

据明顾起元《客座赘语》卷一“巾履”记载：“万历中期后，鞋履开始只有云履、素履，后来鞋样陆续增加，新式纷纷出现。有方头、短脸、毬鞋、罗汉鞋、僧鞋。鞋跟由高变低，并以浅薄为时尚，以致走路显得有点拖曳。鞋的颜色有红、紫、黄、绿……”[1]华丽鲜艳的彩履替代了单一的青布素履，丰富多彩的款式打破了沉闷的足下世界。明代服饰是华夏近古服饰艺术之典范，更是中华鞋履文化之基础。中国京剧鞋靴吸纳明代鞋饰之精华，融合唐、宋、元、清代鞋靴之特点，借助夸张、美化之手法，在关注舞台表演，展示舞台艺术的过程中，逐渐固定形成中国京剧鞋靴体系。

在京剧衣箱中，戏靴放置的道具箱称为“三衣箱”，也称为“靴包箱”。靴包箱里的戏靴有靴、履和鞋三大类，其中有男性生、净、丑行角色穿用的靴履，也有女性旦行（含丑扮彩旦）角色行步的鞋履；有文武官员用的厚底靴，也有平民百姓穿的便鞋；有翻打角色通用的打鞋，也有孙悟空专用的猴跳鞋……面对厚底靴、薄底靴、朝方靴、云履、福字履、彩鞋、旗鞋和僧鞋等的诸多选择，京剧鞋履一贯坚持“宁穿破，不穿错”的原则，使鞋靴符合剧中人物不同的角色、身份与地位。面对全球化的今天，如何运用京剧鞋靴的英文表达传递文化信息，促进京剧艺术的交流与传播，特将京剧中穿用的主要鞋履归类整理如下：

一、靴

京剧中的靴源于生活又高于生活，主要用于男性角色，其款式源于宫廷朝靴，为适应舞台表演，大多色彩鲜艳。

[1] http://www.chinesefolklore.org.cn/blog/?uid-20-action

1. **厚底靴**（Thick-Soledad Boot 或者 a Kind of Boots Worn by Government Officials）

厚底靴又称“高底靴”“高方靴”或“粉底靴”，厚度一般为2~4寸。由青缎或黑平绒做鞋帮，鞋帮很长，拉直到膝盖；前脸和靴帮都绣有花纹图案，靴筒上口正中缝有线带，系于腿上，方便穿鞋时固定，鞋底用石膏加工而成，每只差不多有一斤重，四周涂白粉，黑帮白底分外鲜明。女用厚底靴式样几乎等同男靴。京剧表演中，厚底靴一般与蟒、靠、官衣、开氅等服装搭配，为帝王和文武百官穿用，衬托生（老生、武生、红生）、净角（花脸）的庄重与威严。特别是旧时舞台上没有女演员，女性角色也需要男演员来扮演。穿厚底靴有利于“提高”身份，并与女性角色形成反差。同时，舞台上厚底靴的穿用也为演员的表演提供了可发挥的余地。演员利用厚底靴，可以做出很多特技表演，如翻腾、跳跃等高难度技巧，给人以有惊无险的艺术效果。

2. **朝方靴**（Square Toecap Boot）

朝方靴是指加方头的长筒靴，简称“朝方”，仿制清朝官员的“清官靴”（京靴）故名。该靴大多采用黑缎或素色棉布缝制，靴形齐头见方，靴底稍薄，厚度不足一寸，刷白，长筒无绣，为丑角扮演者或文武官员及太监穿用。

3. **官尖靴**（Ankle Boots with Upturned Toecaps）

官尖靴的材质为黑缎素面，靴脸呈尖角状，尖角部位靴底上翻。硬胎对脸（合面），正中采用皮革绲边，靴筒高至脚踝，底厚约半寸，主要是戏中番帮人物穿用。

4. **虎头靴**（Tigerhead Boot 或者 a Kind of Boots Decorated with Tiger Heads, Usually Worn by Generals Military Officers）

虎头靴属于美化、改良版的靴子，材质为各色缎面，有薄厚之分，靴尖正中镶虎头吞口，靴面绣有虎纹图案，有厚底和薄底之分。

5. **快靴**（Ankle Boots with Thin Soles）

快靴又称为“薄底靴”，属于皮制的薄底鞋，软胎，半高筒，靴筒齐踝，前脸线码勾纹，正中滚皮口，用精致的小皮包头作为靴尖。颜色有花、有素（黑色），花快靴在靴腰处绣有花纹，与戏衣的花色相配；素快靴由青缎、黑布、青绒制成，在舞台上使用频率极高，主要为短打武生、武净穿用，便于开打。

6. **猴薄底靴**（Monkey Thin-soled Boots）**和猴厚底靴**（Monkey Thick-soled Boots）

猴薄底靴样式与快靴相同，鞋面由黄缎或布料组成，上绣火焰或猴毛花纹。主要为孙悟空或小猴子专用。另有猴厚底靴，属于孙悟空穿蟒时的配套鞋靴。

二、鞋履

鞋履在京剧艺术中一般指短帮便鞋，其品种丰富，颇具特色，适合各类人物穿着。鞋履文化博古精深，源远流长，甚至丹麦童话作家安徒生笔下的灰姑娘，也是借助唯有她能穿上的水晶鞋，才顺利实现了从贫民女儿到王子娇妻的梦想。鞋履对于身份地位的传达可谓古来有之，中外皆然。中华传统京剧艺术表演中的鞋履，其功效则同样直观显见。

1. 福字履（Character “Fu” Footwear）

“福字履”也称为“蝠字履”。一般为京剧艺术中的老年平民穿用。材质为素缎面，圆口薄底。鞋头正中及帮面镶贴福寿字、古钱、万字，或蝙蝠套云纹等图案。穿用福字履时，鞋色需同衣服颜色保持一致。

2. 登云履（Shoes Decorated with Cloud Patterns）

“登云履”也称为“如意履”“拳头抱”或“拳头鞋”等，多为神仙、道家或有法术的人物角色穿用。样式同福字履，矮腰，底厚约 2 寸，缎面；鞋头镶饰立体状的如意形大云头，鞋帮缀回云勾纹图案。

3. 洒鞋（Cloth Shoes for Soldiers or Fishermen）

“洒鞋”又称为“鱼鳞洒鞋”，为戏中老渔夫或水路英雄角色穿用。鞋脸较长，皮革绲边，矮腰薄底，鞋帮用线缝成鱼鳞图案，左右镶对称鱼眼，似鱼合在一起，鞋前呈鱼头状，绣有眼珠，后跟部缀有鱼尾，非常形象。

4. 彩鞋（Color Shoes）

“彩鞋”为京剧中夫人、小姐、丫鬟等旦角专用，是一种女用的普通便鞋。缎面绣，色彩丰富，有红、蓝、粉红、皎月和湖蓝等。长脸浅帮，薄底，后跟稍高，猪皮底。分尖口和圆口两种，鞋尖缀有一绺彩色丝穗，一般与角色的服装相配。另外还有一种是高底彩鞋，其特殊之处在于鞋跟内置有一个用高丽纸芯外包白布的斜坡底高跟衬垫。

5. 彩旦鞋（Shoes for Female Clown）

“彩旦鞋”又称为“搬指头鞋”“丑鞋”或“抹子”，在京剧中为彩旦角色专用。主要有红或黑等颜色，五彩绣花，尖头单梁。鞋后跟加有提拔，鞋帮沿为异色阔边，鞋头不缀彩穗，一般与白布绣袜配套穿用。

6. 旗鞋（Manchurian Shoes）

“旗鞋”属于仿清朝旗人妇女的“高跟履”。缎面五彩绣，小圆口，一道脸，前脸饰彩色丝穗，鞋底脚心部位有块约2寸的木制厚底，上窄下宽似倒覆的花盘，故称“花盘底”；前方后圆呈马蹄形的称“马蹄底”。该鞋一般为京剧中着旗装，梳旗头的公主或妃子等角色使用。

7. 僧鞋（Monk’s Shoes）

“僧鞋”又称“和尚鞋”，为京剧中的僧道之人穿着。样式同登云履。帮面双脸，鞋头成一道弯钩上翻，鞋腰缀彩绣云纹图案，鞋后缝绸条，系在脚踝，底厚约2寸，多与服色相配套。

8. 皂鞋（Cloth Shoes for Common People or Yamen Runners）

“皂鞋”为方头、长脸，圆口，底厚八分，也称为“方口皂”，通常是布衣、皂隶、差役等穿用的便鞋。黑色素帮，有缎面和布面两种。厚底方口皂与方口皂鞋子的样式相同，只是鞋底高度不同。

9. 打鞋（Acrobatic Shoes）

“打鞋”也称为“黑白道打鞋”“功鞋”或“跳鞋”。主要为京剧中的武将、武士、兵卒和家丁等翻打类的角色穿着，形似快靴，一般为布制圆口，矮腰薄底。鞋面缝有黑白斜纹，跟部有绸条系于脚腕，此鞋武打时轻便牢固。如果鞋脸处镶有虎头，鞋帮绣有虎纹图案，则一般为打马童穿用。

10. 跷（Stilts）

跷（qiao 音读“悄”），又称“尺寸子”，简称“寸子”；字意为举足，踮起脚后跟。传统京剧戏曲中“跷”是件绑缚在演员脚上的木制假小脚，用跷带缠紧，外面再套“跷功鞋”，并借助大彩裤遮住真脚。相传，“跷”始自陕西的踩高跷。汉唐时期，高跷名为长跷伎，最初并无纤足的扮法，后假扮女子者，为显示身材修长，苗条美观，裤口加长至与真足齐，并在下边套上金莲小鞋，使一双纤美小足在舞台表演中格外娇小迷人，于是戏曲旦角仿效，渐成风气，并由西安传到四川。乾隆年间，梆子腔旦角魏长生（又名魏三）将其带至北平，成为旦角（花旦、刀马旦、武旦）在表演中仿照古代缠足妇女走路姿态的表演特技之一。

在我国传统的戏剧舞台上，为了塑造小脚女人形象，京剧中的旦角（大多为男旦）都需要经过严格训练和痛苦磨炼才有可能具备“跷功”。跷功可分“硬跷”和“软跷”两种，跷功鞋也分成“硬跷鞋”与“软跷鞋”。“硬跷鞋”一般采用红、白、蓝缎，用五彩线绣制花纹，鞋头缀有彩色丝穗；硬跷鞋底部为半截鞋底状，即前掌部选用白坯布纳制的千针底，后掌面空洞，正好露出木跷的后跟。鞋帮后跟缝有一块长约 10 寸的白布条，俗称“鞋拔带”。“软跷鞋”同样也用红、白、蓝缎五彩线刺绣，普通千针纳鞋底，长度根据演员脚码，一般约 4 寸。左右帮上设白布带，鞋尖内塞棉絮，其区别在于采用鞋垫，即在跷鞋内制高坡木鞋垫（白坯布包裹）。“硬跷鞋”和“软跷鞋”都属于中华京剧艺术的重要鞋履。

附录二　中外“鞋履”相关的语言文化表达

研究发现，英语与汉语都有很多固定的语言表达与“鞋履”相关，正是这些生动凝练的表达，传承了历史，承载了文化。故在此分别聚焦鞋履相关的英汉两种语言不同的固定表达，探索其各自蕴含的文化内涵，并结合部分例句，品味当今语境中这些固定表达的灵活运用。

一、鞋/靴子（Shoe，Boot）

“鞋靴”作为人们生活的必需品，古代就有“上衣，下衣，鞋履”之说。鞋履就是指鞋与袜。鞋子已有数千年的历史，从远古年代先人们用兽皮、树皮裹足，到今天以皮、布、木、草、塑料丝等为材料制作的繁花似锦的各种鞋式，在服饰穿着上起着“画龙点睛”的装饰效果。在鞋的整个发展过程中，因地域、气候、民族不同，加之政治经济的影响，形成了各种不同风格和表现形式。

（一）鞋（Shoe）

1. A straight foot is not afraid of a crooked shoe

译文：身正不怕影子斜。

2. another pair of shoes

译文：继承遗产

3. comfortable as an old shoe

译文：非常舒服

4. common as an old shoe

译文：平易近人，虚怀若谷

Eg. The scholar is common as an old shoe. 这位学者平易近人。

5. die in one’s shoes / die with one’s shoes on

译文：横死，暴死（不是死在床上）

6. drop the other shoe

注：该习语起源于从前有位行路的客人晚上住进一家小客栈，服务员告诉他隔壁的客人睡觉时极易被惊醒，要他动作轻些，以免吵醒隔壁睡觉的客人。于是他做什么事情都轻手轻脚，唯恐惊醒邻居。但由于过分紧张，脱鞋时不慎将一只鞋重重地掉到地上，当即就把隔壁的客人吵醒了。他意识到自己不小心弄出了大的声响，于是慢慢脱下另一只鞋，轻轻放到地上，上床睡去。被吵醒的客人辗转反侧，一直未能再入睡，直到黎明时分，终于忍无可忍，敲着墙喊道："我一夜没睡，另一只鞋到底何时落地？"

译文：结束悬念或公布结果等

7. fill in one's shoes

译文：胜任地接替某人的职务

Eg. It's difficult to find someone to fill in the old king's shoes. 很难找到一个人来接替老国王的职位。

8. goody two shoes

注：这是一个古老的俚语，原表示一个有美德的好人。而现在，它多用来形容那些伪善的"好人"，这种人往往会通过炫耀自己的善举来达到某种目的，实际却并不高尚也不善良。

译文：伪君子，假正经的人，自命清高，表现得与众不同的人

Eg. Phyllis was a real goody two shoes, tattling on her friends to the teacher. 菲利斯真虚伪，竟然向老师给朋友打小报告。

9. have the shoe on the other foot

译文：情况完全不同，情况相反

10. If the shoe fits, wear it.

译文：如果是真的就承认吧。

11. in someone's shoes

译文：处于某人的地位，陷入某人的处境

Eg. She really was making his life a misery. If I'd been in his shoes, I'd have lost my patience weeks ago. 她的确把他的生活弄得一团糟，如果我是他，几周前就失去耐心了。

12. know where the shoe pinches

注：该习语来源于希腊历史学家普卢塔克（Plutarch）的名著《比较列传》（*Parralled Lives*）中的一段故事：有一个罗马人的妻子温柔、漂亮，无论从哪个

角度看，都应该是位使人心满意足的好妻子。然而，这个罗马人却跟她离了婚。当朋友们指责他的时候，他拿一双新鞋并说："我穿上这双鞋，我的脚哪儿疼并且哪儿感到夹脚，你们大概不知道。"后来，人们便用此语来喻指"知道问题所在"之类的概念。

译文：知道是怎么回事，知道问题出在哪里

Eg. As for why he wants to divorce her, I think only he himself knows where the shoe pinches. 关于他为什么要跟她离婚的问题，我想只有他自己知道是怎么回事。

13. live on a shoestring

译文：（鞋带）节俭生活

14. over shoes over boots

译文：将错就错

15. put the shoe on the right boot

译文：责备该受责备者，表扬该受表扬者

16. put yourself in someone's shoes

译文：设身处地，站在某人的角度考虑

Eg. She felt sorry for him. "Please", she said coaxingly. "Put yourself in his shoes." 她为他感到难过。"求你了，"她哄道，"设身处地地为他想想吧。"

17. step into the shoes of sb.

译文：步某人的后尘

18. wait for dead men's shoes

译文：等待别人死去以继承遗产

19. better wear out shoes than sheets

译文：奔忙跑穿鞋，要比懒散放纵虚度光阴好

20. old shoes are easiest

译文：旧鞋穿来最称脚

21. shoe pinches (the real trouble or worry; the chief cause of financial anxiety)

译文：麻烦或担忧，财务上造成问题的主要原因

（二）靴子（Boot）

1. a bossy boots

译文：跋扈的人

2. a clever boots

译文：聪明的人

3. be as full as a boot

译文：烂醉如泥

4. boot someone or an animal out

译文：赶出去

5. boot up

译文：开启电脑

6. die in one's boots/ die with one's boots on

译文：不死在床上，在工作中死去，退休前死去

7. to bed in one's boots

译文：醉倒，酩酊大醉；穿着靴子入睡

8. fill one's boots

译文：成功接替某人的工作

9. get the boot

译文：被解雇，被开除

Eg. When he was late for work he got the boot from the boss. 当他上班迟到，他被老板开除了。

10. give sb. the boot

译文：解雇

11. hang up your boots

译文：挂靴（因年龄大或伤病不能再踢足球）

12. have one's heart in the boots

译文：非常害怕

13. lick somebody's boots

译文：死命地拍马奉承

14. like one's boots

译文：阿谀奉承，谄媚，拍马屁

15. put the boot in

译文：落井下石，（在对方已倒地后）再踢上一脚

16. shake in your boots / shock someone out of his boots

译文：害怕得发抖

17. somebody's heart is in their boots

译文：焦虑，担心

18. the boot is on the other foot

译文：事实正相反

Eg.Usually, Stockton was the good-humoured errand boy, but for once the boot was on the foot. 通常，斯托克顿是个脾气挺好的听差，但只是这次，他却完全相反了。

19. to boot

译文：（本义）用皮靴盛着；（委婉义）呕吐

20. too big for your boots

译文：自大，自负，自以为是；表现得比本身聪明或重要

Eg. Since he was made team captain, he's been ordering us all around and enerally getting much too big for his boots. 自从他当了队长，就对我们指手画脚，完全是自命不凡。

21. tough as old boots

译文：（指食物）硬得咬不动；坚强的，顽强的

22. You bet your boots!

译文：你以生命作赌注！

23. boot someone out (informal force someone to leave a place, institution, or job unceremoniously)

译文：（非正式）把某人从某地、机构或工作岗位上赶走

Eg. He had been booted out of school. 他被赶出了学校。

24. with one's heart in one's boots (in a state of great depression or trepidation)

译文：极为悲观消沉

25. boots and all (with no holds barred; wholeheartedly)

译文：不受约束，全心全意

26. booted out (to be dismissed)

译文：踢出去，解雇

Eg. Had she been booted out of the embassy in Sofia or was HMG still thinking about granting her asylum？ 她被驻索非亚大使馆踢出去了？还是女王陛下的政府还在考虑给她避难？

27. boot-heels (completely)

译文：从头到脚后跟，完完全全地

Eg. He was a southerner to his boot-heels. 他是一个彻头彻尾的南方人。

28. boots in someone's (in another person's position)

译文：处于其他人的地位

Eg. If you lose that prisoner I wouldn't like to be in your. 你要是让那个俘虏跑了，你可要倒霉了，我不想跟你一样。

二、鞋跟（Heel）

1. at heel

译文：紧跟其后

2. bring to heel

译文：使就范，使听话

3. come / follow / trend on the heels of

译文：紧跟在……后面

4. cool one's heels

注：该习语源于古时，人们一般骑马外出当马走的路程太长或太疲惫时，马蹄就会发热，这时，骑马的人必须停下来。让马休息，一直到马蹄凉下来再走。

译文：久等

Eg. I was left cooling my heels outside your home for two hours. 我在你家门外足足等了两个小时。

5. kick up one's heels

译文：欢跳，（工作后）轻松愉快一阵

6. show a clean/fair/light pair of heels

译文：（尽快地）逃走，逃跑

7. show one's heels

译文：逃走，逃离

8. take to one's heels

译文：拔腿就跑，逃走，滑脚溜走

Eg. As soon as the street peddlers saw the police coming, they folded up their stands and took to their heels. 街头小贩看到警察来了时，他们匆忙卷起摆的摊儿拔腿就跑。

9. the heel of Achilles / the Achilles' heel

译文：唯一弱点，薄弱环节，要害

10. tread on the heels of

译文：踩到……的脚跟，紧随……之后

Eg. Disasters come treading on each other's heels. 灾难接踵而来。

11. turn on one's heel

译文：立刻转过身来

12. in the heel of the hunt (*Irish* at the last minute; finally)

译文：(爱尔兰) 最后一分钟，在最后时刻，最后，终于

Eg. In the heel of the hunt, the outcome of the match was decided by a penalty. 最后，比赛输赢由一点球决定。

13. set (rock) someone back on their heels (astonish or discomfit someone)

译文：使某人震惊或狼狈

14. hell bent on something (to be determined to do something though not sure of the end of it)

译文：一味地要想做什么事情

Eg. All wives are familiar with husbands hell bent on doing what they want and, at the same time, determined to be regarded as benefactors. 对那种一味地要做他们想做的事，同时又决心要给人看作是恩人的丈夫，所有的妻子都很了解。

15. hell hath no vengeance (someone very keen on revenge)

译文：热衷于报复的人

16. hell has no fury like a woman scorned (a woman very keen on revenge)

译文：热衷于报复的女人

17. Hell is paved with good intentions. / The road to hell is paved with good intentions.

译文：好的愿望不等于好的实现 (答应得再好不做也无用，最重要的事要做到)。

18. hell on earth / a hell on earth (a place or situation where I is extremely unpleasant or which causes great suffering)

译文：鬼地方，叫人受罪的地方，人间地狱

19. hell to pay (informal)

译文：后果严重，代价惨重

三、袜子（Sock, Stocking）

“袜子”一词最早见于《中华古今注》，曰：“三代及周著角韈，以带系于踝。”“三代”是指我国最早有记载的夏、商、周时期，距今已有三四千年历史。“角韈”应该是用兽皮制作的原始袜子，所以写作“韈”。后来，随着纺织品的出现，袜子又由兽布发展到用布、麻、丝绸制作，“韈”也相应地改为“袜”，最终简化为今天我们所说的“袜”。古代的袜子称之为鞋履或“足袋”，通过数千年的演变，才发展到现代形式的袜子。

古代罗马城的妇女在脚和腿上缠着细带子，这种绑腿便是最原始的袜子。直至中世纪中叶，在欧洲也开始流行这种“袜子”，不过是用布片代替了细带子。16 世纪时，西班牙人开始把连裤长袜与裤子分开，并开始采用编织的方法来编织袜子。英国人威廉·李（William Lee）的妻子从事手工编织，从而引起他对针织机械的研究，于 1589 年发明了世界上第一台手工针织机，用以织制毛裤。1598 年又改制成可以生产较为精细丝袜的针织机。不久，法国人富尼埃（Fournier）在里昂开始生产丝袜，直至 17 世纪中叶才开始生产棉袜。1938 年美国杜邦公司发明了尼龙后，同年第一批尼龙袜投放市场，从此袜子市场发生了彻底的变化。

（一）袜子（Sock）

1. bless one’s little cotton socks

译文：因某人的善行而表示感谢

2. blow / knock someone’s socks off

译文：使人感到非常震惊或令人兴奋不已的好事，叹为观止

Eg.

（1）“Wait until you hear my new marketing plan— it’ll knock your socks off!” he said. 他说：“等你们听到我的推销计划时，你们都会大吃一惊的。”

（2）I want to tell you that you will love this picture. I promise you it will knock your socks off, honey. 你一定会喜欢这部电影。我保证它一定会让你叹为观止。

3. pull one’s socks up（make an effort to improve one’s work, performance, or behavior）

注：该习语源于 1987 年美国开始竞选总统前夕，民主党候选人哈特（Hart）认为民主党党员们应该振作起精神，投入竞选总统的运动中。当时英国古代男士穿的那种服装的小腿部分都很紧，不像现在的直筒裤，而往上拉一拉，就会给人

一种下定决心，准备好好干一番的印象。

译文：振作起来，努力改善自己的工作表现或行为

4. put a sock in it

注：该习语源于早期无法控制音量的发条留声机（wind-up gramophone），声音需要从一个大喇叭（horn）发出。要减低声量，人们有时会把一只袜子塞进喇叭。所以，put a sock in it 有"降低声音"的意思，现在则成为"住口"的俚语表达。

译文：（本意）把袜子放进去；（比喻意）安静，别出声，闭嘴

Eg. Can't you put a sock in it when I am on the phone？ 我通电话的时候，您可否安静一下？

5. sock something away（put money aside as savings）

注：该习语源于公元八十年前，人们不信任银行，就把钱放藏在袜子里，认为这样比较安全。

译文：（北美）储蓄，存钱

Eg. You will need to sock away about $600 a week. 你需要每周存入大约六百美元。

6. be socked with（affect disadvantageously）

译文：对……有不利影响

Eg. Consumers have been socked with great flood. 消费者深受洪水之灾。

7. one's socks off [（informal）do something with great energy and enthusiasm]

译文：（非正式）全力以赴地做某事

Eg. She acted her socks off. 她表演得十分投入。

8. sock it to someone（informal attack or make a forceful impression on someone）

译文：（非正式）攻击，给某人留下深刻印象

9. sock something in / sock in（weather envelop）

译文：（北美天气）笼罩

Eg. The beach was socked in with fog. 海滩被浓雾所笼罩。

（二）袜子（Stocking）

1. a blue-stocking

注：该习语源于 18 世纪 50 年代前期，伦敦社交圈的一群贵妇，以 Mrs.

Montague, Mrs. Vesey 和 Mrs. Boscawen 为主，对当时为女性主要社交活动的纸牌游戏和八卦闲聊丧失了兴趣，于是建立了她们自己的文学俱乐部，并邀请同样对文学感兴趣的知识分子，包括男性，加入她们的交流。Blue Stocking Society 为该俱乐部的名字。起初这条短语为贬义，用来指附庸风雅的女人或卖弄学问的女人。从 19 世纪开始，意义广泛化了，也可以指真正有学问的女人。

译文：才女，女学者；卖弄学问的女性（≠蓝袜子）

Eg. A woman like her is what people call a blue-stocking. 像她这样的女人就是人们所说的女才子。

2. stuffed in my stocking

注：该习语中的 stockings 在西方是长筒袜，就是圣诞节挂在床头，圣诞老人把礼物放里面的袜子。

译文：节日圣诞祝福

Eg. I want you stuffed in my stocking. 我只要你塞在我的袜子里（我希望你能给我带来丰盛的圣诞礼物）。

3. wear yellow stockings

译文：妒忌，吃醋

Eg. You will wear yellow stockings when seeing your girlfriend together with another boy, but you won't do if she's your friend. 当你看到女友和其他男生在一起时会吃醋，朋友不会。

4. take stock (review or make an overall assessment of a particular situation, typically as a prelude to making a decision)

译文：审时度势，估量，估计，审视

Eg. You need a period of peace and quiet in order to take stock of your life. 你需要一段平静的时光来审视自己的生活。

5. put stock in [(often with negative) have a special amount of faith in]

译文：信任，相信

Eg. He doesn't put much stock in modern medicine. 他不太信任现代医学。

6. on the stocks (in construction or preparation)

译文：在建造中，在准备中

Eg. On the stocks is a bill to bring about tax relief for these businesses. 一个减免这些行业税收的发案正在酝酿中。

7. stock-in-trade (requisites for carrying on some activities)

译文：进行某些事情的条件、手段或资源

Eg. Lies had become his stock-in-trade and he was swept by a craving for truth and its simplicity. 说谎成了他的惯用手段，而他又热切寻求真相及其朴实的特征。

四、"鞋履"相关习语的汉译英表达

鞋履相关的语言表达，如"席丰履厚""履穿踵决"和"面似靴皮"等，从字面即可推断其本意；而类似"戴圆履方""朱履三千"和"遗簪坠履"等，则需要在了解其来源于典故的基础上，领会其内涵；还有不少成语，诸如"削足适履""如履薄冰""郑人买履"和"隔靴搔痒"等，富含哲理，则借助生动的语言，有趣的故事，启迪告诫人们在生活和工作中，应实际出发，避免造成主观主义错误。

（一）"鞋履"相关典故，寓意深刻

1. 郑人买履

注：据先秦·韩非《韩非子·外储说左上》记载："郑人有欲买履者，先自度其足，而置之其坐，至之市，而忘操之，已得履，乃曰：'吾忘持度'。反归取之，及反，市罢，遂不得履。"这则典故讲述了郑国有人想去买鞋，事先量好自己脚的尺码，但到集市看中鞋子之后，才想起忘带量好的尺码，匆忙赶回家去取，可惜再来到集市时，集市已散，鞋子最终没能买到。这则成语、典故或寓言讲述了郑国的人因过于相信"尺度"而没能买到鞋子的故事。揭示了郑人拘泥于教条心理，依赖数据的习惯。比喻做事死板，不懂变通。

译文：The man who rather trusted his measurements than placing any confidence in his own feet when buying shoes.

Dogmatists: those who would rather believe in dogmas than actual situations

例句：我们做事要根据实际的情况进行灵活调整，千万不能像郑人买履一样。

We should flexibly adjust the strategies according to actual situations, instead of believing indogmas.

2. 截趾适履（削足适履）

注：据刘师培《〈古书疑义举例〉补》记载："若强为之解，徒见其截趾适履耳。"同样，在西汉·刘安《淮南子·说林训》中，也有"骨肉相爱，谗贼间之，而父子相危。夫所以养而害所养，譬犹削足而适履，杀头而便冠。"的表达，

都在强调脚大鞋小，需要切断脚趾去适应鞋子的大小。比喻勉强凑合或无原则的迁就。

译文：cut one's feet [toes] to fit [suit] the shoes; apply mechanically others' experience; better change the shoe than pinch the foot.; make fit [place on; stretch on] the procrustean bed; take improper measures; trim the toes to fit the shoes; use impractical means to solve a problem; without a clear distinction between the primary and the secondary

例句：有学者认为，这是对中国哲学的史料"梳妆打扮""削足适履"去填充西方哲学的表格或框架。

Some scholar considers that it is actually making the materials of Chinese philosophy dressed up to fill in the form or framework of Western philosophy.

3. 弃如敝履（敝履，也作敝屣）

注：破旧的鞋，比喻没有价值的东西。意思是丢掉自认为没有价值的东西，比喻毫不可惜地抛弃掉。

译文：cast aside like an old shoe; be left in the basket; cast aside sb. [sth.] as a pair of old shoes; cast away like a pair of worn out shoes ; to throw away like garbage

例句：你们的工作关系曾经处得很友好，他们却侵犯你的权利，弃你如敝履，这种做法更加不可宽恕。

The fact that you've had an amicable working relationship makes it even more inexcusable for them to infringe your rights or treat you shabbily.

4. 隔靴搔痒

注：该成语指隔着靴子挠痒痒。比喻说话、做事或写文章没有抓住主题和要点，不中肯，不贴切，不解决问题，徒劳无功。

译文：attempting to an ineffective solution

例句：

（1）捕获感兴趣的文本仅仅是隔靴搔痒。

Capturing text of interest just likes scratching the surface.

（2）我们不要再隔靴搔痒了，先生们。是时候动手了！

I think it's time we stop beating around the bush, gentlemen, and go after the damn bush!

（3）骨子里根深蒂固的东西没有变，不管哪个老师如何在操作层面上的创新、实验都不过是隔靴搔痒罢了。

The deep-rooted things have not changed, no matter how the teachers innovate or experiment at the operational level is simply ineffective.

（4）但是面对日益严峻的现实空间焦虑，曲径通幽地传承民族意识和民族情感，毕竟有隔靴搔痒之感。

But in the face of the anxiety for actual space which was increasingly rigorous, the indirect method of spreading the national consciousness and emotion was not after all essential.

5. 冠履倒易

注：出自《后汉书·杨赐传》："冠履倒易，陵谷代处"，意为帽子和鞋的位置换了。比喻上下位置颠倒，尊卑不分。

译文：The position of the headwear and footwear is switched, meaning the reverse of the superiority and inferiority, and the ambiguity of nobleness and humbleness.

6. 冠上履下

注：出自《史记·儒林列传》："冠虽敝，必加于首；履虽新，必关于足。何者，上下之分也。"比喻上下分明，尊卑有别。

译文：There is a distinct difference between the superiority and inferiority, and also between the nobleness and humbleness.

7. 弃若蔽屣

注：出自《孟子·尽心上》："舜视弃天下，犹弃蔽屣也"，比喻像抛弃旧鞋子一样，毫不吝惜地抛弃。

译文：discarding something like a pair of worn shoes.

8. 芒鞋心事

注：出自唐朝杜甫《述怀》："麻鞋见天子，衣袖露两肘"，清代纳兰性德《填词》："芒鞋心事杜临知，只今惟赏杜陵诗"，表现了杜甫爱国忠君的感情。

译文：Wearing a pair of hemp shoes to meet the emperor, sleeveless, meaning the poet's patriotism and loyalty to the emperor.

9. 补苴罅漏

注：出唐韩愈《进学解》："补苴罅漏，张皇幽眇"。苴：鞋底的草垫；罅：缝隙。补好裂缝，堵住漏洞。指弥补文章理论等的缺漏，泛指弥补事物的缺陷。

译文：fill up the cracks and stop the leaks; implement some omissions and amend errors; do some repairing in order to stop a leak; make up for the shortcomings and loopholes

例句：提出了各项补苴罅漏的措施，却迟迟得不到贯彻。

The remedy measures he proposed were not carried out yet.

10. 屣履造门

注：出自南朝·宋·范晔《后汉书·郑玄传》："国相孔融深敬于玄，屣履造门，告高密县为玄特立一乡。"屣履：穿鞋而不拔上鞋跟。拖着未穿好的鞋登门拜访。形容急于会见的匆忙情况。

译文：Visit someone without shoes tied properly, meaning the situation when one is eager to participate a meeting.

11. 以冠补履

注：出自《汉书·贾谊论》："履虽鲜不如于枕，冠虽敝不以苴履。"冠是指帽子，履的意思是鞋子。其含义是用帽子补鞋。比喻以贵重物品配贱物。

译文：Using the material from the headwear to sew and mend the footwear, meaning using the high-quality item to match with low-quality counterpart.

12. 三千朱履

注：出自《史记》卷七十八〈春申君列传〉，春申君为楚相四年，秦破赵之长平军四十余万。五年，围邯郸。邯郸告急于楚，楚使春申君将兵往救之，秦兵亦去，春申君归。春申君相楚八年，为楚北伐灭鲁，以荀卿为兰陵令。当是时，楚复强。赵平原君使人于春申君，春申君舍之于上舍。赵使欲夸楚，为玳瑁簪，刀剑室以珠玉饰之，请命春申君客。春申君客三千余人，其上客皆蹑珠履以见赵使，赵使大惭。珠履：鞋上以珠为装饰，富贵之人用之。形容贵宾众多且豪华奢侈。

译文：It conveys the meaning of many honorable guests and the extravagant expenses.

13. 戴圆履方

注：出自《淮南子·本经训》："戴圆履方，抱表怀绳。"履：踩着；圆、方：古人以为天圆地方。头顶着天，脚踩着地。指生活在人间。

译文：With one's head to the sky, feet on the solid ground, meaning living in the human world.

14. 步步金莲

注：出自《南史·齐东昏侯纪》："（东昏侯）令人凿金为莲花以贴地，令潘

妃行其上，曰此步步莲花也。”潘妃脚小，步态轻丽，走在贴有金莲的地上，步步生莲花。形容女子步态优美，也指代美女。

译文：A woman walks on the sea of lotuses, meaning a woman having an elegant gait or just the elegant woman.

15. 遗簪坠履

注：遗是遗失；坠是掉落；屦的意思是鞋子，其本意是掉落的簪和鞋子，比喻旧物，人们常用“不弃遗簪坠屦”暗含不忘旧友。

译文：Not leaving one's hairpins and shoes behind, meaning not forgetting an old friend.

16. 足下生辉

注：指某人穿了双新鞋，特别的显眼。

译文：new footwear leading to the brilliant steps and attract other's attention

17. 品头论足

注：指无聊的人随意议论妇女的容貌体态。比喻在小节上一味挑剔。

译文：make frivolous remarks about sb's appearance; make critical remarks about sb.'s physical appearance; find fault with; be overcritical

（二）鞋履相关典故，生动描述

自古以来，人们关于鞋履，有很多形象比喻的表达方法，内涵丰富。儒清末民初江湖上把帮会中地位较低下的成员，称为“草鞋”，草鞋本身又可被称作是“不借”，其原因是古代以丝织者为履，麻质者为“不借”，只因为其极易损坏。在戏曲艺术表达中，大将穿用的靴子常被称作是“虎头”，而短打武生穿用的则被称作是“快镶”。类似的表达在下列的鞋履相关典故中，充分体现。

1. 纨绔子弟

注：指官僚、地主等有钱有势人家成天吃喝玩乐、不务正业的子弟。由来于古代人上身穿的叫“衣”，下身穿的叫“裳”。所谓裳就是大裙子，一走，两腿呼呼进风。有钱人为保暖，两条小腿各套上长筒袜，这种袜子叫“绔”。更有钱人用细滑的丝织品做袜子，就叫“纨”。“纨绔子弟”由此而来。

译文：a playboy; a beau; a dandy; coxcomb; rich men's sons; a good-for-nothing young man from a wealthy family; fellows with white silken breeches; fops;

例句：

（1）他是个纨绔子弟，从来都是不学无术的。

He is a dandy, and he never studies anything.（Provided by gtcom）

（2）我觉得这就是你所有问题的根源。也许他们觉得你就是个纨绔子弟！

And I think that's the root cause of all your problems. They probably think you are a spoiled brat too!

（3）会议并不是意味着一群纨绔子弟在宾馆的会议室中享用着上等午餐和赞助的咖啡，这你了解吧？

Conferences don't have to be a bunch of pasty white dudes in a hotel meeting room with boxed lunches and sponsored coffee breaks, you know?

（4）尽管乔治是位诚实苦干的丈夫和父亲，他的八个兄弟姐妹却大多是一帮举止轻浮、行为恶劣的纨绔子弟。

For while George was a husband and father of earnest strenuousness, the majority of his eight siblings turned out to be giddy and ill-behaved crews.

2. 穿小鞋

注：现在多指类似打小报告、公报私仇、私底下报复等；而古时候的“小鞋”，并不是我们现在所见到的给小孩子们穿的娃娃鞋，而是旧时代缠了小脚的妇女们穿的一种绣着花的“小鞋”。

译文：to wear tight shoes — to secretly set restrictions on sb. / to be punished underhand / to get underhand punishment make things hard for sb.; be punished underhand; get underhand punishment; give（sb）a hard [tough] nut to crack; make it hot for; make trouble for

例句：

（1）如果你不小心，就会被“戴帽子”“穿小鞋”。

If you do not pay much attention to your behavior, you may get hat, and small shoes.

（2）市里的领导这么做分明就是赤裸裸的给我穿小鞋，弄得我在局里几乎抬不起头来了。

It is explicitly that what the leaders in the city did to me is nakedly dressing small shoe for me, which made me feel embarrassed in the bureau.

（3）凡是善意提出批评意见的，言者无罪，不管你怎么尖锐，这么痛骂一顿，没有罪，不受整，不给你小鞋穿。

Whoever criticizes us in good faith is not blameworthy. However sharp his criticism or severe his censure, he is not to be blamed or punished or given tight shoes to wear.

3. 瓜田不纳履，李下不正冠

注：出自《君子行》，指经过瓜田，不可弯腰提鞋；经过李树下不要举起手来整理帽子，比喻避免招惹无端的怀疑。

译文：Don't put on your shoes in a melon patch; don't adjust your cap under a plum tree; don't do anything to arouse suspicion.

4. 履舄交错

注：据《史记·滑稽列传》记载："男女同席，履舄交错，杯盘狼藉，堂上烛灭。"履舄：泛指鞋子。鞋子杂乱地放在一起。形容宾客很多。指鞋子。

译文：mixed shoes and soles of shoes — a number of male and female guests gathered; shoes lie about in disorder; mixed shoes and soles of shoes; a number of male and female guests gathered

5. 纳履锺决

中文：出自汉·韩婴《韩诗外传》卷一，"楮冠黎杖而应门，正冠则缨绝，振襟则肘见，纳履则踵决。"踵是指脚后跟；决的意思是破裂。本意是提上鞋，鞋的脚后跟处却破裂。形容处境困难。

译文：Carrying ones' shoes, whose heel are cracked, meaning facing a dilemma.

6. 青鞋布袜

注：出自唐·杜甫《奉先刘少府新画山水障歌》，"吾独何为在泥滓？青鞋布袜从此始。"原指平民的服装，常比喻隐士的生活。

译 文：Its original meaning was about the clothes of a civilian, which now means the life of a hermit.

7. 不衫不履

注：出自唐·杜光庭《虬髯客传》，"既而太宗至；不衫不履；裼裘而来；神气扬扬；貌与常异。"该成语的本意是不着上衣；不穿鞋子；衣着不整齐。引申为居住条件或饮食设备简陋。也比喻洒脱；疏放；毫无拘束之态。多指人的举止或诗文、字画的风格，多有贬义。

译文：One doesn't wear a shirt or a pair of shoes, not properly dressed, meaning one's accommodation or dining facilities are shabby.

8. 蒙袂缉履

注：出自《礼记·檀弓下》，"有饿者蒙袂辑屦，贸贸然来。"袂：袖子；辑：拖着不使脱落；屦：鞋。贸贸然来：昏昏沉沉，两眼昏花的样子。用袖子蒙着脸，脚上拖着鞋。形容十分困乏的样子。

译文：Using the sleeves to cover one's face, with his shoes dragged behind, meaning one's financial fatigue.

9. 席丰履厚

注：出自清·吴趼人《 二十年目睹之怪现状 》第十四回，"你看他们带上几年兵船，就都一个个的席丰履厚起来，那里还肯去打仗。"席是席子，指坐具；丰是多的意思；履是鞋子，指踩在脚下的东西；厚是丰厚。比喻祖上遗产丰富。也形容生活优裕。

译文：It has a meaning of one's heritage is plentiful or he is living a decent life.

10. 穿靴戴帽

注：出自《康熙乐府·卷五·点绛唇（风月佳期）》，"捷讥的扮官员穿靴戴帽，付净的取欢笑搽土抹灰。"比喻在写文章或讲话的前后硬加进一些迎合时势的套话。

译文：rigidly adding some trendy terminologies into one's essays or speeches

11. 面似靴皮

注：出自宋·欧阳修《归田录》卷二，"田元均为人宽厚长者，其在三司，深厌干请者，虽不能从，然不欲峻拒之，每温颜强笑之，尝谓人曰：'作三司使数年，强笑多矣，直笑得面似靴皮。'"意思是脸上皮肤如同靴皮，形容满脸皱纹。

译文：The kind of the face is similar to that of a pair of boots, meaning a lot of wrinkles on one's face.

12. 剑履上殿

注：出自《史记·萧相国世家》，"于是乃令萧何赐剑履上殿，入朝不趋。"指帝王特准大臣挂着剑、穿着鞋走上殿堂。形容皇帝给予某位大臣特殊待遇。

译文：the emperor offers special treatment to some ministers

13. 束带蹑屐

注：据《论语·公冶长》记载："子曰：'赤也，束带之于朝，可使与宾客言也。'"束带是指束紧腰带，蹑屐是指穿上鞋子，比喻穿着整齐，以示庄重严肃。

译文：being dressed properly, showing one's solemness

14. 冠袍带履

注：出自清·曹雪芹《红楼梦》第78回，“一个捧着文房四宝，一个捧着冠袍带履。”冠袍带履分别指帽子、袍子、带子和鞋子。泛指随身的必备用品。

译文：in a broader sense, the essential items on oneself

15. 芒鞋布衣

注：据《男史·范缜传》记载，“恒芒，布衣，徒行于路……”指穿布衣草鞋，形容衣着粗劣，生活节俭。

译文：wearing shabby clothes and living a frugal life

16. 芒鞋竹杖

中文：出自唐·贯休《寒月送玄道士入天台》，“芒鞋竹杖寒冻时，玉霄忽去非有期。”芒鞋是指草鞋；竹杖是指用竹子做的手杖。这些都是古人外出漫游地常备用具。也指到处漫游。

译文：the tools or utensils the ancient people carried when they were taking a short trip

17. 轻裘朱屐

注：出自清·孔尚任《桃花扇·媚座》，“朝罢袖香微，换了轻裘朱履，阳春十月，梅花早破红蕊。”裘是皮袄；履是指鞋。穿着轻暖的皮袍和红色便鞋。形容闲适安逸的生活。

译文：One wears a light and ward furred robe and a pair of red shoes, meaning a cozy lifestyle.

18. 裙屐少年

注：据《北史·邢峦传》记载：“萧深藻是裙屐少年，未拾政务。”裙是指下裳；屐是木鞋。裙屐是六朝贵族子弟的衣着。形容只知道讲究穿戴的年轻人。

译文：the youngsters who solely pay attention to their clothing

（三）“鞋履”相关谚语，生动形象

谚语是广泛流传于民间的言简意赅的短语，类似成语，口语性强，通俗易懂，多数反映了劳动人民的生活实践经验；形式上大多是一两个短句，具有鲜明性和生动性的特点，能够表达一个完整的意思。下面的谚语都与鞋履相关。

1. 鞋底抹油——溜了

注：指人悄悄地走了。

译文：Apply oil to the sole of (a shoe) — run away silently. Originally it means applying oil to soles, so it becomes smooth; it shifts to mean one leaves stealthily.

2. 脱了旧鞋换新鞋——改鞋（邪）归正

注：比喻不再做坏事。

译文：Taking off old shoes and putting on new ones — change shoes to return to uprightness. Discard the illegitimate way, come back to proper way. It metaphorically means people won't do bad things any more.

3. 穿新鞋走老路

注：比喻形式上翻新，实际还是老一套。

译文：Under new situation and circumstances, some people persist in handling matter according to past experience and old habits.

4. 光脚的不怕穿鞋的

译文：A person wearing no shoes is not afraid of one who is. / Where there is nothing to lose, there is nothing to fear.

5. 草鞋没样，边打边像

译文：Straw sandals need no last; the shape comes with the weaving — to work things out as you go along.

5. 绱鞋不使锥子针——针（真）好

注：绱鞋是把鞋帮和鞋底用针线连缀在一起。形容人或事物都非常好。

译文：Stitching together the sole and the upper part of the shoe without using and awl—the needle is very good, used to describe that something is very good, perfect or excellent.

6. 脚上的袜子——走哪儿跟哪儿

注：比喻关系紧密，难舍难分。

译文：Stocks on the feet — to follow wherever one goes. It means connecting closely and never separating.

7. 左右的皮靴儿——没反正

译文：Left and right leather boots — have no difference. Leather boots, shoes with long tube-shaped part which made of soft fur in the old times. There is no difference between good and bad.

8. 步履艰难

注：走起路来很困难，一般指老年人或有病的人。

译文：walking in difficult manner (generally said of the aged or the sick) , hard to move one's feet

9. 破鞋

注：比喻不忠诚的妻子。

译文：a broken shoe — an unchaste woman/ a loose woman

例句："她……她当着好些人，倒骂我是……是……破鞋！"

"And...and...she had nerve, in front of everybody, to call me a broken shoe."

10. 破鞋跟儿——提不上

注：比喻一个没有用处的人。

译文：to be like a broken shoe heel: useless/ to be no better than an old cast-off shoe

例句：结婚前她待我都这样，结婚后那我不是破鞋，更提不上了么？

"My physical skills are like a broken shoe heel, useless!"

11. 踏破铁鞋无觅处，得来全不费功夫

注：指困扰很久的一件事情，突然发现解决方案就在眼前。

译文：You may have spent much time and effort in vain looking for sth., but then you may find you have got it with the greatest of ease. / One's persistent search may prove futile, but a stroke of luck may lead one to a sudden discovery. / What you search in vain wearing out iron shoes, you may stumble upon without any effort.

例句：而且更大的幸运来了，正是 — 踏破铁鞋无觅处，得来全不费功夫。毛老先生的请客帖子来了。

Not only that, even greater good fortune was on the horizon — he had accidentally stumbled upon the very thing he had been searching for. He received an invitation to the home of old Mr. Mao.

12. 穿钉鞋拄拐棍——稳稳当当（步步落实）

注：形容人做事情每一个步骤都扎实、稳妥。

译文：wear spiked shoes and carry a walking cane — be deliberately careful at every step (It means that each step of work must have a good mastery.)

13. 有多大的脚，穿多大的鞋

注：比喻从实际出发，凡事量力而为。

译文：wear shoes the size of your feet (one should only take on a job, assume a position, etc. that commensurate with one's abilities.)

14. 种菜的老婆吃菜脚，做鞋的老婆打赤脚

译文：The vegetable grower's wife eats the unwanted pieces; the shoemaker's wife goes about barefoot.

15. 赤脚人赶兔，穿鞋人吃肉

注：指穷人打兔子，富人吃肉，用以比喻劳者不获，获者不劳，分配不合理。

译文：It refers to the unfair distribution of resources.

16. 穿钉鞋走泥路——步步落实

注：钉鞋是指旧式雨鞋，用布做帮，用桐油油过，鞋底上钉有大钉子。比喻工作的每个步骤都很扎实。

译文：It means the solid procedures taken in a job.

17. 破袜子先伸脚

注：比喻先许愿给人家好处，结果不兑现。

译文：Your feet will stretch out of the frayed socks at first, make a promise to sb. but do not to cash it at last.

18. 靴统里无袜自家知

注：比喻人的处境如何，生活如何，只有自己体会、知道，不必求别人体谅。

译文：It is himself who truly understands his situation, and he doesn't need other people's sympathy.

19. 新鞋旧袜，不如赤脚

注：指搭配不好，不协调不好办。

译文：It refers to the lack of coherence.

20. 站在干岸上怕鞋湿

注：比喻冷眼旁观。

译文：It means one stands by and watches indifferently.

21. 鞋湿了就淌水

注：比喻已经开头，就要干下去。

译文：It means if one has already started, he has to persist.

22. 怕湿鞋就过不了河

注：比喻不做一些牺牲，就达不到目的。

译文：Without sacrifices, one won't achieve his goals.

23. 好鞋不踩臭狗屎

注：比喻好人不值得与坏人打交道。

译文：It is worthwhile to interact with bad people.

24. 穿厚底鞋 / 穿高木屐子

注：指夸赞、吹捧，意思等同于"戴高帽子"。

译文：It refers to complimenting and flattering, which means "giving someone a tall hat to wear".

25. 好鞋踏臭屎

注：比喻为达到目的，不惜付出很大代价。

译文：It means to achieve something, no matter whatever it costs.

26. 借鞋，连袜子给脱

注：指有求必应，尽自己所有来帮助别人。

译文：It means someone is willing to help others and would give his best to do it.

27. 鞋子是一双，样儿多

注：指鞋子的样式多。

译文：It shows the great varieties of shoes.

28. 上炕不脱鞋，必是袜底破

注：指遮遮掩掩，有缺点不敢告诉别人。

译文：It means someone is always hiding and afraid to reveal his weaknesses to others.

29. 跛者不忘履，眇者不忘视

注：指瘸子不会忘记没有瘸腿时所穿过的鞋子，瞎子不会忘记没有失明时所看见的景色，用以比喻对所渴望的事情难以忘怀。

译文：The most desirable things are also the most unforgettable ones.

30. 今天脱下鞋和袜，不知明天穿不穿

注：指今天活着，还不知道明天能不能再活着，比喻活一天算一天混日子。

译文：It means living a life like drifting along.

31. 身正不怕影斜，脚正不怕鞋歪

注：指心底光明磊落，作风正派，不怕流言蜚语。

译文：It means one is open and straightforward, with upright behavior and is not scared of possible scandals at all.

（四）“鞋履”相关歇后语，幽默风趣

歇后语由劳动人民在日常生活中创造，具有鲜明的民族特色和浓郁的生活气息。语言幽默风趣，耐人寻味，为广大人民所喜闻乐见。其形式一般是“比喻——说明”式，说明部分是对前面比喻部分推理的结果。

1. 穿袜子没底——装面子

注：袜子破了本是很丢脸的事，但是底坏了，别人也看不出，所以指的是装面子的人。

译文：wear socks without the bottom — be keen on face-saving

2. 袜子改长裤——高升

译文：change socks to trousers — have a promotion

3. 睡鞋——底儿软

译文：sleeping shoes — with a soft bottom

4. 穿没底儿鞋——脚踏实地

注：比喻办事踏实可靠。

译文：wear a pair of shoes without the bottom — being upright and dependable

5. 穿鞋着水 — 步步紧

译文：Wear shoes near the water — close paces

6. 铁鞋上掌——要见砧（真）了

注：给铁鞋钉掌，需要用砧子，“砧”与“真”谐音，比喻要见真。

译文：iron shoes on the palm — seeing the truths

7. 鞋子长草——荒（慌）了脚

译文：grass grow on the shoes — panicking

8. 穿兔子鞋——跑得快

译文：wear the bunny's shoes — run fast

9. 鞋上绣凤凰——能走不能飞

译文：shoes embroidered with phoenixes — can walk but not fly

10. 鞋头上刺花注——前程似锦

译文：head of the shoe embroidered with flowers — with a promising future

11. 穿草鞋走路——轻快稳当

译文：wear sandals while walking — fast and steady

12. 撕衣补鞋子——因小失大

译文：use the part of clothes to mend and sew the shoes — try to save a little but lose a lot

13. 下地不穿鞋——脚踏实

译文：not wearing shoes while on the ground — steady feet

14. 小脚穿大鞋——对不上号，拖拖拉拉

译文：small feet with huge shoes — not matching

15. 鞋底上绣花——中看不中用

译文：the bottom of the shoe embroidered with flower patterns — with a good look but not practical

16. 鞋底粘海绵——一点声音也没有

译文：the bottom of the shoe stick with sponge — without a sound

17. 鞋店里试鞋——说长道短。

注：在鞋店里试鞋，难免有所评价，说有的鞋子长，有的短。比喻说三道四，说是非。

译文：trying shoes in the shoe store — gossiping

18. 雨天穿皮鞋——拖泥带水

译文：wear leather shoes on rainy days — a mess

19. 毡袜裹脚靴——彼此部分，离不开

译文：felt socks wrapping the boots — inseparable

20. 金铸的鞋模——好样子

译文：shoe model coined with gold — good look

21. 老太婆穿花鞋——老来俏

译文：old lady wearing a pair of fancy shoes — play the coquetter

22. 瓦匠碰上鞋匠——帮不上忙

译文：plasterer meets the shoemaker — not able to help

23. 穿新鞋踩狗屎——倒霉极了

译文：wearing the new shoes while stomping on the dog's shit — bad luck

24. 光底鞋走冰道——滑得厉害

译文：wear shoes with smooth bottom — slippery

25. 穿草鞋打领带——土洋结合

译文：wearing sandals with a tie — the combination of rustic and fashionable

26. 穿草鞋上瓦房——不可行也寸步难行，全糟了

译文：wearing a pair of sandals to climb onto the tile-roofed house — not able to move a step

27. 穿钉鞋拄拐棍——把稳着实，步步把实，双保险，稳上加稳

译文：wear spiked shoes and supported with a cane — double insurances

28. 穿钉鞋走钢板——走路当当响。比喻光明正大。

译文：wear spiked shoes to walk on steel — above board

29. 穿钉鞋走泥路——步步扎实，稳稳当当

译文：wear spiked shoes to walk on muddy road — steady

30. 上山穿高跟鞋——自己跟自己过不去

译文：wear spiked shoes when climbing a mountain — fool himself

31. 西瓜皮钉鞋掌——料子太嫩

注：比喻能力差，经验少，不能胜任。

译文：use melon skin as for the bottom of a shoe — a green hand

32. 西瓜皮割鞋底——不是这块料

注：比喻不是人才成不了事。

译文：use melon skin to cut the bottom of a shoe — not achieving anything

33. 鞋帮改帽檐儿——高升到头了

注：鞋帮穿在脚上，帽檐儿戴在头上，比喻上升顶了，含一步登天之意。

译文：the upper of a shoe is switched to the brim of a hat — way too promoted

34. 鞋窠旮儿里跑马——没跑头，没多大发展

译文：race a horse in the shoe — not much of a development

35. 澡堂里的拖鞋——没对儿

注：澡堂里的拖鞋，大家随便拖，最后没有对儿，比喻做事乱套。

译文：slippers in the bathhouse — not in pairs

36. 绣花针打鞋底——顶不过

译文：an embroidery needle to sew the bottom of the shoe — not capable

37. 买鞋子当帽戴——不对头

译文：use the shoe as a hat — not a match

38. 拿棒槌纳鞋底——不能当真（针）

注：棒槌，洗衣服时用来捶打衣服的棍子，较粗而短；不能当针来纳鞋底；“针”与“真”谐音。比喻不必太认真。

译文：use a bat to hit the bottom of the shoe — can not be serious

39. 披西装穿草鞋——土洋结合

注：西装，指西洋式的服装。比喻当地的老办法与西方传来的办法相结合。

译文：wearing sandals with a tie — the combination of rustic and fashionable

40. 鞋子布做帽子——高升

注：比喻升迁。

译文：the upper of a shoe is switched to the brim of a hat — way too promoted

41. 皮匠不带锥子——真（针）行

注：皮子较硬，皮匠要用锥子协助，才好缝补；不带锥子的话，使用针也行。“针”与“真”谐音。比喻真可以。

译文：the cobbler carries no stabbers — a good job

42. 鞋子光剩下帮——没底

注：只剩下鞋帮，是没有鞋底，比喻心里没有把握。

译文：the shoe is only left of an upper part — not certain

43. 掉了帽子喊鞋——头上一句，脚上一句

注：比喻说话缺乏逻辑性，东一句，西一句。

译文：lost the hat but look for the shoes — talking without logical thinking

44. 鸳鸯穿草鞋——头重脚轻

译文：love birds wearing sandals — a heavy start with a light end

45. 走路穿小鞋——活受罪

译文：wear small shoes to walk — suffering

46. 瓜田里提鞋——惹人犯疑

注：提鞋会使人怀疑你在摘瓜，这就是瓜田李下的意思。

译文：holding the shoes while in the melon fields — suspicious

47. 修鞋匠补锅——改行

译文：cobble fixing the pots — job hopping

48. 刘备卖草鞋——本行

注：《三国演义》中的刘备，曾经卖过草鞋，所以卖草鞋是刘备的本行。比喻一贯从事或长期从事的一种行业。

译文：emperor Liu sells the shoes — same old business

49. 周瑜穿草鞋——穷嘟（都）嘟（督）

注：周瑜是《三国演义》中东吴一名大将，任都督之职。但因经济困难而穿起草鞋，“都”与“嘟”，“督”与“嘟”，分别谐音，比喻瞎嘟囔。

译文：Zhou Yu wears the sandals — poor governor

50. 大脚穿小鞋——进不去，迈步难，难受，前（钱）紧，两头扯不下来

注：比喻不舒服，不痛快。

译文：big feet in small shoes — uncomfortable

51. 瞎子丢了鞋——没处找

注：指极其难找，没法找。

译文：the blind have lost the shoes — nowhere to find

52. 闺女穿娘鞋——前（钱）紧

注：娘的脚是缠过的，闺女的脚则是天足，闺女穿娘的鞋，前面就会紧窄。“前”与“钱”谐音。比喻缺钱用，经济困难。

译文：the daughter wears her mother's shoes — financially tight

53. 没跟的鞋子——拖拖沓沓（趿趿）

注：鞋子没有跟，只能趿拉着穿；“趿”与“沓”谐音。比喻办事不干净利落。

译文：shoes without heels — sluggish

54. 拆袜子补鞋——顾面不顾理（里）

注：鞋穿在外面，袜子穿在里面。“里”与“理”谐音，只讲究表面，而不讲道理。“里”也不可作与“理”谐音来用，那就是比喻只顾表面而不顾内里，或只管表面而不管实际。

译文：use the socks to mend and sew the shoes — only care about the surface

55. 破鞋坏了——帮提不起来了

注：帮指鞋帮子。比喻无法加以提拔，或无法讲了。

译文：the broken shoes are not working — not savable

56. 皮匠栽跟头——露馅（楦）儿

注：皮匠，指做皮鞋的皮匠跌倒了，就会把所带的楦头都露出来。楦儿，就

是楦头，是制鞋用的模型，“楦儿”和“馅儿”谐音，比喻把不愿意让人知道的事情暴露出来了。

译文：the cobbler tumbles over — secrets revealed

57. 小孩子穿大鞋——甭提了

注：穿大鞋，用不着提，就能穿上，比喻不能说。

译文：the little wear the shoes of adults — unspeakable

58. 鞋底线捆豆腐——提也不要提

译文：use the shoelaces to tie a loaf of tofu — unspeakable

59. 穿着草鞋上树——欠妥（托）

译文：wear sandals to climb a tree — not appropriate

60. 老奶奶纳鞋子——千真（针）万真（针）

注：在缝制鞋底时要密密缝，需千针弯针；“针”与“真”谐音，比喻千真万确。

译文：old granny sewing the shoes — absolutely true

61. 鞋壳里长草，手套生茅——慌（荒）了手脚

注：“慌”与“荒”谐音。比喻心里发慌，手忙足乱。

译文：grass growing inside of a shoe—panicking and losing control

62. 染坊里的姑娘不穿白鞋——自然（染）

注：在染坊里干活的姑娘，白鞋自然会染上颜色；“染”与“然”谐音。比喻理所当然，或一点不勉强。

译文：girls in the dyehouse don’t wear white shoes — natural and not reluctant at all.

后　记

望着眼前终于完成的书稿，往事如烟。回忆七年前开始踏入服饰文化研究的这片沃土，我就犹如顽童在小心翼翼中拿起了万花筒，开始对这美好境界的百般爱恋。

服饰文化博大精深，浩渺如海，感恩一路走来学界亦师亦友的领导、老师、同仁和朋友，包括在不断接触中已经转化为亲情的学生们，在大家愉快充实的探索中，使我们每年都有新收获，每天都有小惊喜。

感谢认真严肃，严谨亲切的编辑们，行业的差异，职业的敏感，专业的追求，在多次的沟通中达成了共识，才有这本书的问世。

诚愿本书如同笔者在前言中所述，“千里之行始于足下”，祝您从此开启一场关于鞋履的文化之旅，时刻保持“足下生辉”。

张慧琴

2017 年于樱花园甲 2 号